生态气象系列丛书

丛书主编：丁一汇

丛书副主编：周广胜 钱 拴

广东生态气象探索与实践

主编：吴乃庚　杜尧东　邓玉娇

内 容 简 介

《广东生态气象探索与实践》是广东省气象局对近年来推进生态文明建设的科研业务体系总结，也是对生态气象服务推动气象事业高质量发展的经验总结。本书介绍了广东省生态气候概况，并围绕森林、城市、海洋、农业等方面阐述了生态气象业务技术体系，重点对森林气象预估预警、城市污染风险应对与评估评价、海洋生态气象预报、农业气象研究与预报、人工增雨消霾技术、生态气候资源开发和应用等进行了总结。

本书可供从事生态气象业务服务、预报技术研究以及环境、农业、海洋等工作者参考使用，也可作为相关大、中专院校师生学习参考书。

图书在版编目（CIP）数据

广东生态气象探索与实践 / 吴乃庚，杜尧东，邓玉娇主编. -- 北京 : 气象出版社，2023.12
（生态气象系列丛书 / 丁一汇主编）
ISBN 978-7-5029-7907-2

Ⅰ. ①广… Ⅱ. ①吴… ②杜… ③邓… Ⅲ. ①生态环境－气象观测－研究－广东 Ⅳ. ①P41

中国国家版本馆CIP数据核字(2023)第087569号

广东生态气象探索与实践

Guangdong Shengtai Qixiang Tansuo yu Shijian

出版发行：气象出版社
地　　址：北京市海淀区中关村南大街 46 号　　**邮政编码**：100081
电　　话：010-68407112（总编室）　010-68408042（发行部）
网　　址：http://www.qxcbs.com　　**E-mail**：qxcbs@cma.gov.cn
责任编辑：黄红丽　　**终　　审**：张　斌
责任校对：张硕杰　　**责任技编**：赵相宁
封面设计：博雅锦
印　　刷：北京地大彩印有限公司
开　　本：787 mm×1092 mm　1/16　　**印　　张**：12.5
字　　数：320 千字
版　　次：2023 年 12 月第 1 版　　**印　　次**：2023 年 12 月第 1 次印刷
定　　价：125.00 元

编委会

前言

建设生态文明，关系人民福祉，关乎民族未来。2012年，党的十八大把生态文明建设纳入中国特色社会主义事业五位一体总体布局，明确提出大力推进生态文明建设，努力建设美丽中国。在自然生态系统中，大气是最活跃的因素，是山水林田湖草沙生命共同体的重要纽带，更是人类社会赖以生存和发展的基础，对于整个地球生态系统循环有着不可或缺的作用。气象工作除了传统气象预报预测、气象防灾减灾外，还承担应对气候变化、开发利用气候资源等职能，在生态文明建设总体布局中发挥着基础性科技保障作用。正如在新中国气象事业70周年之际习近平总书记强调的，气象工作关系生命安全、生产发展、生活富裕、生态良好。

进入新时代、踏上新征程，气象工作面临新形势和新要求。为进一步提升生态文明气象保障服务能力，在中国气象局和广东省委省政府支持和指导下，广东省气象局于2014年11月在国内率先成立了专门机构"广东省生态气象中心"。广东气象工作者坚持以习近平生态文明思想为指导，发挥改革开放前沿阵地"敢闯敢试、务实进取"精神，过去几年在气象服务森林植被质量评估、大气污染防治、农业生产发展、气候变化应对、生态气候资源利用、生态修复型人工影响天气等方面开展研究探索和业务实践，取得了一些成效和经验。

《广东生态气象探索与实践》一书重点集成了党的十八大以来广东气象部门围绕服务地方生态文明建设，为提升业务服务能力而开展科学研究和业务实践探索所取得的成果。全书共分7章，内容涵盖了广东生态气候概况、南岭森林生态气象、粤港澳大湾区城市群生态气象、华南海岸带生态气象、热带亚热带农业生态气象、生态修复和人工影响天气、生态气候资源开发利用与实践等。

本书由吴乃庚、杜尧东和邓玉娇策划，编写团队包括广东省生态气象中心、广东省气候中心、广东省气象卫星遥感中心、广东省人工影响天气中心和中国气象局广州热带海洋气象研究所的相关业务科研人员。本书从2020年底策划至今历时近两年，期间得到了丁一汇、周广胜、钱拴等专家以及气象出版社黄红丽编审的鼓励和指导，在此表示衷心的感谢。本书的出版也得到了广东省重点领域研发计划项目（2020B1111360003）、国家自然科学基金项目（41801326）的资助。

在本书撰写过程中，参考了他人很多研究成果，在此深表谢意。

由于生态气象的科研业务工作涉及多种学科、大量文献和资料，且不少工作为初步科学探索和业务实践成果，加上本书编写人员水平有限，难免出现错误与疏漏，诚请读者批评指正。

作者

2022年10月

目录

第1章
生态气候概况

广东位于中国大陆最南部，地处北纬20°09′～25°31′，东经109°45′～117°20′，东西跨度约800 km，南北跨度约600 km，北回归线横贯中部。其北依南岭，与湖南、江西两省相连，东邻福建，西接广西，南濒浩瀚的南海，西南端隔琼州海峡与海南省相望，毗邻香港、澳门特别行政区。全省陆地面积约为17.98万 km^2，约占全国陆地面积的1.87%。广东海岸线总长4114 km，岛屿众多。珠江由西江、北江、东江汇流而成，是中国第三大河流（中国自然资源丛书编撰委员会，1996），属热带亚热带季风气候，湿热多雨，降水丰沛。省内陆地国土空间根据功能定位划分为优化开发、重点开发、生态发展和禁止开发四类。本章主要介绍广东省自然地理概况、生态气候特征、主体功能区划分。

1.1 自然地理概况

1.1.1 地形地貌

受地壳运动、岩性、褶皱和断裂构造以及外力作用的综合影响，广东省地貌类型复杂多样，有山地、丘陵、台地和平原（张争胜，2016）。地势总体北高南低，北部多为山地和高丘陵，最高峰石坑崆海拔1902 m，位于阳山、乳源与湖南省的交界处；南部则为平原和台地。全省山脉大多与地质构造的走向一致，以北东—南西走向居多，粤北山地最高，主要山脉有大庾岭、大罗山、瑶山、滑石山、九连山等，为南岭的一部分；粤东山脉主要有莲花山、罗浮山、青云山等；粤西山脉主要有天露山、云雾山和云开山。山脉之间有大小谷地和盆地分布。平原以珠江三角洲平原面积最大，潮汕平原次之，此外还有高要、清远、杨村和惠阳等冲积平原。台地以雷州半岛—电白—阳江一带和海丰—潮阳一带分布较多。构成各类地貌的基岩岩石以花岗岩最为普遍，砂岩和变质岩也较多，粤西北还有较大片的石灰岩分布，此外局部还有景色奇特的红色岩系地貌，如丹霞山和金鸡岭等；丹霞山和粤西的湖光岩先后被评为世界地质公园；沿海数量众多的优质沙滩以及雷州半岛西南岸的珊瑚礁，也是十分重要的地貌旅游资源。沿海沿河地区多为第四纪沉积层，是构成耕地资源的物质基础（图1.1）（曾昭璇 等，2001）。

1.1.2 植物动物

广东省四季常青，动植物种类繁多。广东省有维管束植物289科、2051属、7717种。其中野生植物6135种，栽培植物1582种。此外，还有真菌1959种，其中食用菌185种，药用真菌

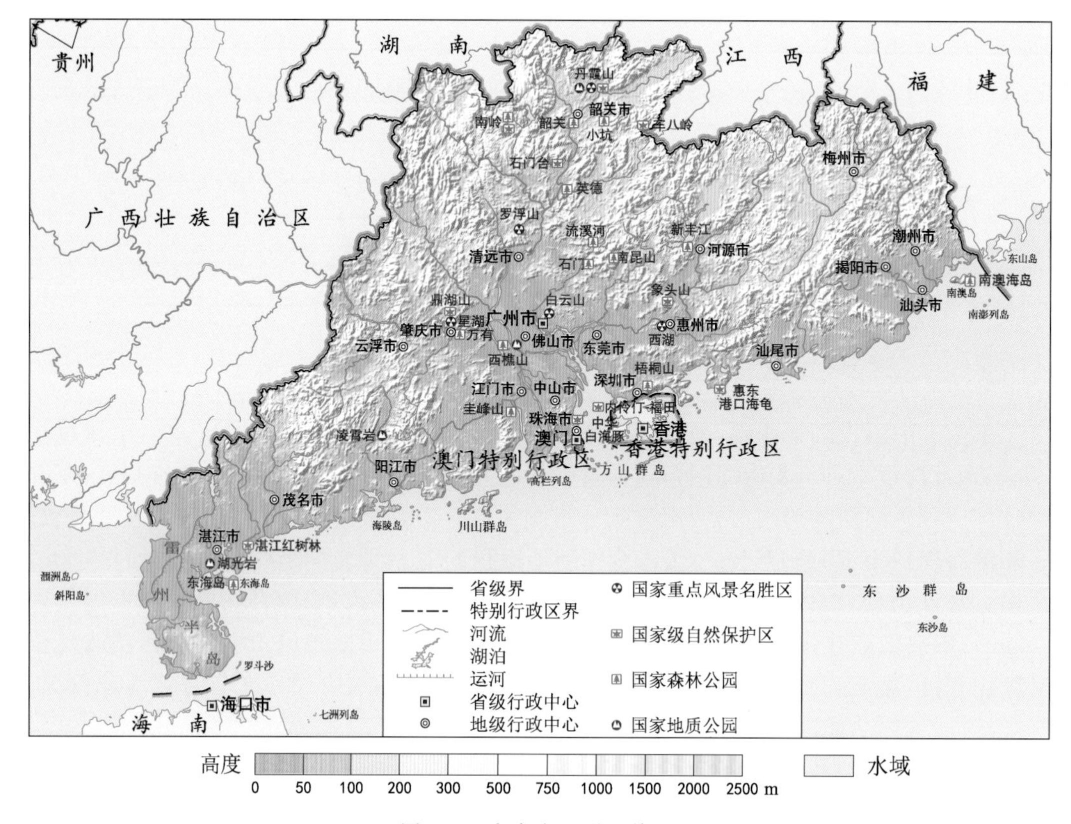

图 1.1　广东省地形地貌图

97 种。植物种类中，属于国家一级保护野生植物的有仙湖苏铁、南方红豆杉等 7 种，属于二级的有桫椤、广东松、白豆杉、樟、凹叶厚朴、土沉香、丹霞梧桐等 48 种。在植被类型中，有属于地带性植被的北热带季雨林、南亚热带季风常绿阔叶林、中亚热带典型常绿阔叶林和沿海的热带红树林，还有非纬度地带性的常绿—落叶阔叶混交林、常绿针—阔叶混交林、常绿针叶林、竹林、灌丛和草坡，以及水稻、甘蔗和茶园等栽培植被。香蕉、荔枝、龙眼和菠萝是岭南四大名果，经济价值可观。广东省动物种类多样。陆生脊椎野生动物有 774 种，其中兽类 110 种、鸟类 507 种、爬行类 112 种、两栖类 45 种。此外，还有淡水水生动物的鱼类 281 种、底栖动物 181 种和浮游动物 256 种，以及种类更多的昆虫类动物。动物种类中，被列入国家一级保护的有华南虎、云豹、熊猴和中华白海豚等 19 种，被列入国家二级保护的有金猫、水鹿、穿山甲、猕猴和白鹇（省鸟）等 95 种。

1.1.3　土壤分布

在气候、母质、生物等成土因素的影响下，广东省土壤表现出地带性有规律的分布。从粤北中亚热带的红壤、粤中南亚热带的赤红壤到雷州半岛的热带砖红壤，这 3 种主要土壤的面积总计占了全省土壤面积的 70.1%，富铝化程度强烈，其土壤 pH 值一般在 4.0～5.5 之间，普遍呈酸性反应（表 1.1）。此外，还有在地区性因素支配下所形成的石灰土、紫色土、滨海沙土、滨海盐土、潮土等非地带性土壤。

表 1.1　广东省主要土壤类型的面积、比例和 pH 值

土壤类型	面积/km^2	占全省土壤面积比例/%	pH 值	主要分布区
红壤	32410	21.0	5.0～5.5	北部中亚热带地区及南亚热带山地
赤红壤	65870	44.7	4.0～4.5	中南部南亚热带地区
砖红壤	6531	4.4	4.5～5.0	南部雷州半岛
合计	104811	70.1		

1.1.4　河流水系

广东省位于珠江流域下游，境内河流众多，除珠江流域的河流水系外，尚有韩江流域及粤东沿海、粤西沿海等诸多小河流水系。全省集水面积在 100 km^2 以上的各级干支流共 542 条，集水面积在 1000 km^2 以上的有 62 条；独流入海河流 52 条，较大的有韩江、榕江、漠阳江、鉴江、九洲江等。542 条河流发源于邻省或部分集水面积在邻省的有 44 条，发源于广东流入邻省的有 8 条，即省际河流 52 条。珠江三角洲河网区有重要水道 26 条。珠江流域面积 453690 km^2，干流长度 2214 km，是我国第三大河流。珠江流域是一个复合的流域，由西江、北江、东江、珠江三角洲四个水系组成。韩江为广东省第二大河，干流全长 410 km。韩江流域是广东除珠江流域外的第二大流域，干流发源于广东紫金县七星岽，北东向流经五华、兴宁、梅县至大埔县三河坝与来自福建的汀江汇合后称韩江，此后流向折向南，至潮安进入韩江三角洲分为东溪、西溪、北溪，经汕头市各入海口注入南海。粤东沿海诸小河系中，集水面积大于 1000 km^2、独立入海的河流有黄岗河、榕江、练江、龙江、螺河及黄江等，其中榕江最大，集水面积为 4408 km^2。粤西沿海诸小河系多属山地暴流性小河，河流短促、独流入海，集水面积大于 1000 km^2 的有漠阳江、鉴江、九洲江、南渡河、遂溪河等（图 1.2）。

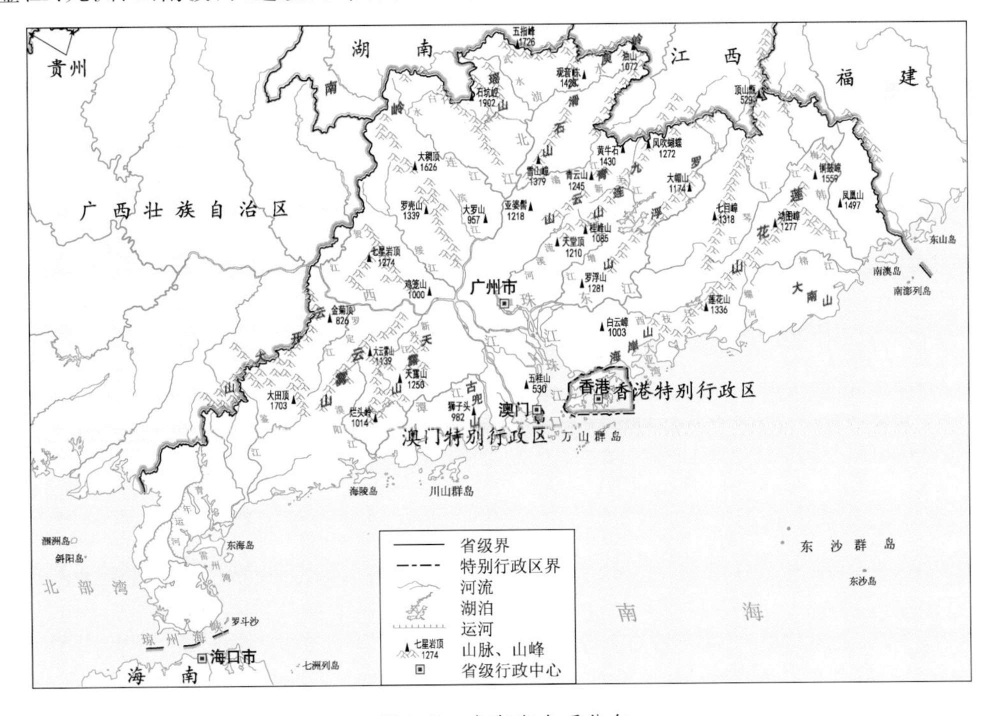

图 1.2　广东省水系分布

1.1.5 海洋资源

广东省海岸线长，海域辽阔，岛屿众多，港湾优良，滩涂广布，发展海洋经济具有区位、资源、生态等多方面的综合优势。广东省大陆海岸线长 4114 km，约占全国的 20%，居全国首位；海域面积约 42 万 km^2，大小海湾 510 多个，海岛 1963 个，滩涂面积 2043 km^2，滩涂、浅海可养殖面积 8360 km^2，约占全国的 39.7%。广东海洋生物、海洋能源及滨海旅游资源十分丰富。海洋生物包括海洋动物和植物，共有浮游植物 406 种、浮游动物 416 种、底栖生物 828 种、游泳生物 1297 种，沿海还拥有众多的优良港口资源。广州港、深圳港、汕头港和湛江港成为国内对外交通和贸易的重要通道；大亚湾、大鹏湾、碣石湾、博贺湾及南澳岛等地还有可建大型深水良港的港址。珠江口外海域和北部湾的油气田已打出多口出油井。沿海的风能、潮汐能和波浪能都有一定开发潜力。广东省沿海沙滩众多，红树林分布广、面积大，在大陆最南端的灯楼角有全国唯一的大陆缘型珊瑚礁，旅游资源开发潜力大。

1.2 生态气候特征

1.2.1 基本气候特征

(1)气候温暖，全年基本无冬。广东省年平均气温为 21.9 ℃，最冷月 1 月平均气温为 13.4 ℃，最热月 7 月平均气温为 28.5 ℃。极端最低气温为−7.3 ℃，1955 年 1 月 12 日出现在梅州市；极端最高气温为 42.0 ℃，1953 年 8 月 12 日出现在曲江。广东省平均年高温日数为 17 d，其中大埔县 2014 年高温日数多达 72 d。按气候分季标准，仅粤北部分地区才有短暂的冬季，全省大部分地区只有春、夏、秋三季，夏季长达 7 个月，素有“天然大温室”之称，是中国重要的冬季瓜菜生产和作物品种南繁基地(华南区域气候变化评估报告编写委员会，2013)。

(2)雨量充沛，前后两个汛期。广东省平均年降水量 1789.3 mm，呈北少南多、东西中部多的空间格局。三个多雨区分别在云雾山东南麓的阳江—阳春—恩平一带，莲花山东南侧的海丰—普宁一带及北江谷地的清远—佛冈—龙门一带，年降水量均在 2000 mm 以上。此外，还有三个相对少雨区，分别以南澳、罗定、徐闻为中心，年降水量均在 1400 mm 以下。全年降水约 80%集中在 4—10 月的汛期，其中 4—6 月为前汛期，降水多由冷暖空气作用和季风暴发所致；7—10 月为后汛期，降水多由台风所致；11 月—次年 3 月降水较少，常有干旱发生。广东省平均降水日数达 152 d，暴雨日数为 7.5 d，其中广东连山 1970 年降水日数多达 265 d，广东上川岛 1973 年暴雨日数多达 26 d。

(3)城市连片，热岛效应显著。珠三角城市群以广州、深圳、香港为核心，包括珠海、惠州、东莞、肇庆、佛山、中山、江门、澳门等城市，是中国三大城市群中经济最有活力、城市化率最高的地区，城市热岛效应显著。2011—2020 年珠三角城市群平均热岛强度达 0.71 ℃，广州、深圳、佛山等经济发达城市超过 1.0 ℃，热岛强度线性增加速率达每 10 a 0.29 ℃，其中广州和佛山每 10 a 0.6 ℃以上。热岛强度具有秋季强(1.06 ℃)、春季弱(0.39 ℃)的季节变化特征和夜强(0.91 ℃)昼弱(0.53 ℃)的日变化特征。珠三角城市群对区域增暖的贡献率达 41.8%。

(4)濒临海洋，台风影响严重。广东濒临南海，世界最大台风源区(西北太平洋)的影响首当其冲。登陆广东的台风数量多、强度大。平均每年登陆及严重影响广东的热带气旋 5.3 个，其中登陆3.7个，分别占全国的40%和32%。登陆台风90%以上发生在6—10月，中心风力在12级以上的台风占28.4%，台风平均每年给广东造成近百亿元的直接经济损失。例如，2013年9月22日在汕尾登陆的强台风“天兔”，造成广东省直接经济损失230.8亿元，31人死亡。

1.2.2 气候分异规律

在中国农业气候带的划分方法中，其界线划分指标主要考虑具有显著地带性的热量带及能够反映农业生产的熟制，不同种类作物和经济林木的地域分布、越冬状况和产量等方面的热量特征(郑国光，2019)。依据这一方法和指标，制订出广东气候带划分的指标(表1.2)。根据表1.2广东气候带划分指标，借助地理信息系统(GIS)技术，广东气候可以划分为中亚热带、南亚热带、北热带三个气候带(图1.3)。中亚热带、南亚热带、北热带的面积分别为5.93万 km^2、10.06万 km^2 和1.99万 km^2，分别占广东省总面积的32.98%、55.95%和11.07%。各气候带的气候特点、植被、土壤和适宜发展的农业产业分析评述如下(潘嘉念 等，1996)。

表1.2 气候带区划指标

气候带	≥10 ℃积温/(℃·d)	最冷月平均气温/℃	最冷月平均最低气温/℃	综合指标
中亚热带	<6500	<12	<8	<0.70
南亚热带	[6500,8000)	[12,15)	[8,11)	[0.70,2.28)
北热带	≥8000	≥15	≥11	≥2.28

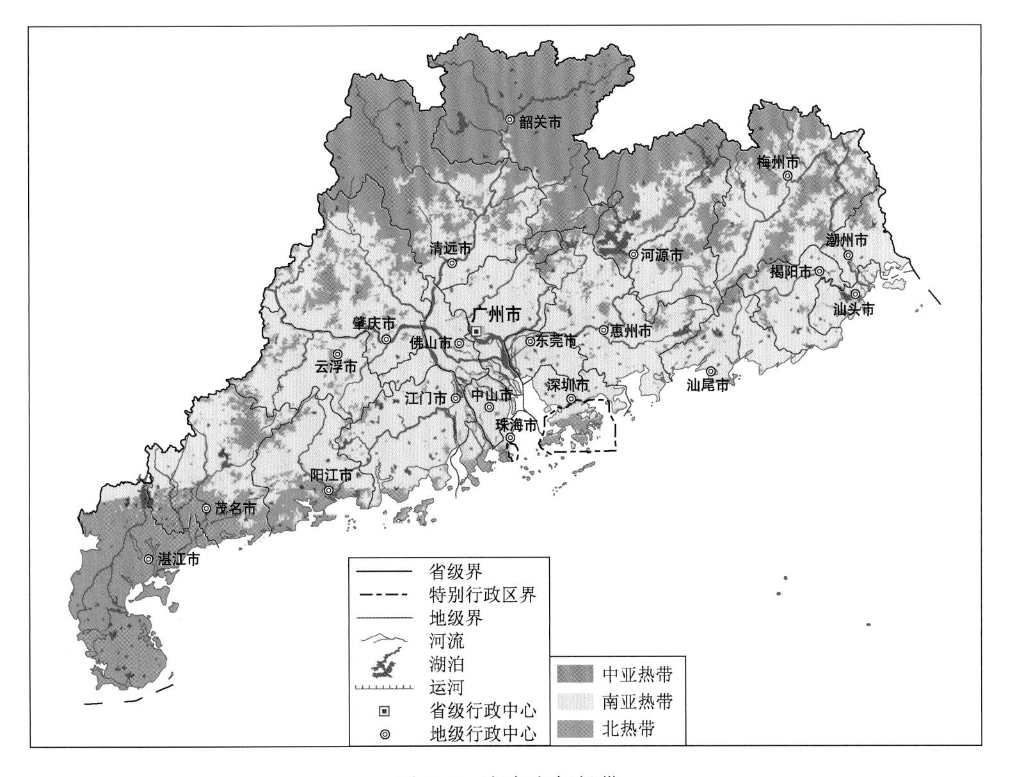

图1.3 广东省气候带

(1)中亚热带。位于广东省北部,主要分布在韶关、清远、河源、梅州和肇庆地区。年≥10 ℃积温低于 6500 ℃·d,最冷月平均气温低于 12 ℃,最冷月平均最低气温低于 8 ℃。主要农业气象灾害有春季低温阴雨、寒露风、冬季低温寒害、秋季干旱、暴雨洪涝和高温。本气候带为双季稻连作加喜凉作物一年三熟制地区,双季稻不宜种典型的常规迟熟种,栽培的果树主要为落叶的中亚热带和温带果树,如桃、李、梅、枇杷、柿、板栗、金橘、柚等。本气候带为油茶、油桐、茶叶、杉木、毛竹等经济用材林的主产区;甘蔗不能露地秋冬植和宿根。中亚热带植物在本地带广泛分布,除局部背风暖区小地形外,典型的南亚热带果树如荔枝、香蕉、龙眼等不能连片种植。典型植被以亚热带常绿阔叶林为主,局部山地南坡的沟谷中可发现一些热带性质的植物,这是局地背风暖区小地形作用下形成的。土壤类型可分为水稻土、南方山地灌丛草甸土、黄壤、红壤、赤红壤、红色石灰土、黑色石灰土、紫色土、菜园土、潮沙泥土和石质土 11 个土类、19 个亚类、78 个土属、286 个土种。

(2)南亚热带。位于广东省中部,包括湛江的西北角小部分、茂名中北部、阳江、江门、中山、珠海、佛山、肇庆、云浮、广州、深圳、东莞、惠州、汕尾、揭阳、汕头、潮州大部,清远、河源、梅州少部。本气候带年≥10 ℃的积温在 6500～7800 ℃·d 之间,最冷月平均气温在 12～15 ℃,最冷月平均最低气温 8～11 ℃。受季风影响气候很不稳定,冷、热、旱、涝交替,农业气象灾害多。由于高温多湿,农作物病虫灾害也比较严重。其中尤以台风、暴雨、寒害对农业生产威胁最大。本气候带为双季稻连作和冬季喜凉或喜温作物一年三熟区,双季稻品种组合上,早稻中迟熟种和晚稻中熟种搭配,一般可满足其热量要求。本地带是南亚热带果树的主产区,荔枝、香蕉、木瓜宜在中南部地区发展,菠萝、芒果宜在西南部地区发展,龙眼较荔枝耐寒,在本地带内有经济栽培价值,甘蔗一般可以秋冬植。与珠江三角洲邻近的山区,可利用高山夏凉的气候特点,发展反季节蔬菜基地和花卉度夏基地。西南部和东南部沿海冬季热量条件较好,适宜发展冬种北运蔬菜。本地带不宜发展典型的热带作物,如椰子、橡胶、胡椒等。典型植被类型为亚热带季雨林,植被的种类成分具有热带、亚热带的过渡类型。在丘陵台地和珠江三角洲外围则有亚热带常绿季雨林、马尾松林、桉树林、亚热带草坡和竹林等。海湾附近还有红树林等。本气候带主要为赤红壤地带,是广东省地带性土壤面积最大的一个土类,由于地形高度的不同和生物气候条件的作用,土壤分布还带有明显垂直地带性。

(3)北热带。位于广东省西南的雷州半岛,包括湛江大部、茂名南部、阳江西南角小部分。本气候带年≥10 ℃的积温均高于 8000 ℃·d,最冷月平均气温均高于 15 ℃,最冷月平均最低气温高于 11 ℃。主要农业气象灾害:风害(风害可分热带气旋大风、雷雨大风、龙卷大风及飑线大风等,其中以热带气旋带来的风害最重)、干旱和暴雨洪涝。目前主要种植作物有水稻、花生、甘蔗、薯类和橡胶、剑麻、菠萝、茶叶、荔枝、香蕉、菠萝、龙眼等。但是,在特大寒潮袭击时,典型热带多年生作物冬季仍有寒害。本气候带的现状植被为热带草原、热带常绿季雨林、散生海南松和马尾松的热带草原、红树林、滨海沙生植被等。地带性土壤为砖红壤,土层深厚,土壤养分含量不高,磷低缺钾严重。此外,还有滨海砂土和滨海盐土,是沿海岸泥沙堆积物发育而成的土壤和海涂土壤,主要分布在本地带沿岸及其岛屿的滨海地区。

1.3 主体功能区划分

根据自然生态状况、水土资源承载能力、区位特征、环境容量、现有开发密度、经济结构特征、人口集聚状况、参与国际分工的程度等多种因素，将广东省国土空间划分为优化开发、重点开发、生态发展和禁止开发四类主体功能区。各功能区基本情况、综合评价、功能定位、发展方向评述如下(广东省人民政府，2012)。

1.3.1 优化开发区域

(1)基本情况。优化开发区域指的是国家级优化开发区域——珠三角核心区。该区域地处广东省的中南部，位于全国“两横三纵”城市化战略格局中沿海通道纵轴和京哈京广通道纵轴的南端。该区域总面积24379 km^2，占全省的13.55%；常住人口4797万人，地区生产总值35592亿元，占全省的74.64%。

(2)综合评价。该区域地处我国南部沿海和珠江流域结合部，地形平缓，拥有便捷的交通网络和现代化港群，是中南地区与西南地区的重要出海通道，是我国外向度高、具有国际影响力的制造业基地。该区域开发强度高，约是全国平均水平的8倍，可作为建设用地的土地资源严重缺乏；水资源总量丰富，但用水量不断增加，供需矛盾日益突出；污水排放量大，大气和水环境质量总体较差；沿海地区经常受台风和风暴潮的袭扰，部分区域受咸潮影响。区域内经济联系紧密，经济发达，城镇密集，国际化程度高，与港澳合作紧密，呈现区域经济一体化的态势。城镇化率超过80%，人口密度为1968人/km^2，人均地区生产总值约76053元。

(3)功能定位。通过粤港澳的经济融合和经济一体化发展，共同构建有全球影响力的先进制造业和现代服务业基地，南方地区对外开放的门户，我国参与经济全球化的主体区域，探索科学发展模式试验区，深化改革先行区，全国科技创新与技术研发基地，全国经济发展的重要引擎，辐射带动华南、中南和西南地区发展的龙头，我国人口集聚最多、创新能力最强、综合实力最强的三大区域之一。世界先进制造业和现代服务业基地，加强与港澳的产业合作，打造先进制造业基地，发展与香港国际金融中心相配套的现代服务业，推动“广深港”科技金融示范带建设，建设国际航运、物流、贸易、会展、旅游和创新中心；对外开放的重要国际门户，全面提升经济国际化水平，推进与港澳紧密合作，共同打造亚太地区最具活力和国际竞争力的城市群；全国重要的经济中心，成为带动环珠江三角洲和泛珠三角区域发展的龙头，带动全国发展更为强大的引擎。

(4)发展方向。率先加快转变经济发展方式，着力优化空间结构、优化城镇布局、优化人口分布、优化产业结构、优化发展方式、优化基础设施布局、优化生态系统格局，提高科技创新能力，提升参与全球分工与竞争的层次。未来本区域聚集的经济规模占全省的比重70%左右，总人口占43%左右，城镇化率达到85%左右。

1.3.2 重点开发区域

(1)基本情况。重点开发区域包括：国家重点开发区域——海峡西岸经济区粤东部分和北部湾地区湛江部分；省级重点开发区域——粤西沿海片区、珠三角外围片区和粤北山区点状片区三个区域。该区域大部分分布在珠三角核心区的外围及粤东、粤西沿海，部分呈点状分布于北部山区。该区域总面积37438 km^2，占全省的20.81%；常住人口2889万人，地区生产总值7592亿元，占全省的15.92%。

(2)综合评价。该区域资源环境承载能力较强，发展潜力较大。除山区点状片区外大部分地方濒临南海，拥有2000多千米绵长海岸线，众多优良港湾，海洋资源丰富。土地资源相对比较丰裕，但粤东沿海片区土地资源紧张；水资源较为丰富，但粤东、粤西沿海片区部分河流污染严重，出现水质型缺水；沿海地区经常受台风和风暴潮的袭扰。近年经济发展加快，城镇化水平较高，城镇化率超过60%，人口密度约772人/km^2，人均地区生产总值25992元。

(3)功能定位。推动广东省经济持续增长的重要增长极，充分发挥区位、资源优势，大力发展基础产业，与珠三角核心区及北部湾地区、海峡西岸地区连成华南沿海临港工业密集带，成为全省经济持续增长的新极核；广东省重要的人口和经济集聚区，加快城市化进程，吸收产业和人口集聚，打造湛茂、潮汕两大城镇密集区以及韶关城镇集中区；珠三角核心区产业重点转移区，积极、有序、有选择地承接珠三角核心区的产业转移，促进全省产业升级与区域经济协调发展；全省重要的能源基地，安全高效发展核电，适当发展火电；特色农业基地和海洋渔业基地，大力发展特色农业，粤西、粤东积极发展沿海海水养殖业。

(4)发展方向。在优化结构、提高效益、降低消耗、保护环境的基础上推动经济可持续发展。推进新型工业化进程，增强产业集聚能力，积极承接产业转移，形成分工协作的现代产业体系。加快推进城镇化，壮大城市综合实力，改善人居环境，促进人口加快集聚。确保发展质量和效益，大力提高清洁生产水平。统筹规划建设交通、能源、水利、通信、环保、防灾等基础设施，构建完善、高效的基础设施网络。保护生态环境，减少工业化城镇化对生态环境的影响。把握开发时序，区分近期、中期和远期实施有序开发。未来该区域集聚的经济规模占全省的20%左右，总人口占全省35%左右，城镇化率达到70%以上。

1.3.3 生态发展区域(重点生态功能区)

(1)基本情况。生态发展区域分为重点生态功能区和农产品主产区两种类型。生态发展区域总面积118086 km^2，占全省的65.64%；常住人口2746万人，地区生产总值4502亿元，占全省的4.80%。重点生态功能区以南岭山地为主体，包括国家重点生态功能区南岭山地森林及生物多样性生态功能区粤北部分，省级重点生态功能区——北江上游、东江上游、韩江上游、西江流域、鉴江上游5个片区和分布在重点开发区域的7个山区县的29个生态镇。该区域总面积61146 km^2，占全省的33.99%。

(2)综合评价。该区域位于以中低山、丘陵、盆地和谷地为主的地区，是众多河流的发源地和具有南岭山地生物多样性的种质区域，是全省水土流失和石灰岩山地的分布区。人口密度为180人/km^2，仅为全省平均水平的30.9%；人均水资源量5480 m^3，是全省人均水平的3.1倍；人均地区生产总值为全省平均水平的38.2%。该区域是全省在水、土、空气环境质量中仍保持良好的区域。

(3)功能定位。广东省重要的生态屏障，对保障全省的生态安全具有无可替代的作用；广东省重要的水源涵养区，是北江、东江、韩江、鉴江等流域上游重要的水源涵养区，对保障全省乃至港澳地区的饮水安全具有重要意义；广东省重要的生态旅游示范区，充分利用丰富的旅游资源，大力发展生态旅游业；人与自然和谐相处的示范区，以生态保护为主体功能，适当选点集聚人口与产业，大力发展与生态功能相适应的特色产业，促进人与自然和谐共处。

(4)发展方向。以保护和修复生态环境、提供生态产品为首要任务，严格控制开发强度，因地制宜发展资源环境可承载的特色产业，积极培育增长节点，引导超载人口逐步向重点开发区域有序转移。未来，经济发展与生态环境更加协调，人口对生态环境的压力减轻，生态环境质量进一步提高，提供生态产品与农产品的能力稳定增强，基本公共服务水平与其他地区大体相当。水土流失得到有效控制,地表水水质明显改善,主要河流径流量基本稳定并有所增加;森林覆盖率达70%以上,自然保护区面积占林地面积的18%。形成以环境友好的特色产业和服务业为主体的经济格局。人口总量减少,力争完成200万人的生态移民目标。人口受教育年限、城镇居民人均可支配收入和农村居民人均纯收入大幅提高。

1.3.4 生态发展区域(农产品主产区)

(1)基本情况。农产品主产区位于国家"七区二十三带"农业战略格局中华南农产品主产区,主要建设优质水稻、甘蔗和水产品产业带,是国家级农产品主产区,包括22个农产品主产区县。该区域总面积56940 km^2,占全省的31.65%,其中粮食主产区16个县,面积47242 km^2,占全省的26.26%;甘蔗主产区3个县,面积6451 km^2,占全省的3.59%;水产品主产区3个县,面积3247 km^2,占全省的1.80%。农产品主产区县的城关镇、中心镇和省级重点产业转移园区,在严格保护生态环境的前提下,可以进行点状集约集中开发。

(2)综合评价。该区域地处热带、南亚热带,具有丰富多样的气候资源和优良的水土资源条件,粮食、甘蔗等农作物的生长条件较好,是全省重要的粮食和甘蔗主产区。海洋水产资源丰富,是全国著名的海洋水产区。2009年,该区域人均基本农田为0.72亩①,为全省平均水平的1.8倍。

(3)功能定位。保障农产品供给安全、体现区域特色并在全国具有重要影响的农产品生产区域。

(4)发展方向。优化农业生产布局和品种结构,形成优势突出和特色鲜明的产业带。着力保护耕地,控制开发强度,优化开发方式,发展循环农业,促进农业资源的永续利用。支持农产品主产区加强农产品加工、流通、储运设施建设,引导农产品加工、流通企业向主产区聚集。加强农业基础设施建设,改善农业生产条件。

1.3.5 禁止开发区域

(1)基本情况。禁止开发区域包括依法设立的各级自然保护区、风景名胜区、森林公园、地质公园、重要水源地、湿地公园、重要湿地以及世界文化自然遗产等,呈点状分布于广东省各地。广东省共有911个禁止开发区域(其中,国家级65个,省级153个,市县级693个),面积25646 km^2(由于重要水源地(水源一级保护区)绝大部分分布在自然保护区、风景名胜区、森林公园、地质公园、湿地公园等禁止开发区域内,难以单独列出,这些禁止开发区域的面积基本已涵盖重要水源地的面积),占全省面积的14.25%。今后新批准设立的各级自然保护区、风景名胜区、森林公园、地质公园、重要水源地、湿地公园、重要湿地以及世界文化自然遗产等,纳入禁止开发区范围。

(2)综合评价。该区域基本上是自然生态系统、珍稀濒危野生动植物物种、自然景观、人文景观集中分布区域,具有重要的自然生态功能和人文价值功能。区内聚集着华南特色动植物资源,包括红树林、亚热带常绿阔叶林及珍稀动物;具有类型多样的自然和人文景观。区内生态环境优势突出,蕴藏着山岳景观、湖泊岛屿、海滨海岛、温泉瀑布、水景溪流、湿地、洞穴、人文景观等丰富资源,具有较好的旅游开发价值。

---

① 1亩=1/15 hm^2,下同。

(3)功能定位和目标。维护国土生态安全、保护自然资源与文化遗产、保全生物多样性、维护自然生境、促进人与自然和谐发展的核心区域。未来，自然保护区质量进一步提升，风景名胜、地质遗迹、文化遗产得到全面保护，形成具有岭南特色的自然和文化体系；区域内人口实现有序转移。

1.4 本章小结

本章介绍了广东省的生态气候概况，主要介绍了自然地理概况、生态气候特征以及主体功能区划分三个内容。自然地理概况部分重点介绍了地形地貌、植物动物、土壤分布、河流水系、海洋资源等内容；生态气候特征部分重点介绍了基本气候特征、气候分异规律两个内容；主体功能区划分部分主要介绍了优化开发区域、重点开发区域、生态发展区域(重点生态功能区)、生态发展区域(农产品主产区)和禁止开发区域等内容。这三个部分分别从自然、地理和人文等角度来阐述广东省的生态气候概况。

第 2 章
南岭森林生态气象

南岭山地位于中国湖南省、江西省、广东省和广西壮族自治区 4 省(区)边界,经纬度范围为 109°36′～115°35′E,23°25′～26°55′N,东西长约 600 km,南北宽约 200 km,是中国南部最大的山脉和重要的自然地理界限。南岭山地地形复杂、气候多样,孕育了高度丰富的生物多样性和特有性,尤其是区内拥有广袤的森林,发挥了涵养水源、调节径流、净化空气及水质、调蓄洪水、固碳释氧和保持水土等生态功能,是我国南方重要的生态屏障带。由于南岭山地地理跨度大且包括了不同省域,本章仅介绍广东省境内森林生态系统相关内容,包括南岭森林生态气象观测布局、植被生态质量遥感监测、气象归因与气候预测,以及森林火情监测及气象风险预警。

2.1 南岭森林生态气象观测布局

作为广东省气象局、韶关市气象局和仁化县政府共建的首个探索生态文明气象保障工程先行先试的重点项目,南岭生态气象中心建成于 2015 年,占地 97 亩,观测布局包括生态气象观测、温室气体观测站、农业气象试验站、暴雨致灾试验基地、生态修复型人工影响天气作业示范、丹霞山旅游气象监测预警服务、综合生态气象业务平台等功能区域。

2.1.1 生态气象观测系统建设

生态气象观测场建设在仁化地面气象观测场南侧,面积为 25 m×25 m,包括 14 块不同的功能区域。

(1)不同下垫面温度观测

观测内容:沥青、水泥、人行道地砖、沙砾石、泥土、草地六种不同下垫面 0 cm 和地下5 cm、10 cm 、20 cm、40 cm 等不同深度的定时温度、日最高温度、日最低温度观测。

观测设备:温度自动传感仪器。

(2)生物舒适度自动气象观测

观测内容:舒适度等级,通过观测黑球温度、干球温度、自然湿球温度、风速和太阳辐射,计算舒适度等级。

观测设备:生物舒适度测量仪。

(3)紫外线强度观测

观测内容:紫外线 B 波段辐射波段的户外紫外线,波长 275～320 nm,又称为中波红斑效应紫外线。

观测设备:紫外线观测系统。

(4)大气负氧离子浓度观测

观测内容:空气中带负电荷的气体离子(由于强烈的紫外线和宇宙射线照射,一些空气分子的外层电子脱离分子成为自由电子,自由电子与氧分子结合,就成了负氧离子),这种负氧离子是评价环境和空气质量的一个重要标准。

观测设备:大气负氧离子监测仪。

(5)闪电定位观测

观测内容:自动、连续、实时监测雷电发生的时间、位置、强度和极性等。

观测设备:闪电定位仪。

(6)大气电场观测

观测内容:实时监测雷电在地面产生的电场强度、极性和闪电次数等,提前预警,及时发布,快速响应。

观测设备:大气电场仪。

(7)酸雨观测

观测内容:降水的 pH 值(氢离子浓度的负对数),pH 值<5.6时的大气降水称为酸雨。

观测设备:pH 计、电导率仪、采样设备及分析器皿。

(8)蒸发自动观测

观测内容:自动观测每分钟的蒸发量。

观测设备:超声波蒸发仪。

(9)土壤水分自动观测

观测内容:实时、连续、自动监测深度达 1 m 的土壤湿度的变化。

观测设备:自动土壤水分观测仪。

(10)地下水位观测

观测内容:自动监测观测井的水位、水温等。

观测设备:地下水水位自动监测系统。

(11)全球定位系统气象观测(GPS/MET)

观测内容:利用 GPS 理论和技术来遥感地球大气,来测定大气温度及水汽含量。

观测设备:全球定位系统气象观测(GPS/MET)设备。

(12)气溶胶质量浓度观测

观测内容:单位体积大气中所含气溶胶的质量,单位为 mg/m^3 或者 $\mu g/m^3$ 等。其中 PM_{10}(粒径小于或等于 10 μm)、$PM_{2.5}$(粒径小于或等于 2.5 μm)和 PM_1(粒径小于或等于 1 μm)的质量浓度是衡量空气质量的重要指标。

观测设备:气溶胶质量浓度监测仪。

(13)大气边界层(近地面层)观测

观测内容:近地面至 32 m 高度六个层次(1 m、2 m、4 m、10 m、20 m、30 m)温度、湿度、风速梯度及风向。

观测设备:32 m 高梯度塔及其挂接设备(温、湿、风传感器)。

(14)蓝天自动观测系统

观测内容:通过摄像机和具有鱼眼效果的全天空自动拍摄仪对全天空一次性成像,得到高质量的全天空数字图像，结合专门分析程序，实现蓝天等级的自动获取。

观测设备：蓝天自动观测仪。

2.1.2 温室气体观测站建设

观测内容：大气中 CO_2（二氧化碳）、CH_4（甲烷）、N_2O（一氧化二氮）浓度的系统、长期监测。

观测设备：CO_2、CH_4、N_2O 浓度在线测量系统。

2.1.3 农业气象试验站建设

包括大田试验区和室内控制试验区（人工气候室）建设。大田试验区分为水稻试验区、果树试验区、鱼塘试验区，室内控制试验区主要是人工气候室建设。

（1）水稻试验区

根据标准（NY/T 1300—2007）规范第六条，试验田应选择有当地水稻土壤代表性、肥力水平中等偏上、不受荫蔽、排灌方便、形状规正、大小合适、肥力均匀的田块，依据上述要求，在仁化土壤站西侧建设 3 块水稻试验田。由于仁化农业气象试验站的水稻观测仅用于农业气象观测，故在水稻田设计时按照农业气象观测需求而定。

设计参数：水稻田的面积为 2000 m^2，沿山体走向长 100 m，宽 20 m。总共设 3 块水稻试验田。

观测内容：包括发育期、生长高度、密度、产量结构、病虫害、田间管理记载（整地、灌溉、施肥、喷药等）。

（2）果树试验区

在南岭生态中心北侧建设一个果树观测区，开展果树生长、发育的物候观测。

设计参数：果树观测区 20 亩，种植砂糖橘、贡柑、沙田柚、杨梅、李子、桃子等。

观测内容：果树发育期、生长状况、产量、病虫害、田间管理记载（整地、灌溉、施肥、喷药等）等。

（3）鱼塘试验区

在南岭生态区建设鱼塘观测区域，水源来自自然降水和地下水井供水，水质应经过测定达到良好，同时需建设给排水管网。为防止水中溶氧不足，鱼塘中的水需不停引入一定量的新鲜水以改善鱼类的生活条件。

设计参数：鱼塘按照深度要求分为 4 个鱼池，深度分别为 1.5 m、2.0 m、2.5 m、3.0 m，每个鱼池之间通过设立闸门连通或者分隔，鱼池塘埂采用砼结构，埂面设置导轨以便覆膜。

观测内容：水深、水温、水体透明度、溶解氧、pH 值、浮头、泛塘。

（4）人工气候室

建设一套人工气候室，实现对气候室内各参数的自动监测和控制，人工气候室可实现无人值守运行。

2.1.4 暴雨致灾试验基地建设

（1）径流观测场

按不同坡长、坡度和地表覆盖设 1～2 个径流观测场。

（2）观测设施

布设山洪暴雨致灾成因观测装备：人工降雨模拟器、径流场水蚀系统、天空成像仪、土壤紧实度测量仪、红外土壤位移观测和径流场野外水土流失自动监测系统。

2.1.5 生态修复型人工影响天气作业示范

建设固定火箭作业点、配套设施和观测仪器，有效提高作业效率，对仁化发展生态经济、特色农业（烟叶种植）经济、保护生态环境等都有积极作用，也能对整个粤北地区的人工影响天气作业服务生态、经济发展起到先期示范作用。

2.1.6 丹霞山旅游气象服务建设

（1）实景观测设备：在丹霞风景名胜区内的观日亭、巴寨景区和长老峰景区分别安装 2 套视频监控实景观测设备，为丹霞山旅游气象服务提供监测平台。

（2）丹霞山旅游气象预报服务：根据日常气象要素预报、生态监测和温室气体观测的数据，制作丹霞山旅游气象预报服务产品，随每日的天气预报通过气象电子显示屏、手机短信、气象网站、天气微博等方式发布。内容包括丹霞山旅游区的天气实况、环境气象要素实况、日常天气预报、日出日落时间、紫外线强度、负氧离子浓度、生物舒适度、能见度、空气质量等。

2.2 植被生态质量遥感监测与气象归因

植被是陆地生态系统的主体，也是连接土壤、大气、水分的自然“纽带”，且有明显的年际和季节变化，可充当陆表生态环境对气候变化响应的“指示器”。归一化植被指数（Normalized Difference Vegetation Index，NDVI）由卫星遥感的红光波段反射率和近红外波段反射率推导而来，可宏观、动态、定量地反映植被生态状况，已被广泛应用于植被物候、生态环境、气候变化等多个研究领域（Liu et al.，2019；潘竟虎 等，2020）。

长时序数据分析表明，1982—1999 年中国区域的 NDVI 呈显著增加趋势（Piao et al.，2003），2000—2017 年中国的植被覆盖状况持续好转，全球叶面积指数增长量的 25%来自于中国（Chen et al.，2019）。气候条件是植被指数增加的重要驱动因素（刘洋洋 等，2020），但两者的相关性在不同区域、不同季节存在显著差异。在祁连山地区，生长季 NDVI 与气温、降水关系密切，且生长季 NDVI、气温、降水均具有 14 a 的变化周期（付建新 等，2020）。在黑河中游荒漠生态系统中，降水是植被结构和功能变化的根本驱动力，沙漠植被生长季 NDVI 变化的主要因素是暖季降水，而砾漠植物生长季 NDVI 变化的主要因素包括冷、暖季降水（李芳 等，2016）。在广西十万大山与桂西岩溶山地两个生态区，NDVI 与降水的相关性较为一致，而与气温的相关性具有显著不同（陈燕丽 等，2015）。在华东及其周边地区，NDVI 对当月气温和前 1 月降水变化响应最为强烈，在空间差异性方面，NDVI 对气温变化的响应在整个研究区差异并不明显，而对降水变化的响应在北部地区滞后响应 1 个月左右，在南部地区滞后响应2～3 个月（崔林丽 等，2011）。

在粤港澳大湾区国家战略中，广东省承担着粤港澳大湾区生态保护屏障功能，其森林覆盖率达 59.08%，因此，在全球气候变暖背景下，研究该区域植被变化及其对气候因子的响应具有重要的意义。因此，本节利用 2000—2018 年中分辨率成像光谱仪（Moderate-resolution Imaging Spectroradiometer，MODIS）NDVI数据与广东省地面气象观测数据，通过计算变化趋势率与空间自相关性揭示全省NDVI的时空分布特征，通过计算相关系数分析NDVI对气温、降水、日照时数等气候因子的响应规律，其研究成果可为广东省生态文明建设和气候变化应对提供科学依据。

2.2.1 数据来源与研究方法

2.2.1.1 数据来源与预处理

植被生态质量遥感监测最主要的数据源是MODIS NDVI数据，该数据为美国国家航空与航天局（NASA）戈达德航天中心的MODIS数据归档与分发系统提供的MOD13A3产品（http://ladsweb.modaps.eosdis.nasa.gov/），该数据为采用最大值合成法得到的月产品，空间分辨率为1 km，投影方式为正弦投影，时间范围为2000—2018年。NDVI数据的预处理需将其投影方式转化为等经纬度投影，并利用广东省行政边界进行研究区提取。

此外，文中使用的广东省86个国家气象站的逐月平均气温、降水量、日照时数资料，由广东省气候中心提供；广东省植被分类数据由国家气象中心提供。

2.2.1.2 研究方法

（1）月、季、年时序数据处理

MOD13A3产品本身即为月合成产品，只需完成预处理即可得到2000—2018年广东省NDVI月产品序列。基于NDVI月产品，以当年3—5月为春季，6—8月为夏季，9—11月为秋季，12月—次年2月为冬季，采用平均值合成方法计算得到春、夏、秋、冬四个季节的NDVI产品序列。基于NDVI月产品，将每年1—12月产品采用平均值合成方式计算得到NDVI年产品序列。基于NDVI年产品，采用平均值合成法计算得到2000—2018年NDVI平均值，用以分析NDVI的空间分布特征。

（2）变化趋势计算

基于2000—2018年广东省NDVI年产品数据，逐像元构建NDVI随时间变化的一元线性回归方程，将利用最小二乘法估算得到的一元线性回归方程斜率作为像元值，该值即为NDVI的变化趋势。变化趋势用以反映NDVI在某时间段内的变化方向和速度，“正值”表示上升趋势，“负值”表示下降趋势，“绝对值”表示变化的快慢和程度。

（3）相关性分析

皮尔逊相关系数（Pearson Correlation Coefficient）是用来描述两个变量间线性关系密切程度和相关方向的统计指标，其定义为两个变量之间的协方差和标准差的商。利用2000—2018年NDVI月产品与气温、降水量、日照时数月数据，计算从当月开始到滞后6个月的NDVI与各因子的相关系数，并做相关系数显著性检验，用以分析气候因子对植被的影响。

2.2.2 时空特征分析

2.2.2.1 空间变化特征

从2000—2018年广东省多年平均NDVI空间分布图（图2.1）可知，广东省大部分地区NDVI处于较高水平，19 a平均NDVI达0.62。粤北地区（梅州、清远、河源、韶关、云浮5市）以丘陵、山地为主，拥有大片的森林，是原生型亚热带常绿阔叶林、天然针叶林的集中分布区，其 19 a NDVI 平均值达 0.66，远高于广东省其他地区。粤西地区(湛江、茂名、阳江 3 市)以丘陵、台地、平原为主，是广东省热量资源最丰富的区域，植被种类丰富，其 19 a NDVI 平均值为 0.61，仅次于粤北地区。粤东地区(潮州、揭阳、汕头、汕尾 4 市)以山地、丘陵、台地为主，是广东省人口密度较大的地区，频繁的人类活动使得区内原生自然植被保存很少，该区 19 a NDVI 平均值为 0.58，低于粤北、粤西地区。珠三角(广州、深圳、佛山、肇庆、东莞、惠州、珠海、中山、江门 9 市)以冲积平原为主，是广东省最重要的经济发展核心区域，该区 19 a NDVI 平均值为 0.57，低于广东省其他区域。

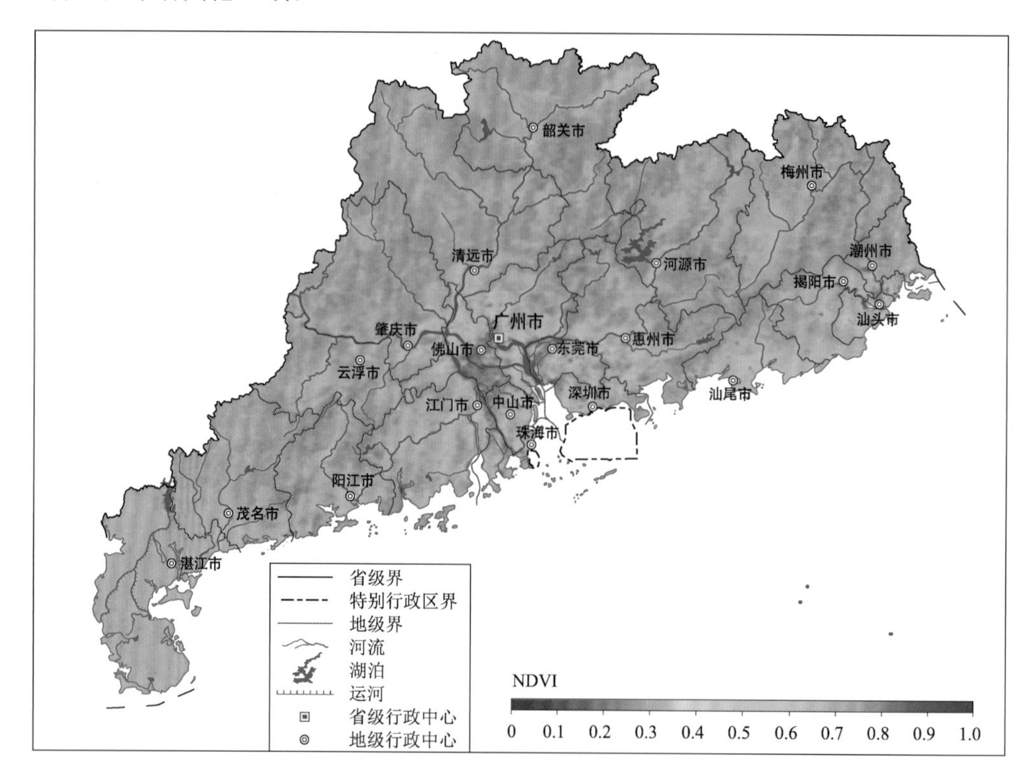

图 2.1　2000—2018 年广东省多年平均 NDVI 空间分布

2.2.2.2　时间变化特征

从年尺度而言(图 2.2)，2000—2018 年广东省 NDVI 呈波动上升趋势，年平均 NDVI 介于 0.55～0.68 之间，年增长值为 0.0053。不同类型植被的 NDVI 均呈现出上升趋势(图 2.3)，常绿阔叶林、常绿针叶林、混交林、灌木、落叶阔叶林、农田、落叶针叶林、草地的多年平均 NDVI 依次减少，分别为 0.72、0.69、0.69、0.68、0.66、0.59、0.42、0.40，农田、灌木、混交林、常绿阔叶林、常绿针叶林、落叶阔叶林、草地、落叶针叶林的 NDVI 年增长值依次降低，分别为 0.0057、0.0056、0.0053、0.0051、0.0051、0.0041、0.0039、0.0035。

从季节尺度而言(图 2.2)，2000—2018 年 NDVI 春、夏、秋、冬季节平均值分别为 0.58、0.68、0.67、0.56，其年增长值分别为 0.0047、0.0038、0.0039、0.0079，由此可见，夏季 NDVI 值最大、年增长值最小，冬季 NDVI 值最小、年增长值最大。冬季、春季 NDVI 年际波动大，而夏季、秋季 NDVI 年际变化平缓，主要是因为广东省降水充沛但季节分布不均，80%的降水集中在 4—9 月，加之植被生长对降水存在 1～2 个月的滞后效应，所以夏、秋两季植被生长稳定，

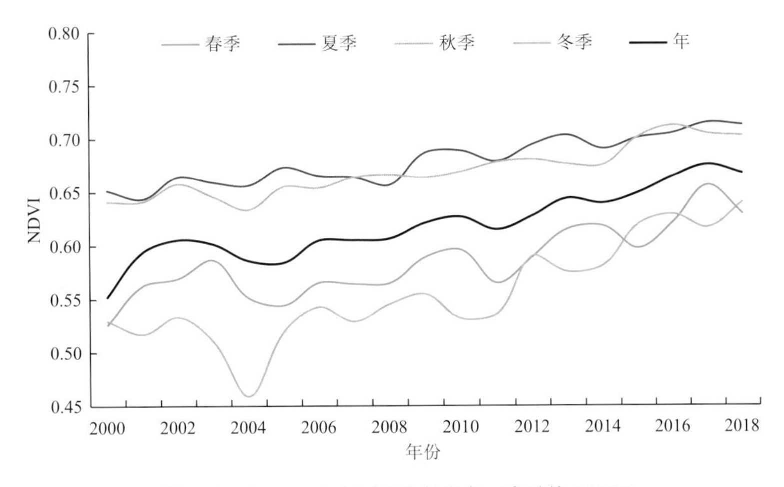

图2.2　2000—2018年广东省年、季平均NDVI

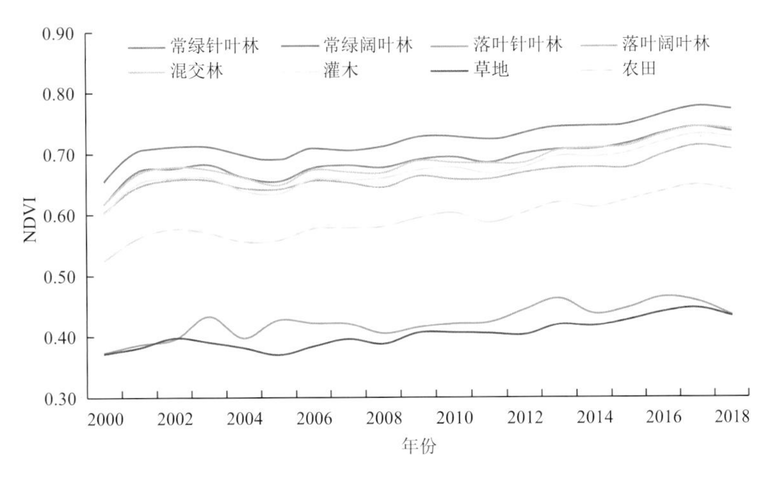

图2.3　2000—2018年广东省不同植被NDVI变化

而冬、春两季植被生长状况波动较大。

2.2.3 NDVI对气候因子的响应

考虑到植被对气候因子的响应存在一定的滞后性，统计分析了从当月开始到滞后6个月的NDVI与各因子的相关系数。从表2.1可知，广东省月平均NDVI和气温、降水量、日照时数相关性显著，其最大相关系数分别为0.8637、0.6394、0.6057，均通过$P=0.01$显著性检验，表明在月时间尺度上，气温是对广东省植被生长影响最为显著的气候因子，其次是降水量，再次是日照时数。NDVI与气温的相关系数在滞后1个月时为最大值，其后逐渐降低，滞后4个月时为负值；与降水量的相关系数在滞后1个月时为最大值，滞后2个月时变化不大，其后逐渐降低，滞后5个月时为负值；与日照时数的相关系数在当月为最大值，其后明显降低，滞后3个月时为负值。由此可见，NDVI对日照数据的响应不存在滞后，对气温的响应存在1个月的滞后，对降水的响应存在1～2个月的滞后，而日照时数对NDVI的影响持续时间较短，仅持续1个月左右，温度、降水对NDVI的影响持续时间较长可达4～5个月。

表 2.1　广东省月平均 NDVI 与气温、降水量、日照时数的相关系数

延迟月数	气温	降水量	日照时数
0	0.7726**	0.4583**	0.6057**
1	0.8637**	0.6394**	0.3898**
2	0.7083**	0.6346**	0.1316
3	0.3511**	0.5308**	−0.2076
4	−0.0898	0.2844**	−0.4779
5	−0.4894	−0.0530	−0.6301
6	−0.7396	−0.4059	−0.6590

注：** 表示相关系数通过 $P=0.01$ 显著性检验。

这一规律与孙应龙等(2019)研究所得云南省临沧市植被与气候因子的响应规律不一致，而与许玉凤等(2020)得到的贵州 NDVI 对气候因子的响应规律一致。植被的变化除了受气候因子影响，还受到人类活动、地形地貌等多种因素影响。相关研究仅基于统计学方法分析了广东省植被的时空特征及其对气温、降水量、日照时数等气候因子的响应，其研究内容和研究方法在后期还可进一步拓展。从研究内容而言，可对植被类型、土地利用类型或生态景观类型作进一步细化，定量研究气候条件、人类活动对其变化的贡献率，综合分析各类驱动因子对植被的作用机理，尝试基于气象预报产品进行植被生长状况的预报；从研究方法而言，可基于数值模拟、小波分析、地理空间分析等多种方法，分析植被时空格局与地形地貌、气候条件的多时空尺度的关系。

2.3　植被生态质量气候预估初探

陆表植被生长对人类活动和气象条件十分敏感，由于植被类型、季节和地理位置的不同，植被净初级生产力(NPP)对气象条件变化的响应机制是不同的。侯英雨等(2007)研究表明，我国降水对植被 NPP 年内季节变化的驱动作用高于温度，且气候因子对北方植被 NPP 的驱动作用高于南方。孙应龙等(2019)对云南省临沧市植被 NPP 与气候因子的相关性分析表明，NPP 与降水呈显著正相关，而与气温、日照时数的相关性未达到显著水平。刘铮等(2021)认为，黄土高原草地 NPP 与降水指标呈显著正相关，与温度指标主要呈负相关，年降水量是该区草地 NPP 变化的最重要驱动因素。相关性分析可以定性地解释气象因子对植被的影响，但无法深入分析这种影响的程度与机理。因此，部分学者尝试使用生态系统模型定量研究植被变化的驱动因素。Zhu 等(2016)基于卫星遥感数据和 10 种生态系统模型模拟的研究表明，1982—2009 年，CO_2施肥作用对全球植被变绿的贡献率为 70%，氮沉降为 9%，气候变化为 8%，土地利用为 4%。Luo 等(2020)利用 12 类生态系统模型研究了气候变化、土地利用、CO_2施肥作用对西藏高原植被初级生产力的影响，结果表明，气候变化是最为主要的影响因素。Chen 等(2019)认为，2000—2017 年，中国以仅占全球 6.6%的植被面积创造全球 25%的叶面积净增长量，且这种增长主要是因为人类对土地利用类型的改变及灌溉、施肥等措施。本节采用统计分析方法，分析了广东省植被 NPP 时空分布规律，同时利用集成生物圈模型(Integrated Biosphere Simulator，IBIS)模拟，假定土地利用类型不变，在气候预测和 CO_2变化下，模拟

预测植被 NPP 未来的变化趋势。

2.3.1 数据来源与预处理

2001—2020 年植被 NPP 历史数据，由国家气象中心提供，为基于陆地生态系统碳通量模型计算得到的 NPP 月产品。

地面气象观测数据，由广东省气候中心提供，为 2001—2020 年的日数据，包括降水量、平均气温、最低气温、最高气温、平均风速、最大风速、日照时数、平均海平面气压、相对湿度等要素，分别用于分析气候要素对 NPP 的影响。

未来气候预测数据，采用美国国家环境预报中心（NCEP）开发的气候预报系统（CFS）预报数据，等经纬度数据，分辨率为 1°×1°。提取其中降水量、平均气温、最低气温、最高气温、平均风速、云量、平均海平面气压、相对湿度等要素，并进行降尺度处理，使其分辨率细化至 0.1°×0.1°。

CO_2 浓度数据，采用美国国家海洋大气局（NOAA）全球监测地球系统研究实验室（https://gml.noaa.gov/ccgg/trends/global.html）提供的每月全球平均数据。

土壤质地数据，为来自北京师范大学的中国土壤数据集，等经纬度数据，分辨率为 0.00833°×0.00833°。通过区域平均的方式对该数据进行预处理，抽稀为 0.1°×0.1°。

植被类型数据，采用美国国家航空与航天局（NASA）的 MODIS 全球土地覆盖类型产品（https://ladsweb.modaps.eosdis.nasa.gov/search/order/1/MCD12Q1--6），并将该产品各种土地覆盖类型转换为 IBIS 植被类型（表 2.2），统计每个网格土地利用类型占比。

表 2.2 遥感植被类型与对应的 IBIS 植被类型

遥感植被类型	对应 IBIS 植被类型
常绿针叶林、常绿阔叶林	热带常绿林
落叶针叶林、落叶阔叶林	热带落叶林
混交林	混交林
热带稀树草原	热带稀树草原
草地、永久湿地、农用地、农用地/自然植被拼接	草地
稠密灌丛、木本稀树草原	密灌丛
稀疏灌丛、城市和建筑区、冰雪、贫瘠或植物稀少的地区	沙漠荒漠

2.3.2 广东省植被 NPP 时空分布规律

2.3.2.1 植被固碳量时间变化规律

从年际变化看（图 2.4），2001—2020 年广东省植被 NPP 呈波动上升趋势，植被年 NPP 介于 866.2 gC/m^2（2005 年）～1106.0 gC/m^2（2017 年），其中，2005 年因发生严重的气象干旱，导致植被 NPP 降至近 20 a 最低；2015 年以来全省在消灭宜林荒山、改造残次林方面取得了显著成效，至 2017 年植被 NPP 达近 20 a 最高。

从季节变化看（图 2.4），2001—2020 年广东省春季、夏季、秋季、冬季植被 NPP 分别为 250.8 gC/m^2、335.1 gC/m^2、278.2 gC/m^2、149.9 gC/m^2，可见，夏季植被 NPP 最大、冬季最

小，秋季、春季介于两者之间。冬季、春季植被 NPP 年际波动大，而夏季、秋季植被 NPP 年际变化平缓，主要是因为广东省降水充沛但季节分布不均，80%的降水集中在 4—9 月，加之植被生长对降水存在 1～2 个月的滞后效应，所以夏、秋两季植被生长所需的光、温、水资源稳定且充足，而冬、春两季时有气象干旱灾害发生，导致植被生长状况波动较大。

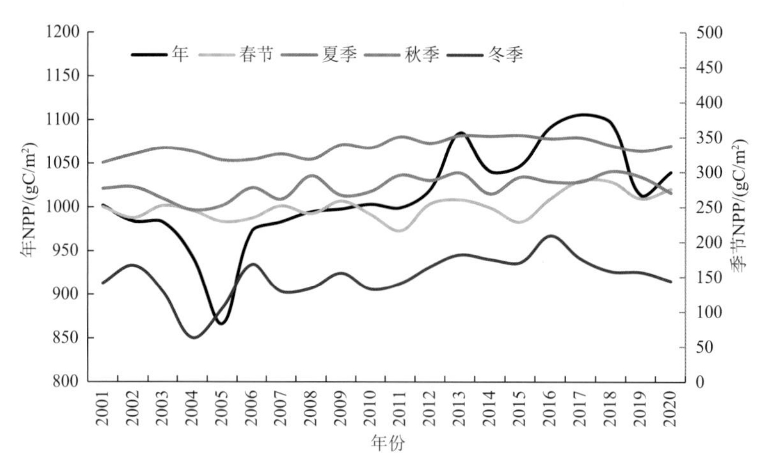

图 2.4　2001—2020 年广东省年、季平均植被固碳量变化

从月尺度而言(图 2.5)，广东省植被月 NPP 在一个自然年内通常呈先升后降规律，1 月为全年最低值，当月 NPP 的 20 a 平均值为 47.4 gC/m^2，随着植被的生长，7 月达到最高值，当月 NPP 的 20 a 平均值为 116.0 gC/m^2，随后逐渐下降，至 12 月达到较低值，当月 NPP 的 20 a 平均值为 52.5 gC/m^2。

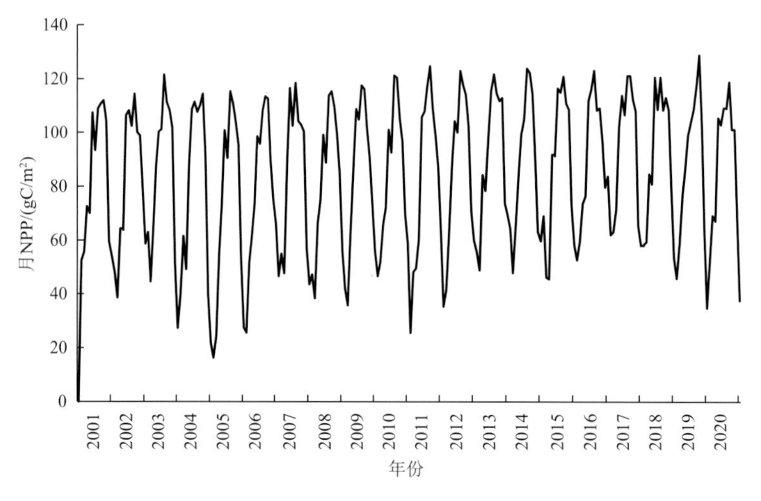

图 2.5　2001—2020 年广东省月平均植被变化

2.3.2.2　植被 NPP 空间分布规律

从 2001—2020 年广东省多年平均植被 NPP 空间分布图(图 2.6)可知，广东省大部分地区植被固碳能力强，2001—2020 年平均年 NPP 达 1013.4 gC/m^2，高值区主要分布在粤北地区及阳江、茂名等地，低值区主要分布在珠三角的佛山、东莞、广州南部、中山北部等地。从图 2.7 可知，

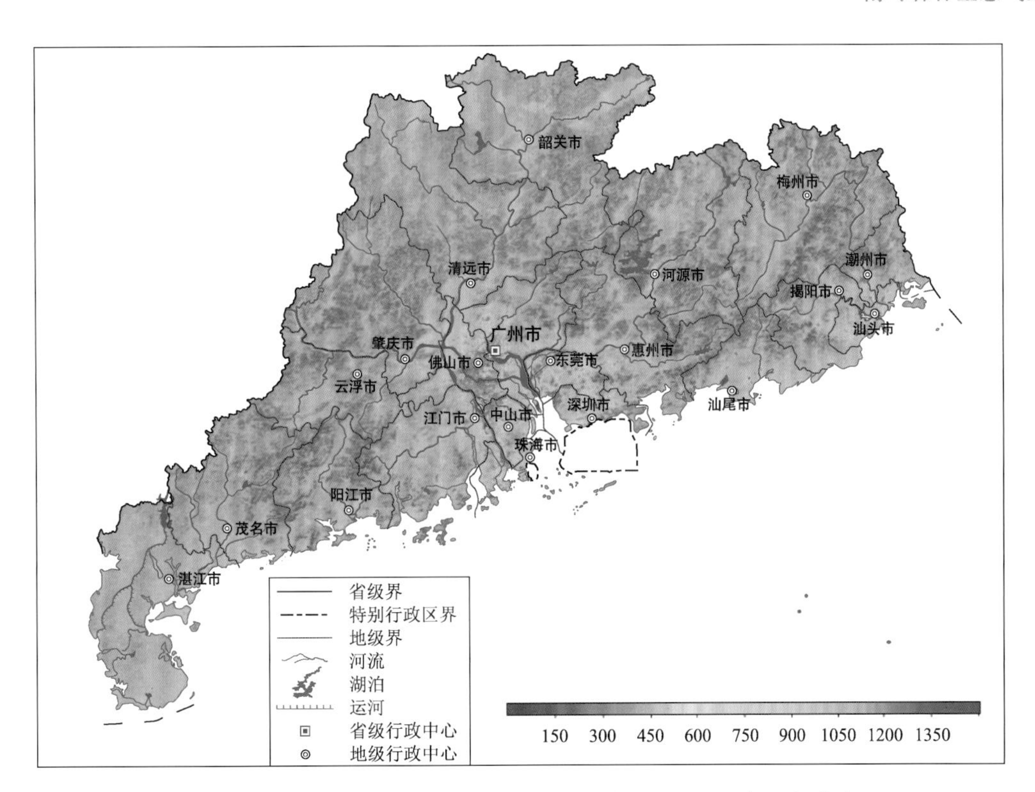

图 2.6　2001—2020 年广东省多年平均植被 NPP(gC/m²)空间分布

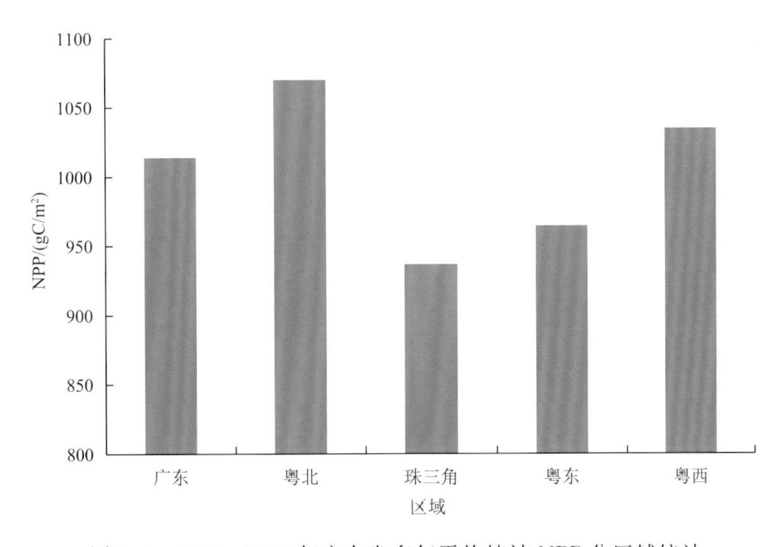

图 2.7　2001—2020 年广东省多年平均植被 NPP 分区域统计

粤北地区(梅州、清远、河源、韶关、云浮 5 市)以丘陵、山地为主,拥有大片的森林,是原生型亚热带常绿阔叶林、天然针叶林的集中分布区,其 20 a 平均年植被 NPP 达 1069.9 gC/m²,远高于广东省其他地区。粤西地区(湛江、茂名、阳江 3 市)以丘陵、台地、平原为主,是广东省热量资源最丰富的区域,植被种类丰富,其 20 a 平均年植被 NPP 达 1032.7 gC/m²,仅次于粤北地区。粤东地区(潮州、揭阳、汕头、汕尾 4 市)以山地、丘陵、台地为主,是广东省人口密度较大的地区，频繁的人类活动使得区内原生自然植被保存很少。该区 20 a 平均年植被 NPP 为 964.3 gC/m^2，低于粤北、粤西地区。珠三角（广州、深圳、佛山、肇庆、东莞、惠州、珠海、中山、江门 9 市）以冲积平原为主，是广东省最重要的经济发展核心区域。该区 20 a 平均年植被 NPP 为 936.6 gC/m^2，低于广东省其他区域。

2.3.3 森林 NPP 预测方法

2.3.3.1 预测方法

本研究采用 IBIS 模型进行植被 NPP 的预测。IBIS 模型是由美国威斯康星大学全球环境与可持续发展中心(SAGE)于 1996 年开发的生物物理-动态植被耦合模型。由于该模型将地表与水文过程、陆地生物地球化学循环，以及植被动态等整合到一起，可深入地体现全球碳循环的复杂过程，即全球碳循环过程受到生物物理学、生物地球化学和植被动态等时间尺度截然不同的自然过程的影响，在国际上得到广泛的应用。

该模型有五个大的功能模块，能够实现陆面过程（土壤、植被与大气之间的能量、水分和动量交换）、冠层生理（冠层光合与导度）、植被物候（萌发与衰亡）、植被动态过程（植被类型间的竞争）和陆面碳平衡（净初级生产力水平、组织周转、土壤碳和有机质分解）的模拟。模型中各个过程可在不同的时间尺度上进行，从 1 h～1 a，使发生在不同时间尺度上的过程可有机地整合起来。

基于收集到的近年 CO_2 浓度数据，对其进行外推，预测未来 90 d CO_2 浓度变化；结合气候预测数据和土壤质地数据，驱动 IBIS 模型，预测各种植被类型未来 90 d NPP 的变化，并根据植被类型占比，预测广东省未来 90 d NPP 变化趋势。

2.3.3.2 预测结果分析

利用未来 90 d CFS 数据驱动 IBIS 模型，对 2021 年 4 月 6 日—6 月 30 日广东省植被 NPP 日变化进行预测，预测结果见图 2.8—2.10。从月变化而言，4—7 月正是广东气温逐步上升，降水丰沛的季节，植被 NPP 也处于逐步升高阶段，从预测结果可知，4 月 NPP 日均值为 1.49 gC/m^2，5 月 NPP 日均值为 1.6 gC/m^2，6 月 NPP 日均值为 1.88 gC/m^2。从日变化而言，受气象条件影响，植被 NPP 在 4、5、6 月内均呈现不同程度的波动趋势。

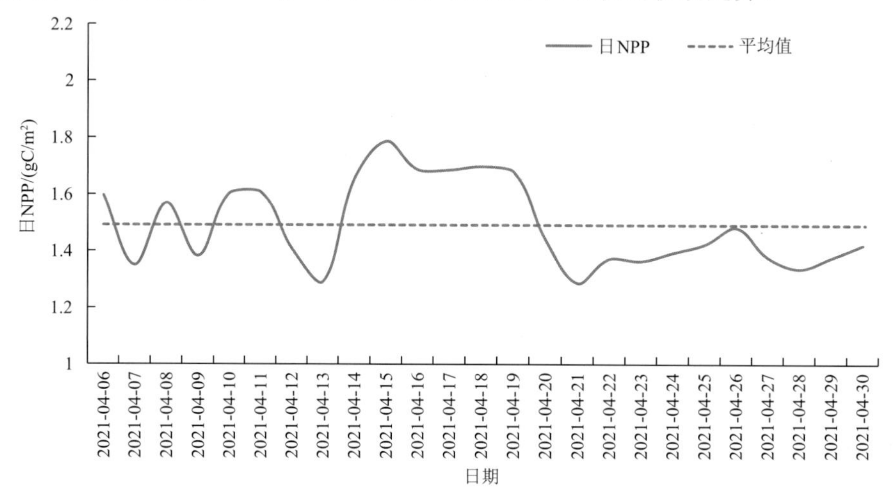

图 2.8 基于 IBIS 模式预测 2021 年 4 月广东省植被 NPP 日变化

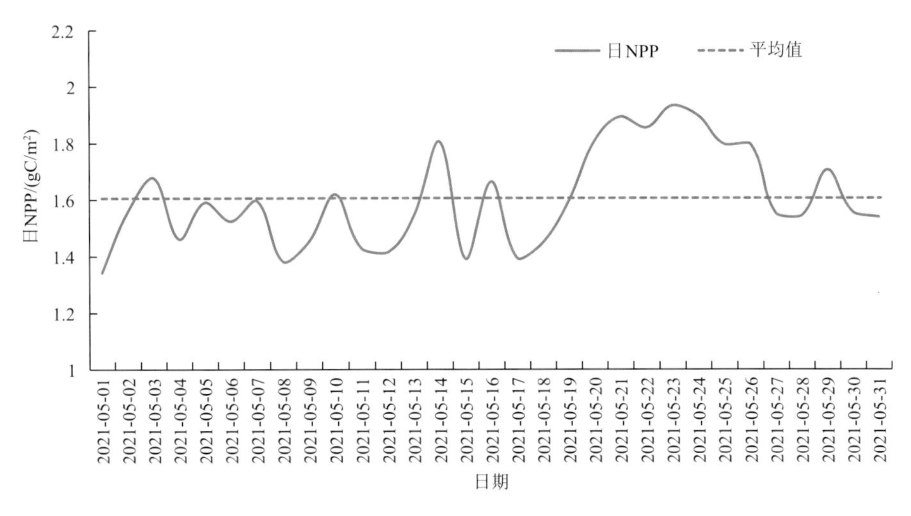

图 2.9　基于 IBIS 模式预测 2021 年 5 月广东省植被 NPP 日变化

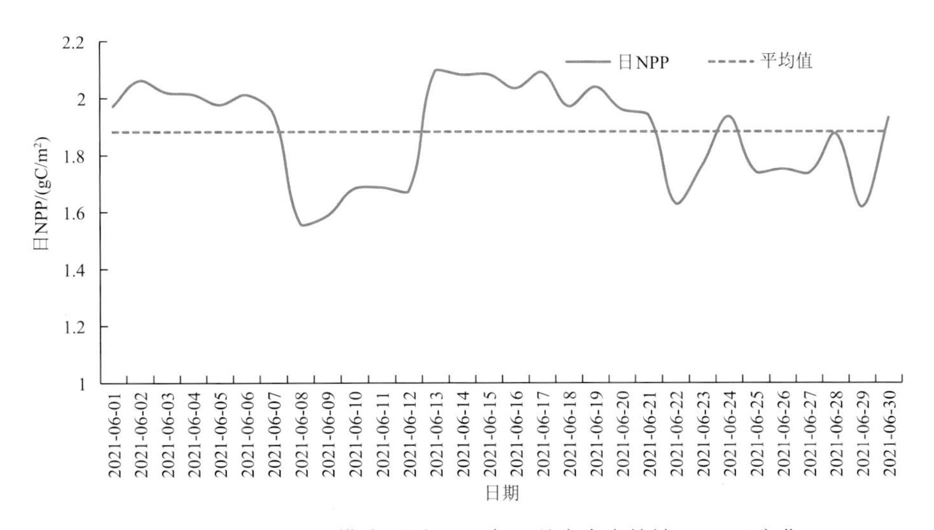

图 2.10　基于 IBIS 模式预测 2021 年 6 月广东省植被 NPP 日变化

2.4　森林火情监测和气象风险预警

2.4.1　森林火情监测

2.4.1.1　热点监测所用卫星资料与定位方法

目前，可用于林火监测的卫星遥感数据主要有：Landsat/ETM、Terra/ASTER、HJ/IRS、Sentinel-2/MSI 等中高分辨率卫星数据，和 NOAA/AVHRR、EOS/MODIS、ERA/ATSR、Himawari/AHI 和 FY-4/AGRI 等中低空间分辨率卫星数据。而国产高分系列卫星影像数据主要应用于对重点火场的热点和火线等进行目视解译和通过叠加亮温计算结果和目视解译结果，经统计后确定卫星热点判定阈值（曾超 等，2021）。

风云三号系列气象卫星均搭载有对热点敏感的波长范围在 3.5～4.0 μm 左右的中红外波段探测仪器，并具有对全球范围的观测能力，为利用风云卫星开展热点监测提供了数据源（杨军，2012）。国家卫星气象中心对风云三号每颗星都研发了全球热点监测产品，并通过网站对外发布。此外，通过直接接收美国 AQUA 、TERRA 卫星和 Sumi-NPP 卫星等极轨卫星中红外波段探测资料，均可用于森林火情监测。这些卫星从上午至下午分别在不同的轨道上运行，根据卫星过境时间可进行覆盖范围广、时间分辨率高、时效性强、成本低的热点监测。

我国 FY-4A（风云四号 A 星）和日本 Himawari-8（向日葵 8 号，以下简称 H8）是新一代静止气象卫星，观测频次、空间分辨率都较上一代静止气象卫星有较大改进。对于森林火情监测，利用静止气象卫星数据具有巨大的优势。FY-4A 和 H8 传感器波段范围覆盖可见光至远红外，每 10 min 或 15 min 完成一次全圆盘观测。无云条件下，可实现昼夜 24 h 连续监测，可对扑火救灾工作提供快速、准确的空间信息支持，提高火灾遥感监测响应速度。FY-4A 和 H8 的卫星通道中均包含 3.9 μm、11.2 μm 和 12.3 μm 的热红外通道，有利于热点的判识。

已知热点经纬度信息，需要确定其具体所在位置，如所属行政区划、土地利用类型、高程、最近的村镇等信息。可以通过广东省气象数据中心提供的空间数据的查询全球广域网（Web）要素服务接口来定位每一个火点的地理信息，包括火点所在的村、镇、区县、城市等信息。接口提供了支持开放地理信息系统协会（OGC）制定规范的开发说明。实现了异构网络地理信息系统（WebGIS）之间的互操作，以及实时矢量数据操作。热点最近村镇和方位的计算：首先由 1∶25 万的居民点地理信息资料导出得到村镇的属性表数据，然后再根据热点位置检索属性表，得到最近的乡村，并计算其距离和方位（图 2.11）。

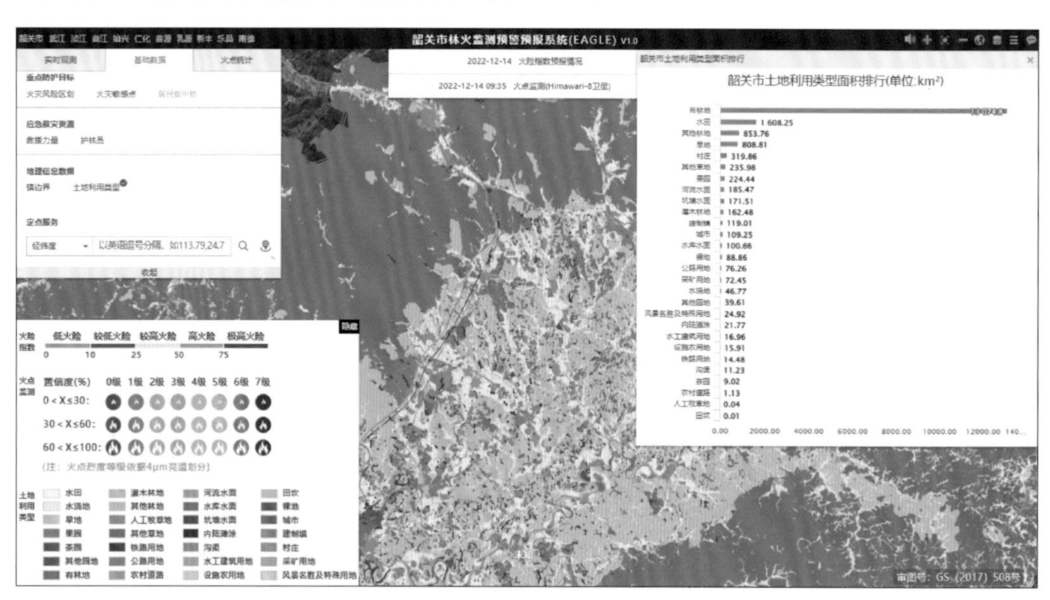

图 2.11　结合土地利用类型下垫面数据进一步判识热点

2.4.1.2　广东气象森林火情监测服务

多年来，广东气象部门均一直加强与林业相关职能部门合作，推进在气象观测、林火风险预报预警等方面的资源共享，定期提供季度天气预测，及时更新与共享火险预警和数据，合作开展卫星遥感林火监测、森林火险预警监测系统的科研业务工作，充分利用卫星遥感等手段加强森林火源点的监测，做好关键时期、关键地区森林火情的实时监测，通过专网向林业相关单位提供卫星资料监测得到的热点信息(图 2.12)，产品应用于广东省森林防火指挥调度。

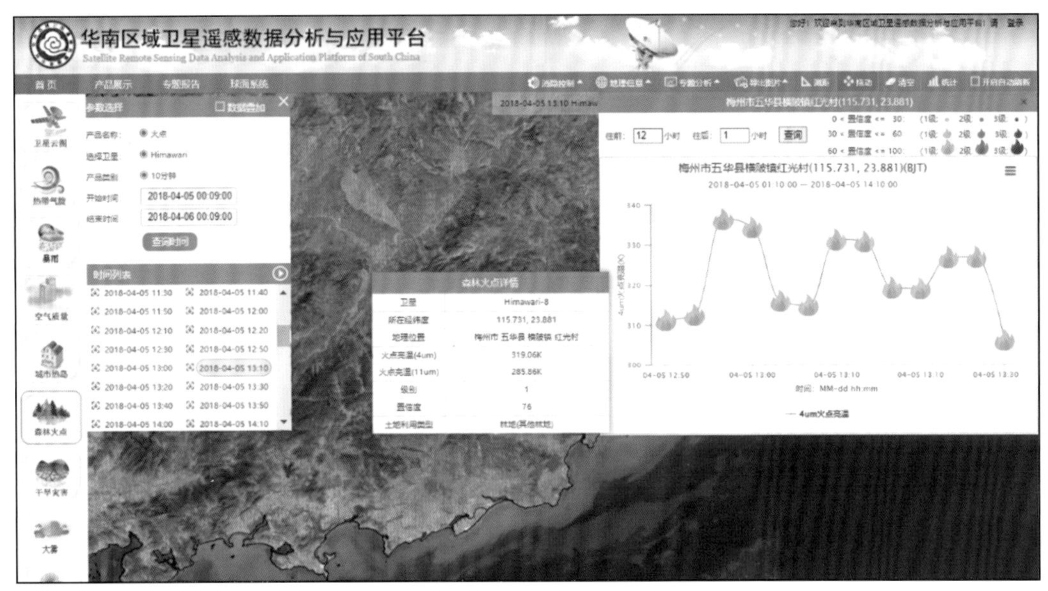

图 2.12　2018 年 4 月 5 日卫星林火监测个例

2.4.2　森林火险气象等级预警

2.4.2.1　数据来源

目前，广东气象森林火险预报采用自下而上的上报方式，地市区县各级气象部门根据本地情况做出森林火险气象等级预警信息(图 2.13)，本地发布(图 2.14)的同时以报文形式传送上级部门，在省级部门汇总后做出全省火险图发布(图 2.15)。

起止时间：2021-04-06 00:00:00 至 2021-04-08 09:00:00　级别：全部　市局：清远　区/县：全部　镇街：全部

预警类型：台风　寒冷　雷雨大风　森林火险　暴雨　大雾　道路结冰　高温　灰霾　冰雹　全选/全不选　预警等级：白　蓝　黄　橙　红　全选/全不选　统计

预警信号发布情况查询

市名	区县名	镇街名	森林火险				
			发布时间	信号	持续时间	状态	结束时间
清远	阳山县		2021-04-02 11:59:00		299小时15分钟(结束)	结束	2021-04-14 23:15:00
		青莲镇	2021-04-02 11:59:00		299小时15分钟(结束)	结束	2021-04-14 23:15:00
		江英镇	2021-04-02 11:59:00		299小时15分钟(结束)	结束	2021-04-14 23:15:00
		杜步镇	2021-04-02 11:59:00		299小时15分钟(结束)	结束	2021-04-14 23:15:00
		七拱镇	2021-04-02 11:59:00		299小时15分钟(结束)	结束	2021-04-14 23:15:00
		太平镇	2021-04-02 11:59:00		299小时15分钟(结束)	结束	2021-04-14 23:15:00
		杨梅镇	2021-04-02 11:59:00		299小时15分钟(结束)	结束	2021-04-14 23:15:00
		大崀镇	2021-04-02 11:59:00		299小时15分钟(结束)	结束	2021-04-14 23:15:00
		小江镇	2021-04-02 11:59:00		299小时15分钟(结束)	结束	2021-04-14 23:15:00
		岭背镇	2021-04-02 11:59:00		299小时15分钟(结束)	结束	2021-04-14 23:15:00
		黄坌镇	2021-04-02 11:59:00		299小时15分钟(结束)	结束	2021-04-14 23:15:00
		黎埠镇	2021-04-02 11:59:00		299小时15分钟(结束)	结束	2021-04-14 23:15:00
		阳城镇	2021-04-02 11:59:00		299小时15分钟(结束)	结束	2021-04-14 23:15:00
		秤架瑶族乡	2021-04-02 11:59:00		299小时15分钟(结束)	结束	2021-04-14 23:15:00
		-	2021-03-26 16:43:00		448小时1分钟(结束)	结束	2021-04-14 08:45:00
		连州镇	2021-03-26 16:43:00		448小时1分钟(结束)	结束	2021-04-14 08:45:00
		星子镇	2021-03-26 16:43:00		448小时1分钟(结束)	结束	2021-04-14 08:45:00

图 2.13　2021 年 4 月 6—8 日清远市根据本地情况做出森林火险气象等级预警信息

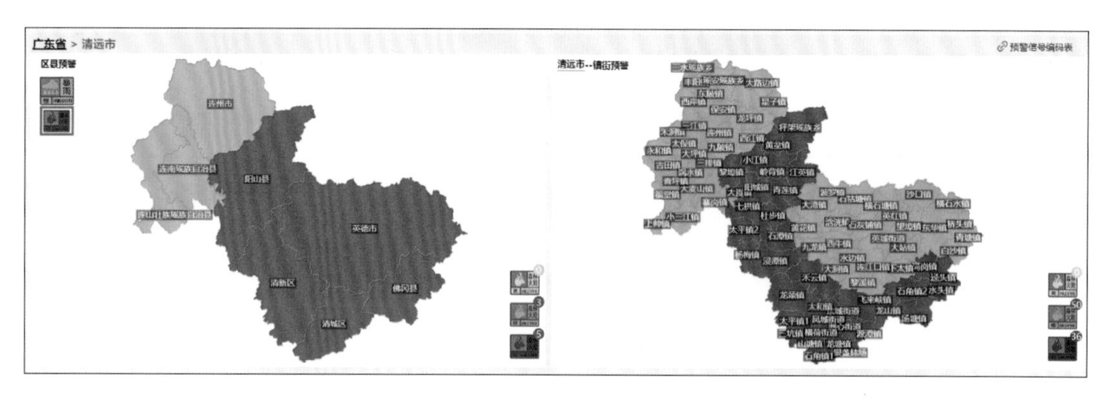

图 2.14 2021 年 4 月 6—8 日清远市森林火险预警信息分布图

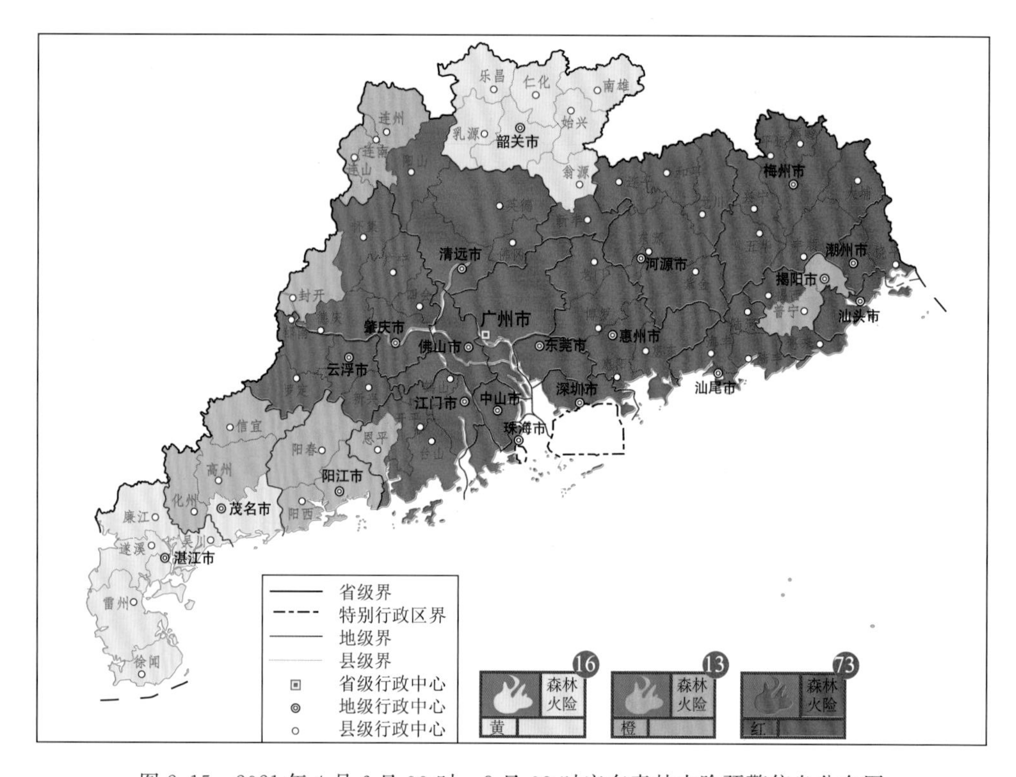

图 2.15 2021 年 4 月 6 日 00 时—8 日 09 时广东森林火险预警信息分布图

2.4.2.2 国家标准《森林火险气象等级》本地化应用

在可能引起森林火灾的诸多因子中，天气气候条件一直被认为是最主要的影响因素，干旱、高温、雷击、大风等天气都直接影响了森林中可燃物的易燃特性、森林火灾的发生蔓延和现场扑救。温度、湿度、风速对森林中可燃物的易燃特性产生很大影响，风速、风向也可直接影响森林火灾的传播方向、蔓延速度和扑灭的难易程度。

国际上从 20 世纪初开始开展森林火灾的研究，20 世纪 70 年代起逐渐形成火险等级预报业务。随着森林可燃物监测技术和大气科学的进展，2018 年 9 月国家标准《森林火险气象等级》获得批准。新标准主要是根据降水、积雪、气温、湿度、风向、风速等气象条件对森林火灾易燃和易蔓延的影响程度，划分气象影响等级，即从气象条件的角度，以气象影响等级表示森林火灾易燃和易蔓延的风险，并采用国家级森林火险气象等级预报业务中经过多年业务实践和检验的"修正布龙-戴维斯方案"计算森林火险气象指数(梁莉 等，2019)。广东省韶关市、广州市等多个地市气象部门均结合本地实际情况选用了此国家标准。

2021年广东省生态气象中心基于国家气象信息中心研制的1 km分辨率多源融合实况分析产品(温度、湿度、风速、实时雨量)，实现广东森林火险气象等级实时计算和历史回算。其中气象干旱等级分别来自广东省气候中心每日全省86个站点的气象干旱等级(图2.16)或者国家气候中心的每日实况气象干旱等级网格数据(图2.17)。

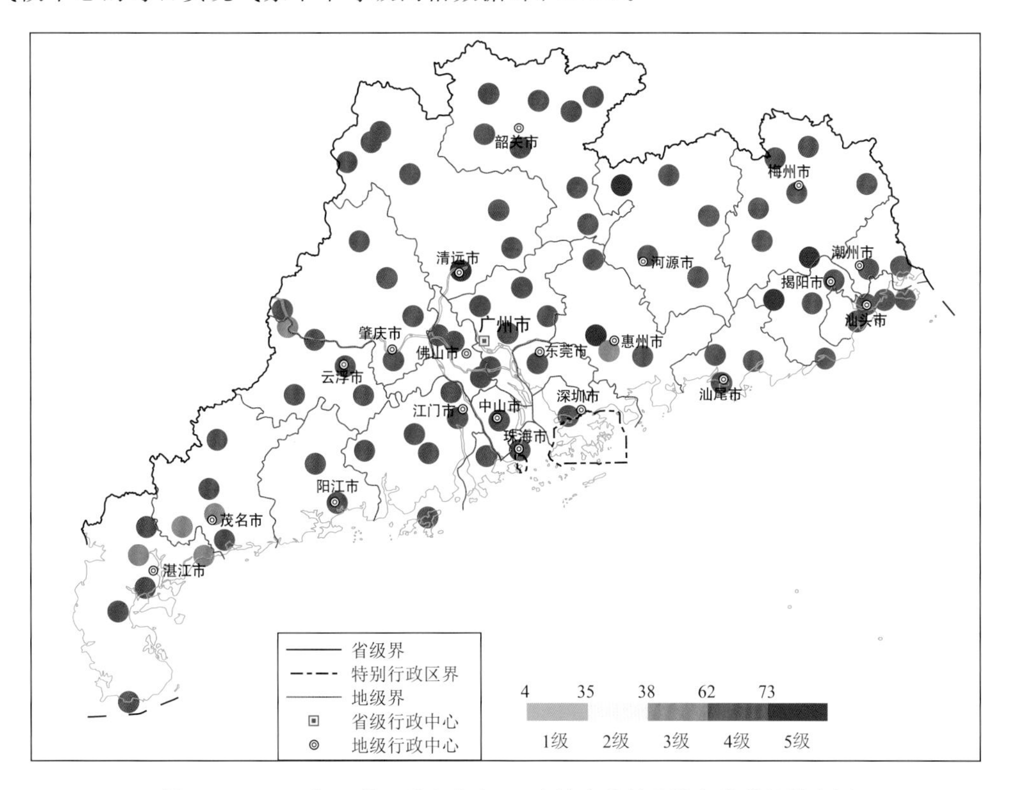

图2.16　2021年1月5日广东省86个站点森林火险气象等级散点图

利用广东省气象局重点实验室的区域天气数值预报数据，结合国家气候中心的干旱等级网格数据，实现广东森林火险气象等级预报产品定时计算(图2.18)。

2.4.2.3　韶关市林火监测预警预报系统

韶关市林火监测预警预报系统将卫星监测、森林气象监测等手段结合起来，实现森林热点的快速发现、及时预警功能，进一步提升韶关市森林火险气象预报预警能力。

未来7 d精细化森林火险指数预报：基于图形交互式网格预报系统(GIFT)与欧洲气象中心细网格预报(ECMWFTHIN)，计算气温日较差、日照、风速、相对湿度、无降水累积日数、干旱指数MCI等因子，得到未来7 d森林火险指数预报FDI(图2.19)。

结合气象因子，依托韶关市防火办提供的2015—2020年逐月火灾点数据，在GIS地图上做精细至乡镇的全市火灾点风险区划(图2.20)；同时做火灾点年、季、月、日的分布统计查询，确定重点防护区域。

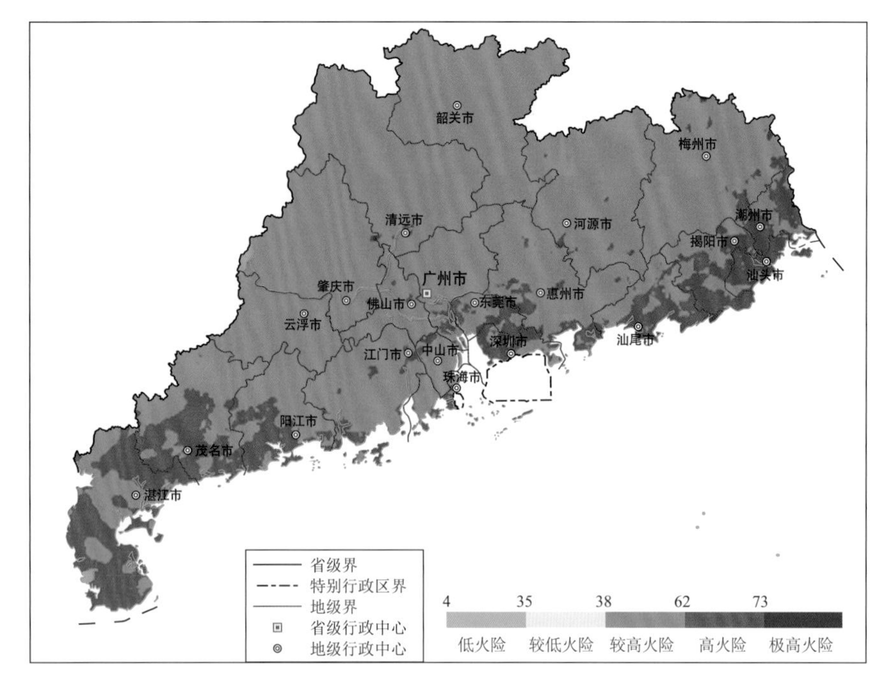

图 2.17　2021 年 10 月 31 日广东省森林火险气象等级实况格点图

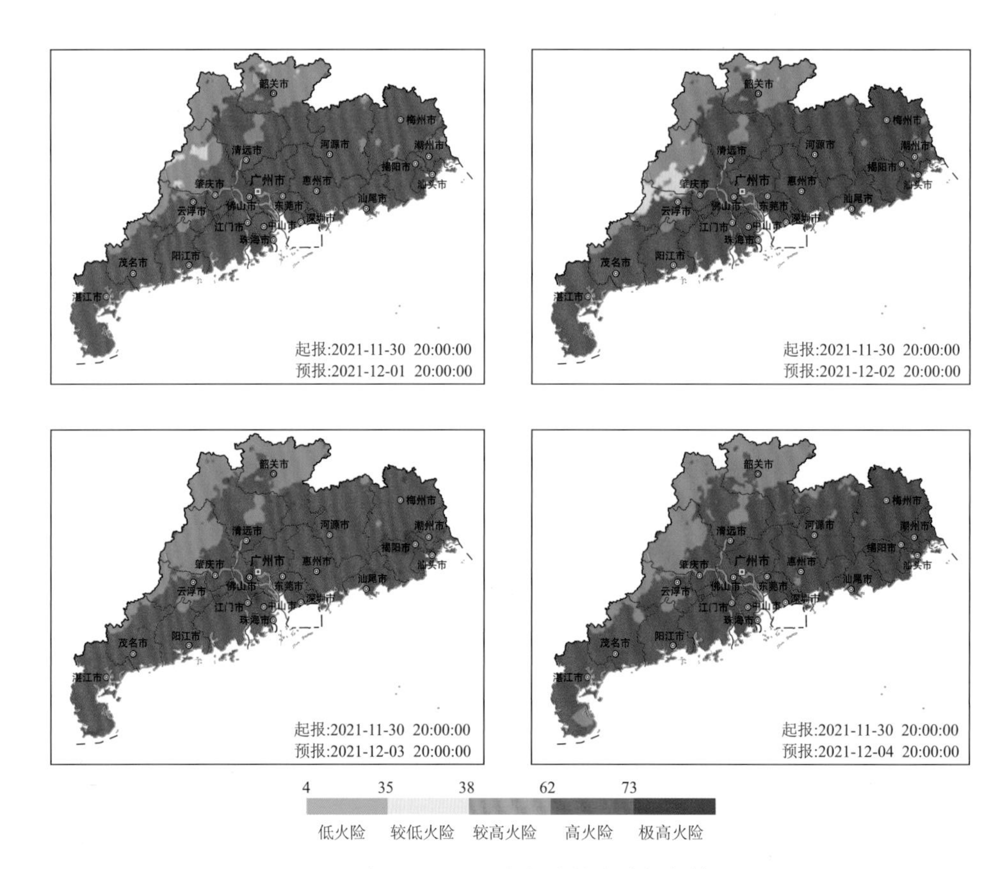

图 2.18　2021 年 11 月 30 日起报森林火险气象等级预报图

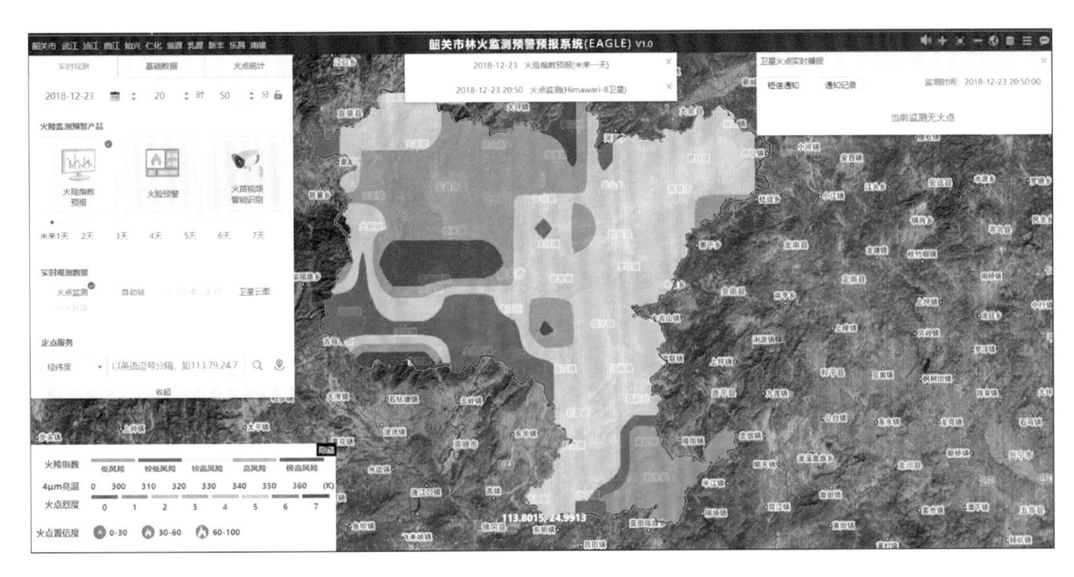

图2.19 韶关市未来7 d精细化森林火险指数预报产品样例图

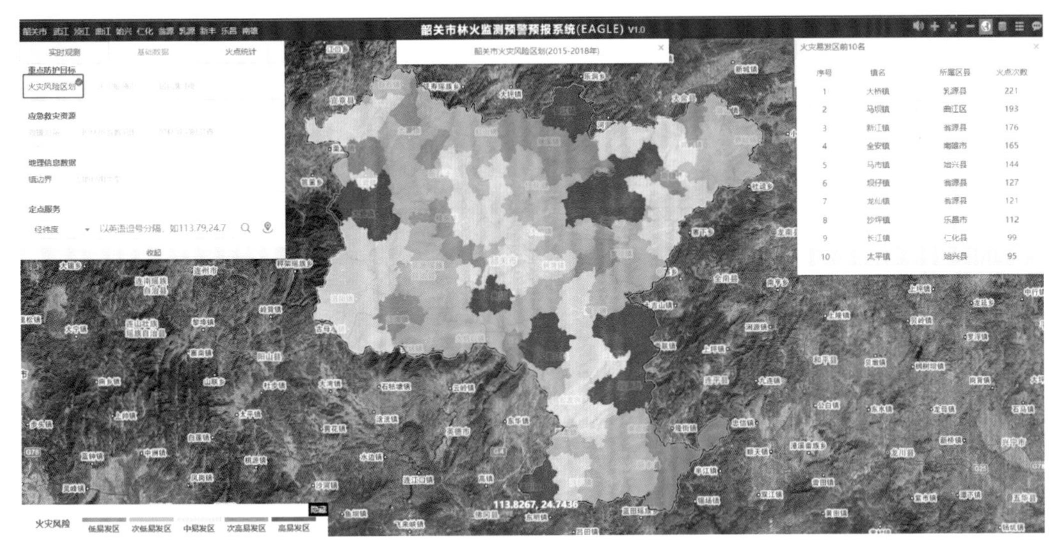

图2.20 韶关市火灾点风险区划

2.5 本章小结

本章介绍了以南岭生态气象中心为依托的南岭森林生态气象观测布局；利用统计分析、自相关分析等方法，研究了广东省NDVI的时空分布特征及其对气候因子的响应规律；利用国家气象中心下发的NPP数据分析了广东省NPP时空分布规律，并结合IBIS模型对NPP的未来变化规律进行模拟预测。

(1)南岭森林生态气象观测布局包括生态气象观测、温室气体观测站、农业气象试验站、暴雨致灾试验基地、生态修复型人工影响天气作业示范、丹霞山旅游气象服务、综合生态气象业务平台等功能区域。其中,生态气象观测包括下垫面温度、生物舒适度、紫外线强度、大气负氧离子浓度、闪电定位、大气电场、酸雨、蒸发、土壤水分、地下水位、GPS/MET、气溶胶质量浓度、大气边界层、蓝天等级等观测要素;温室气体观测站观测内容包括大气中 CO_2、CH_4、N_2O 浓度的系统、长期监测;农业气象试验站试验(观测)内容包括水稻试验、果树试验、鱼塘试验、人工气候室;暴雨致灾试验基地按不同坡长、坡度和地表覆盖设 1～2 个径流观测场;改善生态人工影响天气作业示范主要是建设固定火箭作业点、配套设施和观测仪器;丹霞山旅游气象服务建设内容主要是 2 套视频监控实景观测设备。

(2)利用 MODIS NDVI 数据和地面气象观测数据,基于变化趋势分析、空间自相关分析、相关性分析等方法,研究广东省 NDVI 时空分布特征及其对气温、降水量、日照时数等气候因子的响应。结果表明,2000—2018 年广东省 NDVI 平均值为 0.62,总体呈上升趋势,平均年增长值为 0.0053。不同类型植被的 NDVI 均呈增加趋势,其中常绿阔叶林、常绿针叶林、混交林的 NDVI 平均值最大,而农田、灌木、混交林平均年增长值最大。NDVI 具有明显的季节变化规律,夏季 NDVI 值最大、年增长值最小,冬季 NDVI 值最小、年增长值最大。月平均 NDVI 与气温、降水、日照时数相关性显著,其最大相关系数分别为 0.8637、0.6394、0.605。NDVI 对日照时数的响应不存在滞后,对气温存在 1 个月的滞后,对降水存在 1～2 个月的滞后。日照时数对 NDVI 的影响仅持续 1 个月左右,温度、降水对 NDVI 的影响可持续 4～5 个月。

(3)基于植被净初级生产力数据和地面气象观测数据,利用相关性分析和模型模拟方法,分析广东省植被 NPP 的时空分布特征,同时利用 IBIS 模型模拟,假定土地利用类型不变,在气候预测和 CO_2 变化下,模拟预测植被 NPP 未来的变化趋势。结果表明,2001—2020 年广东省植被 NPP 呈波动上升趋势,植被年 NPP 介于 866.2 gC/m^2(2005 年)～1106.0 gC/m^2(2017 年),近 20 a 平均年 NPP 达 1013.4 gC/m^2。植被 NPP 季节变化规律明显,夏季最大、冬季最小,秋季、春季介于两者之间,冬季、春季植被 NPP 年际波动大,而夏季、秋季植被 NPP 年际变化平缓。植被月 NPP 最低值出现在 1 月,最高值出现在 7 月。本章还尝试利用 IBIS 模型预测未来 90 d NPP 变化趋势,预测结果基本合理。

第3章 粤港澳大湾区城市群生态气象

近年来，粤港澳大湾区经济社会取得了长足发展，人民生活水平得到极大提高，但由于工业化和城市化进程加快、机动车数量迅速增加，致使该地区环境形势面临着巨大挑战和隐忧，环境与生态资源问题已成为制约粤港澳大湾区可持续发展的重大因素。天气气候作为影响生态系统和大气环境最活跃、最直接的因子，对我国生态环境保护和建设有着重要影响。重污染天气给生态环境造成巨大的破坏，给生态保护和建设带来巨大压力。推进生态文明建设、实现经济社会的可持续发展对气象部门业务和服务工作等提出了更加紧迫的需求，保障生态环境是气象部门面临的重大发展机遇和严峻挑战。正确认识和定量分析与评估气象条件对生态环境的影响，可为大气环境评价、污染防治政策的制定以及合理有效改善粤港澳大湾区生态环境提供重要的科学依据。

3.1 粤港澳大湾区城市群生态气象观测布局

3.1.1 环境气象观测布局

开展环境气象的观测，是大气污染治理和环境气象预报的基础，是研究污染物化学成分、理化特性、生成传输的依据，为污染气象条件评估、环境气象资料同化、大气成分对天气气候影响提供基础资料。目前广东省环境气象相关观测已建成大气成分观测试验基地 4 个、国家自动气象站 86 个、颗粒物观测站 35 个、气溶胶激光雷达 13 台、臭氧激光雷达 3 台、风廓线雷达 22 台、微波辐射计 2 台、温湿廓线激光雷达 1 台，观测布局见图 3.1。

(1)地面观测

为了更好地研究广东省大气污染物的特性，广东省气象局从 2003 年起陆续建设大气成分观测试验基地 4 个，分别是广州番禺大气成分野外科学试验基地、珠三角大气成分超级站、海珠湿地都市生态大气成分站、中山大气成分站。试验基地涵盖空气质量 6 要素（$PM_{2.5}$、PM_{10}、O_3、NO_2、CO、SO_2）、VOCs、气溶胶光学厚度（AOD）、紫外辐射等观测要素外，部分试验基地还装有气溶胶激光雷达和臭氧激光雷达等可用于探测高空污染物分布的观测仪器，实现了多要素、多功能的三维环境气象监测，涉及到的仪器描述详见表 3.1。

大气污染的形成与污染气象条件密切相关，在考虑污染物排放量短时间变化不大的情况下，地面污染气象条件对近地层大气污染物的扩散起着决定性作用，因此，气象要素观测对大气污染过程的预报、分析、评估至关重要。广东省国家自动气象站共有 86 个，可提供气温、气

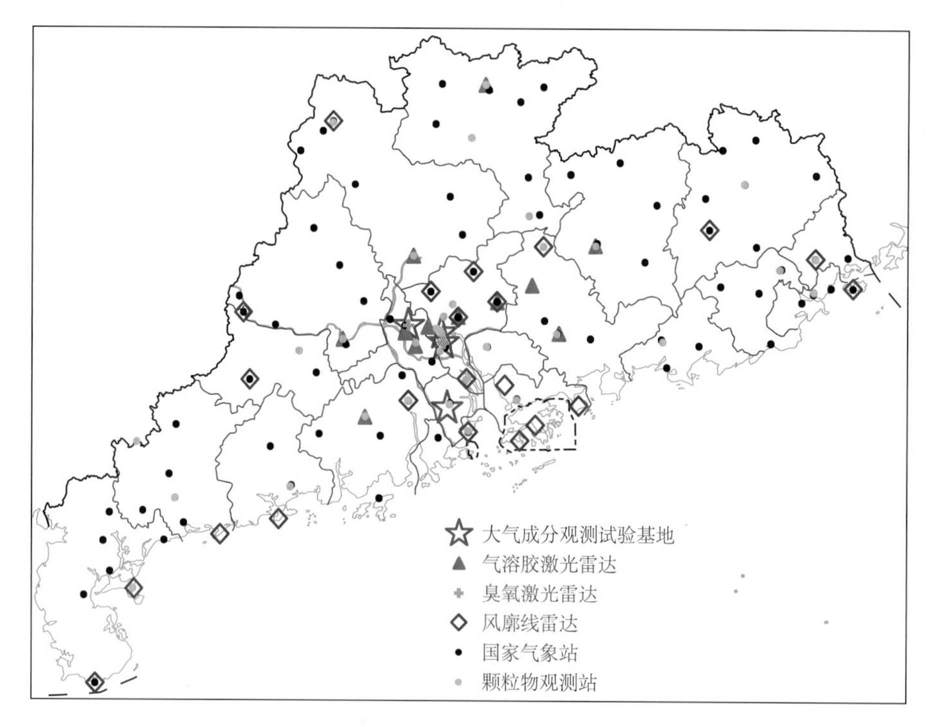

图 3.1　环境气象观测布局示意图

表 3.1　大气成分观测试验基地观测项目

站点名称	观测项目
广州番禺大气成分野外科学试验基地	$PM_{2.5}$、PM_{10}、O_3、NO_2、CO、SO_2、VOCs、CO_2、CH_4、能见度、黑碳、颗粒物组分、气溶胶光学厚度、臭氧垂直廓线等
珠三角大气成分超级站	$PM_{2.5}$、PM_{10}、O_3、NO_2、CO、SO_2、VOCs、能见度、气溶胶光学厚度、有机碳元素碳、气溶胶垂直廓线、臭氧垂直廓线、温湿垂直廓线等
海珠湿地都市生态大气成分站	$PM_{2.5}$、PM_{10}、O_3、NO_2、CO、SO_2、黑碳、浊度计等
中山大气成分站	$PM_{2.5}$、PM_{10}、O_3、NO_2、CO、SO_2、CO_2、CH_4、黑碳、太阳辐射、温湿廓线、浊度计等

压、相对湿度、风速、风向、降水、云量等污染相关的地面气象要素。目前利用气象观测开发适用于广东省污染气象条件评价指标包括回流指数、地面流场分析产品等。

(2)垂直观测

边界层内的气象要素特征和污染物分布，不仅影响低层大气污染物的水平传输和垂直输送，还会影响光化学反应、夜间滴定作用等大气化学过程，在重点区域布设垂直观测仪器，更有助于监测污染物来源以及中长距离输送情况，对区域内和跨区域联防联控具有基础作用。

广东省气象局自 2016 年开始建设激光雷达组网平台，将地市已有的激光雷达纳入组网内，并在重点区域及传输通道增设激光雷达，目前已布设激光雷达的地区包括广州、佛山、惠州、江门、韶关、河源、肇庆、清远，其中气溶胶激光雷达 13 台、臭氧激光雷达 3 台、温湿廓线激光雷达 1 台(表 3.2)。

表 3.2　广东省激光雷达组网

站点	设备名称	设备型号
广州黄埔	垂直气溶胶雷达	EV-Lidar
广州增城	微脉冲激光雷达	Darsun V1.0
广州番禺	大气颗粒物监测激光雷达	AGHJ-I-LIDAR(HPL)
广州番禺	臭氧激光雷达	LIDAR-G-2000
广州番禺	臭氧激光雷达	O_3 Finder
佛山南海	大气颗粒物监测激光雷达	AGHJ-I-LIDAR
佛山南海	三通道拉曼激光雷达	DSL-R013-F
佛山南海	臭氧激光雷达	O_3 Finder
佛山南海	拉曼温湿廓线激光雷达	HF-20
佛山顺德	气溶胶激光雷达	—
江门开平	3D 可视型激光雷达	EV-lidar-CAM
肇庆高要	气溶胶激光雷达	EV-lidar-CAM
清远清城	气溶胶激光雷达	EV-lidar-CAM
河源东源	气溶胶激光雷达	EV-lidar
韶关仁化	气溶胶激光雷达	EV-lidar
惠州惠城	3D 可视型气溶胶雷达	EV-lidar-CAM
惠州龙门	3D 可视型气溶胶雷达	EV-lidar-CAM

气溶胶激光雷达主要采用米散射(Mie Scattering)原理,发射脉冲激光到大气中,经过大气颗粒物及云层等的散射、吸收等物理过程,其中后向散射信号被雷达光学信息接收系统接受,将光信号转换成电信号,通过仪器高速粒子检测器监测信号记录在仪器软件中显示。其可提供原始信号、距离平方校正信号、退偏比、消光系数、后向散射系数、气溶胶光学厚度、边界层高度、云底高度、$PM_{2.5}$浓度、PM_{10}浓度等原始观测数据和反演产品,可有效监测颗粒物污染过程中,$PM_{2.5}$和 PM_{10}的垂直分布及垂直输送情况,边界层高度变化,通过退偏比区分球形粒子和非球形粒子(区分水汽和沙尘),产品示意图见图 3.2。

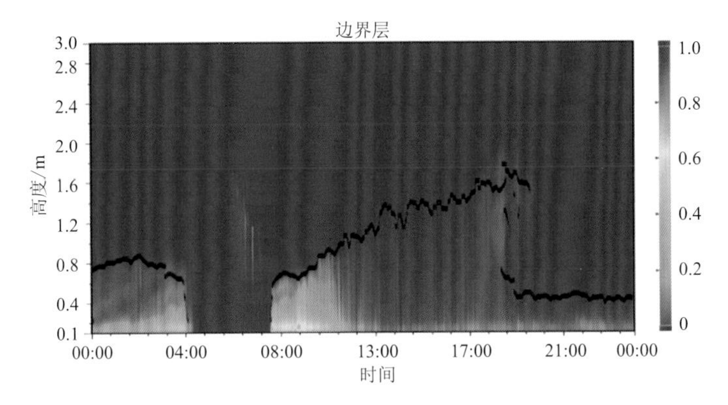

图 3.2　气溶胶激光雷达消光系数(1/m)产品示意图

臭氧激光雷达主要采用差分吸收激光雷达原理，通过高能紫外激光器发射两组波长接近的脉冲激光，其中一束位于臭氧气体的吸收线上，另一束位于吸收线之外，组成一对探测波长。266 nm 激光通过拉曼管中的氘气产生 289 nm 和 316 nm 的受激散射光，组成两对探测波长（对应不同的探测高度），经过扩束器射到大气中与臭氧、气溶胶等发生相互作用，后向散射光被望远镜接收，得到各波长的回波信号，由差分吸收激光雷达算法反演出大气中臭氧的浓度。实时在线监测大气臭氧浓度的垂直分布。其可提供原始信号、距离平方校正信号、后向散射系数、臭氧浓度等原始观测数据和反演产品，在臭氧污染过程中，可监测到高层臭氧高值区以及中低空臭氧残留层，为臭氧垂直输送提供观测基础，仪器及产品示意图见图 3.3。

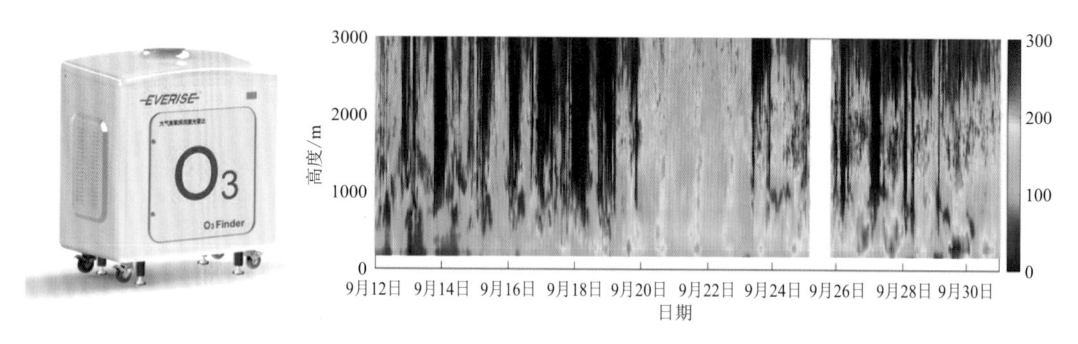

图 3.3　臭氧激光雷达及臭氧浓度（$\mu g/m^3$）产品示意图

温湿廓线激光雷达利用大功率 Nd：YAG 脉冲激光器，经过晶体三倍频后得到 354.7 nm 激光发射进入大气，通过监测紫外域的氮气和水汽分子振动拉曼散射光谱信号可反演得到大气水汽混合比廓线；监测紫外域的氮气（N_2）分子转动拉曼散射信号可反演得到大气温度廓线，提取两路对温度敏感性相反的氮气（N_2）分子的纯转动拉曼谱线（高、低量子数通道），利用两者的比值关系，对大气温度廓线进行反演。该仪器可实时获取大气温度、湿度的垂直变化信息，为预报员分析大气垂直方向上温湿结构对污染的影响提供了有效的数据支撑，结合同样布设在该观测站的气溶胶及臭氧激光雷达，可实现大气多要素的垂直探测，仪器及产品示意图见图 3.4。

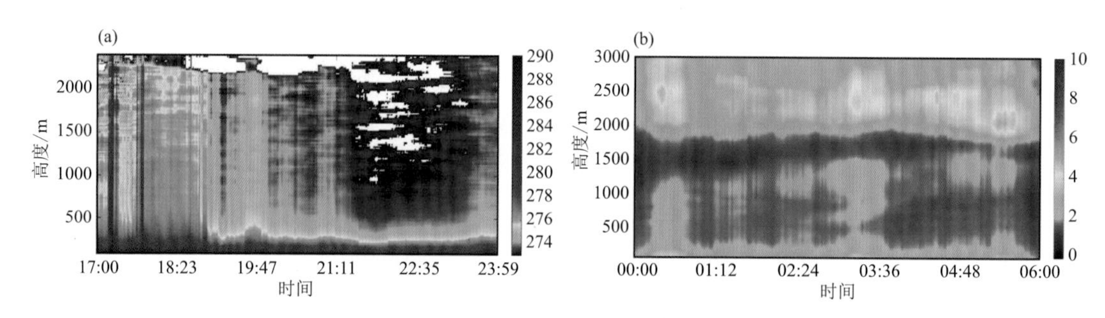

图 3.4　2021 年 11 月 12 日温湿廓线产品示意图

(a)温度(K)；(b)水汽含量(g/kg)

风廓线雷达主要利用光的多普勒效应，通过将多个方向的电磁波束向高空发射，对因大气垂直不均匀而返回的回波信号进行接收，并反演得到空间风速、风向分布。广东省气象局目前建有 21 台风廓线激光雷达，主要型号包括 TWP3、TWP8-L、TWP16、CFL-16、WINDVIEW12，最大探测高度基本可达 3 km 以上，部分雷达最大探测高度可达 16 km，可提供实时观测、半小时观测和 1 h 观测。此外，与香港天文台实现长洲和深水埗 2 台风廓线雷达数据共享。风廓线雷达可为广东地区区域污染的提供垂直风场特征，并可通过连续风廓线雷达观测开发局地环流指数产品和边界层通风量产品，表征风场的静稳性、输送过程的稳定性以及边界层内污染物的扩散能力，仪器及产品示意图见图 3.5。

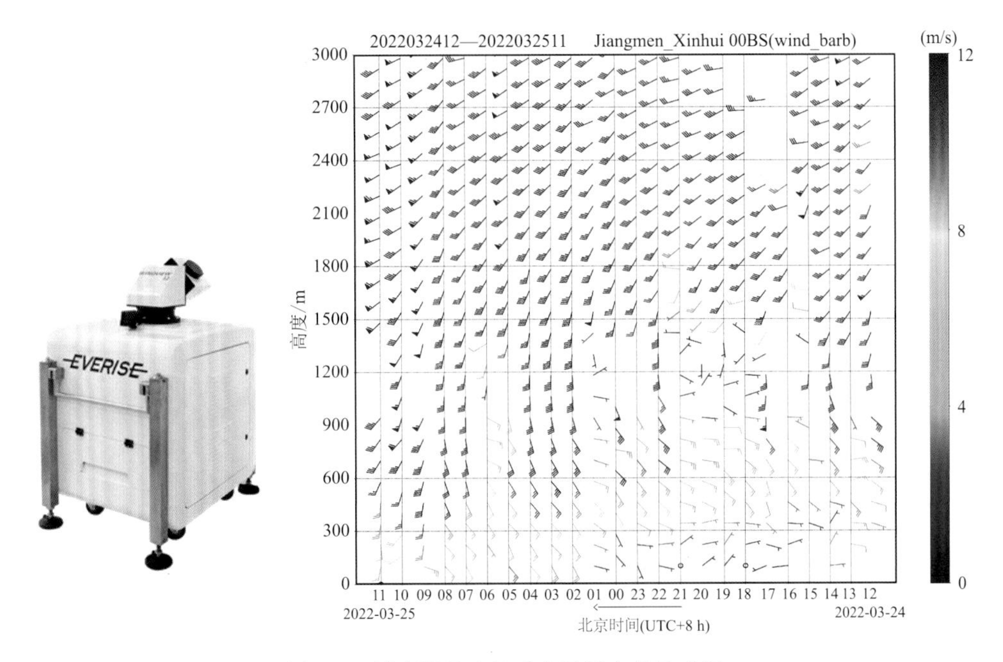

图 3.5 风廓线雷达及垂直风场产品示意图

3.1.2 广州番禺大气成分野外科学试验基地

广州番禺大气成分野外科学试验基地自 2003 年开始建设，中国气象局广州热带海洋气象研究所作为依托单位和管理单位。该基地位于珠三角腹地的广州市番禺区南村镇大镇岗山山顶（海拔高度 140 m），西侧为肇庆市、佛山市，东侧为东莞市，南侧为中山市、江门市，北侧为广州市中心（图 3.6）。试验基地的下垫面为次生林植被，方圆 2 km 外山脚下（海拔 1～5 m）为低密度别墅群区，无明显工业污染源。观测资料可代表珠三角经济圈大气成分均匀混合的平均特征。

试验基地由大气成分业务观测站（主站）和大气物理化学实验室构成。自 2006 年起，在中国气象局与地方政府的支持下，广东省气象局加强了珠三角城市群大气成分的观测系统建设，其中大气成分业务观测站被列入中国气象局的 30 个基本大气成分观测站之一，该观测站按中国气象局观测司的业务要求进行考核评估，其颗粒物（PM）、黑碳（BC）和气溶胶膜采样样品按照中国气象局的业务规范执行。其观测项目包括空气质量 6 要素（$PM_{2.5}$、PM_{10}、O_3、NO_2、CO、SO_2），以及能见度、气溶胶光学厚度（AOD）与紫外辐射。

大气物理化学实验室于 2008 年依托科技部的修购项目初步建成，用于支撑科研基础的野外观测试验，包括气溶胶观测室、气体观测室和综合观测室，其观测项目包括纳米级气溶胶谱

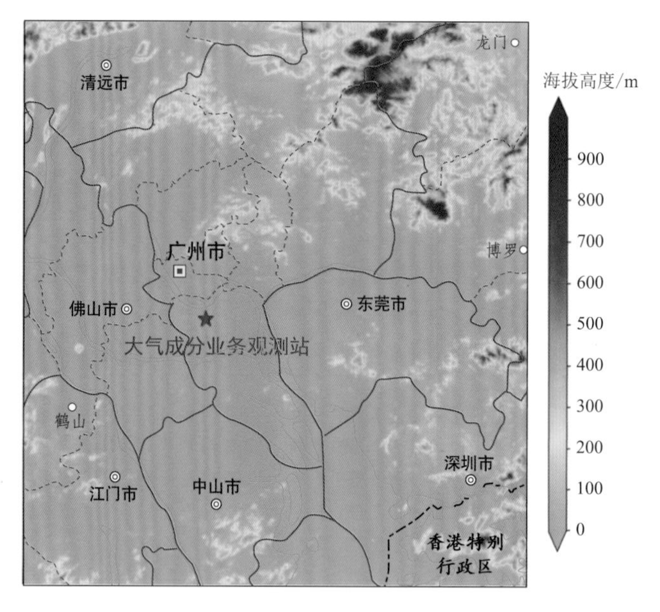

图 3.6 广州番禺大气成分野外科学试验基地位置

HTDMA、云滴谱 CCN、云粒子计数器 CPC、气溶胶水溶性成分谱观测系统 MARGA、有机碳/元素碳观测 OC/EC、太阳短波辐射光谱观测等。

3.1.3 珠三角大气成分超级站

珠三角大气成分超级站位于珠三角腹地(图 3.7),建于佛山市南海区狮山镇佛山南海生态气象综合观测基地内(海拔高度 75.3 m)。该站由广东省生态环境厅、广东省气象局、佛山市人民政府三方联合共建,广东省生态气象中心作为依托单位和管理单位。

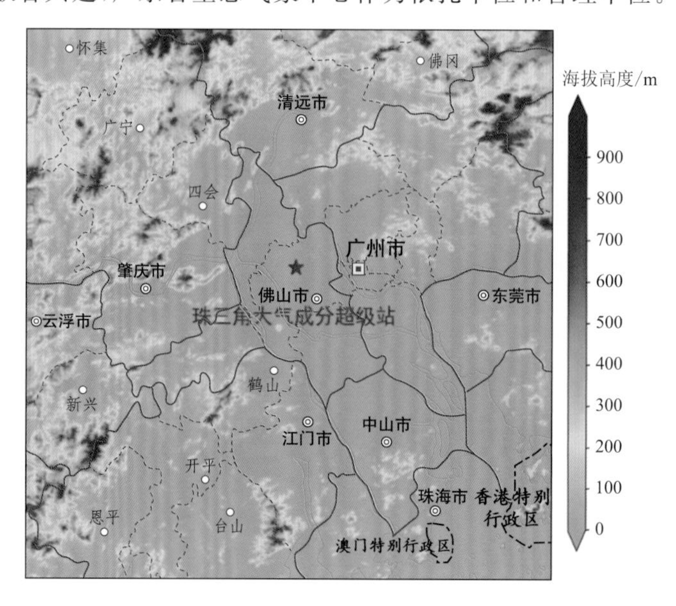

图 3.7 珠三角大气成分超级站位置

珠三角大气成分超级站是在国家一级农业气象试验站基础上升级建设，建有新型自动气象站，对风、温、湿、降水等气象要素进行观测。观测场整体布局如图3.8所示，观测场配备大气环境观测方仓5个，其中放置气溶胶激光雷达（型号DSL-R013-F）的方仓1个（标签1），与佛山市环保局共同建设的大气环境观测方仓3个，是佛山市大气环境综合观测站的重要建设内容，观测项目包括大气挥发性有机物在线监测（标签2）、环境空气质量自动监测（标签3）、单颗粒物气溶胶质谱仪和大气元素碳/有机碳分析仪（标签4）。拉曼温湿廓线激光雷达风放置于标签5的方仓中，标签6和7分别为臭氧差分吸收激光雷达和风廓线激光雷达，标签8为自动气象站观测场。

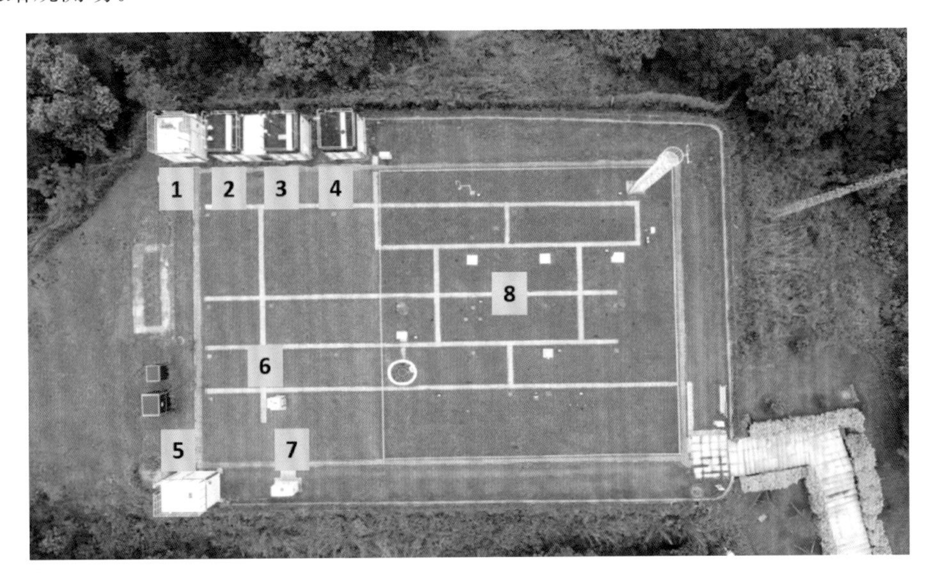

图3.8　珠三角大气成分超级站观测场布局示意图

3.2　空气质量变化特征及气象归因

3.2.1　空气质量概况

近年来全国空气质量持续好转，空气质量达标城市数和优良天数稳步增加，但$PM_{2.5}$在京津冀和长江三角洲地区仍然超标严重，O_3污染问题在三大城市群地区日益凸显。继续加强对$PM_{2.5}$浓度的削减，扭转O_3浓度上升的局面，是持续改善我国大气环境质量，实现空气质量整体达标的关键。目前，广东省臭氧总体污染特征具体如下。

（1）首要污染物：臭氧已成为广东省最主要的首要污染物。2014—2021年，以臭氧为首要空气污染物的天数占比逐年上升，于2015年超过$PM_{2.5}$并成为影响广东省空气质量指数（AQI）达标率的首要因素。2021年广东省臭氧作为首要污染物占比为74.9%，较2020年上升了6.2个百分点。2021年共出现10次中度及以上臭氧污染过程，其中2次达重度污染。广东省最严重的污染过程出现在4月30日—5月2日，全省受反气旋环流及地面均压场影响，气温高，风速小，无降水，其中5月1日共有15个城市出现臭氧污染，过程最高臭氧浓度达292 $\mu g/m^3$。

(2)珠三角 O_3 污染突出。2021 年广东省 O_3 日最大 8 h 均值第 90 百分位数平均值为 144 μg/m^3，相比 2020 年增长 4.3%，其中佛山、江门、东莞 3 个城市 O_3 未达到国家二级标准。2021 年广东省 O_3 污染集中在珠三角地区，高于其他粤东西北地区，其中佛山市 O_3 浓度全省最高。

(3)珠三角秋季污染特征：高值区在中西部地区相对集中。2021 年 9 月受 3 个台风外围环流不利天气形势影响，广东省 O_3 污染过程频发，共有 70 城次轻度及以上污染，中度污染 9 城次。O_3 日最大 8 h 均值第 90 百分位数浓度高值出现在珠三角中西部广州、佛山、江门等地区；10 月、11 月浓度显著下降，10 月高值区转移至江门、阳江沿海一带，11 月无明显高值区。

(4)与国内外比较：珠三角臭氧污染低于京津冀，但总体高于世界先进地区。2021 年珠三角 O_3 日最大 8 h 均值第 90 百分位浓度平均值为 153 μg/m^3，总体上比京津冀地区低，但高于全国 338 个城市平均水平。与世界先进地区相比，广东省和珠三角 O_3 浓度明显高于欧洲地区、美国哥伦比亚和旧金山等城市，与美国纽约、加利福尼亚州（简称加州）等城市相比持平（张远航 等，2020）。

3.2.2 污染气象条件特征

2021 年广东省平均气温为 23.0 ℃，较 2020 年（22.8 ℃）偏高 0.2 ℃，比常年（21.9 ℃）偏高 1.1 ℃（图 3.9），创 1951 年以来平均气温最高纪录。广东省年平均气温总体呈现南高北低的特点，各地介于 20.3 ℃（连山）～25.1 ℃（徐闻）。其中梅州北部、河源北部、韶关大部、清远北部、肇庆北部平均气温介于 20.3～22.0 ℃，阳江西南部、茂名南部、湛江中南部、广州南部、佛山东部、中山大部、珠海、东莞西南部、江门东部平均气温介于 24.0～25.1 ℃，其余地区平均气温介于 22.0～24.0 ℃（图 3.10）。与常年相比，广东省平均气温偏高 0.3～2.2 ℃，其中河源中西部、梅州中部、汕头东部、佛山东南部、中山北部、江门东部和珠海偏高 1.5 ℃以上（图 3.11）。

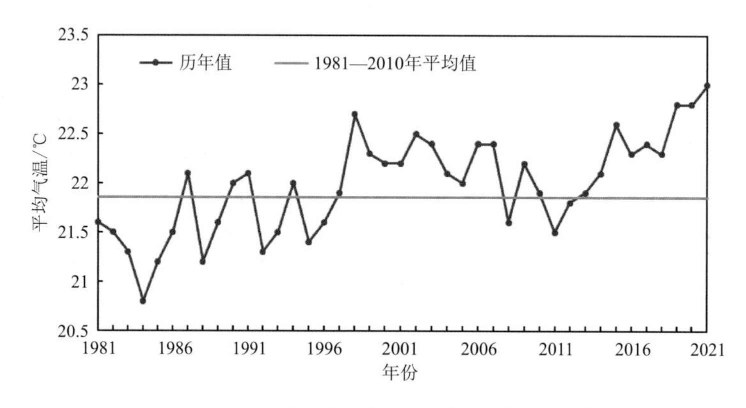

图 3.9　1981—2021 年广东省平均气温历年变化

2021 年广东省年降水量为 1358.0 mm，较 2020 年（1505.2 mm）偏少 9.8%，较常年（1789.9 mm）偏少 24.1%（图 3.12），除 10 月、12 月降水偏多外，其余月份均偏少，年内阶段性气象干旱造成严重影响。广东省年降水量呈现中部多、东部少的特点，各地年降水量介于 680.1 mm（南澳）～2590.3 mm（斗门）。其中潮州东部、汕头东部、梅州东北部、河源北部等地介于 680.1～1000.0 mm，湛江局部、茂名局部、阳江东南部、江门南部、中山南部、珠海年降水

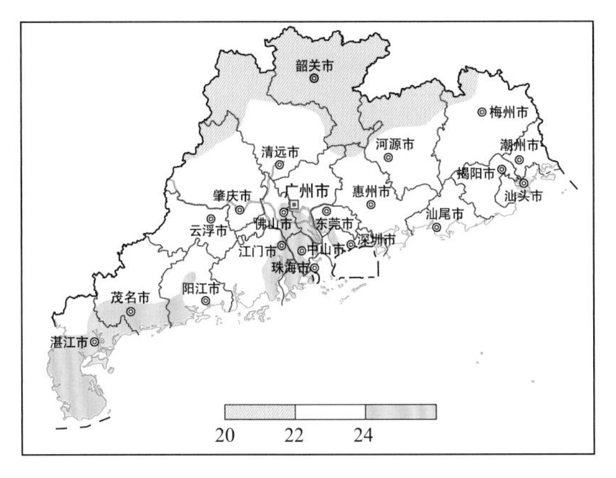

图 3.10　2021 年广东省平均气温分布(℃)

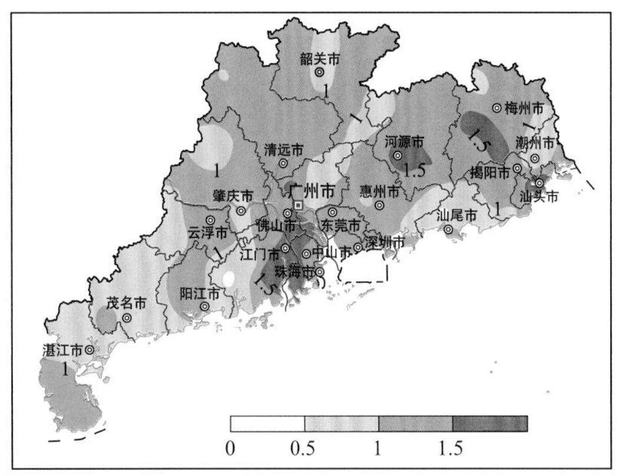

图 3.11　2021 年广东省平均气温距平分布(℃)

量介于 1800.0～2590.3 mm,其余地区介于 1000.0～1800.0 mm(图 3.13)。与常年相比,除湛江局部、茂名局部、云浮局部、江门局部、珠海、韶关局部偏多外,其余大部分地区偏少 2%～52%(图 3.14)。

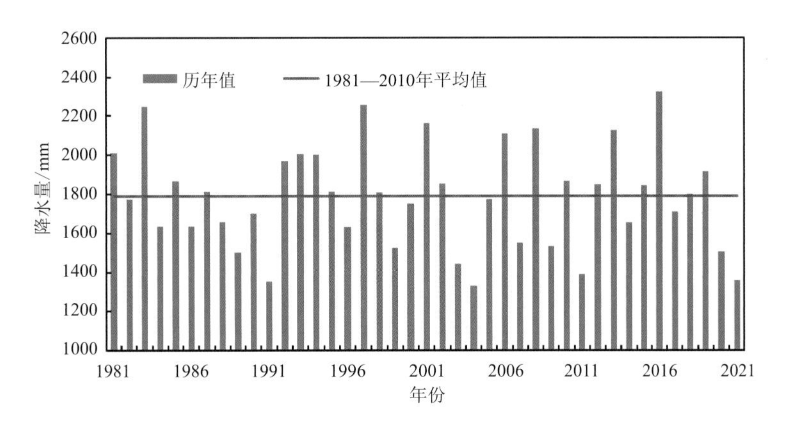

图 3.12　1981—2021 年广东省平均降水量历年变化

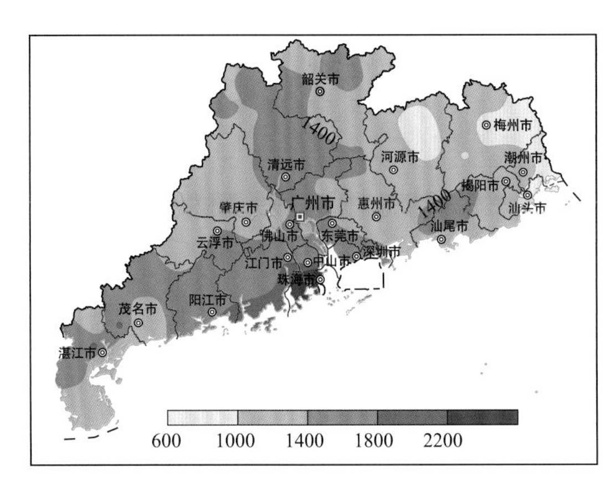

图 3.13　2021 年广东省降水量分布(mm)

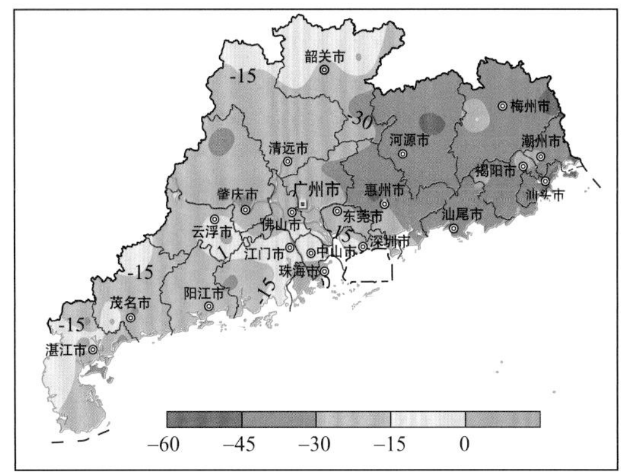

图 3.14　2021 年广东省降水距平百分率分布(%)

2021 年广东省年日照时数 2058.8 h，较 2020 年(1766.5 h)偏多 292.3 h，较常年(1755.1 h)偏多 303.7 h(图 3.15)。广东省年日照时数呈现东西部高、北部低的特点，年日照时数介于 1540.5 h(连南)～ 2651.3 h(南澳)。其中清远局部介于 1540.5～1600.0 h，湛江南部、茂名北部、河源东部、梅州西南部、汕尾东南部、揭阳南部、汕头大部、潮州南部等地介于 2400.0～2651.3 h，其余地区介于 1600.0～2400.0 h(图 3.16)。与常年相比，除湛江局部、江门局部略偏少外，其余地区日照时数均偏多 1%～73%(图 3.17)。

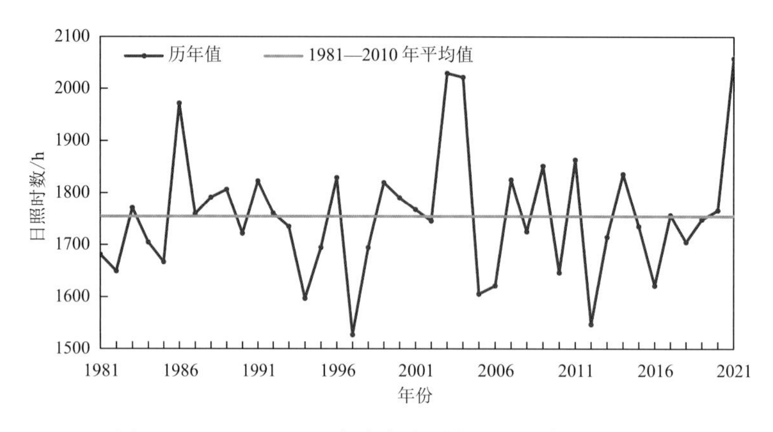

图 3.15 1981—2021 年广东省平均日照时数历年变化

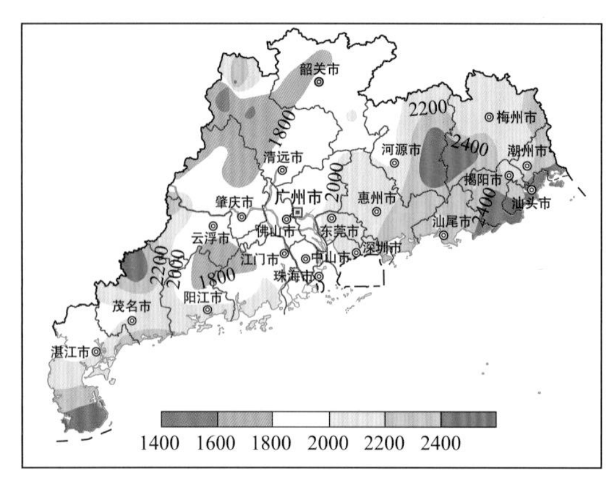

图 3.16 2021 年广东省日照时数分布(h)

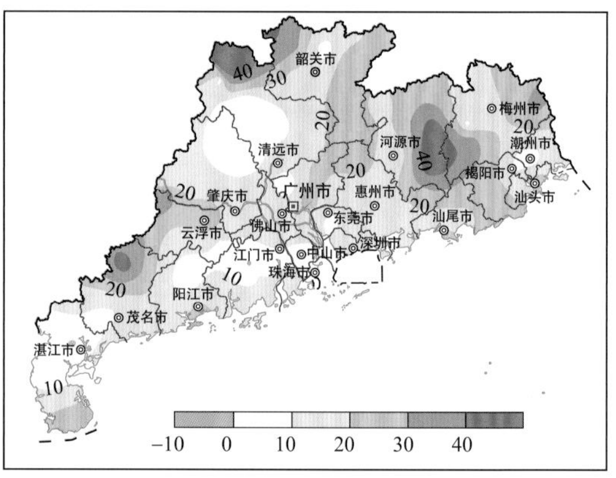

图 3.17 2021 年广东省日照时数距平百分率分布(%)

2021 年广东省平均相对湿度 75.6%，相对 2020 年(78.7%)偏低 3.1 个百分点，较常年(78.3%)偏低 2.7 个百分点(图 3.18)。广东省年平均相对湿度总体上呈现西高东低的特点，年平均相对湿度介于 67.2%(河源)～ 81.4%(雷州)。其中佛山局部、广州局部、河源局部年平均相对湿度 67.2%～70.0%，湛江大部、茂名西南部、江门局部介于 80.0%～81.4%，其余地区在 70.0%～80.0%(图 3.19)。与常年相比，除湛江局部、茂名局部、云浮西部、阳江局部、江门西部、肇庆南部、广州局部、汕尾中南部、揭阳南部、潮州西部相对湿度偏高外，其余地区年平均相对湿度偏低 0.4%～7.5%(图 3.20)。

环境气象指数(EMI)用于定量评价特定时段内，在排放不变的条件下，由于气象条件变化所导致的气溶胶浓度变化。EMI 是一个无量纲常数，指数值越小，表明扩散条件越好。2021 年

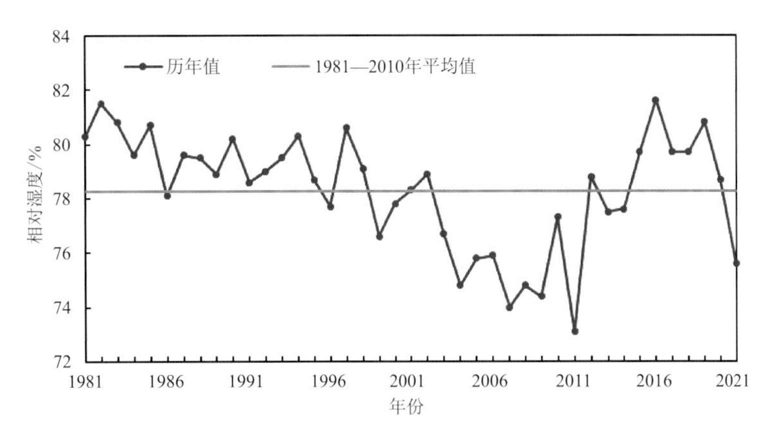

图 3.18　1981—2021 年广东省平均相对湿度历年变化

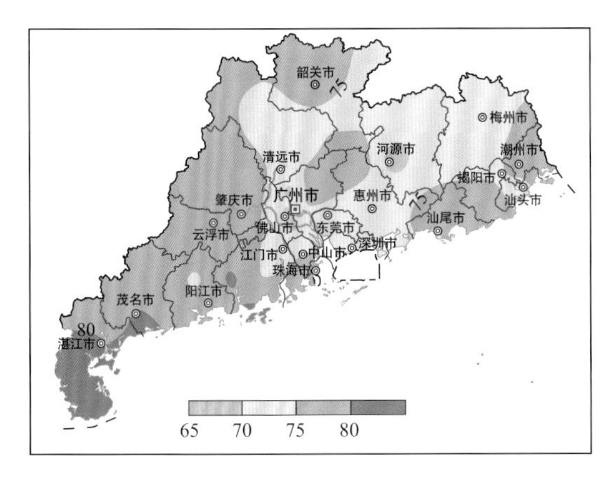

图 3.19　2021 年广东省相对湿度空间分布(%)

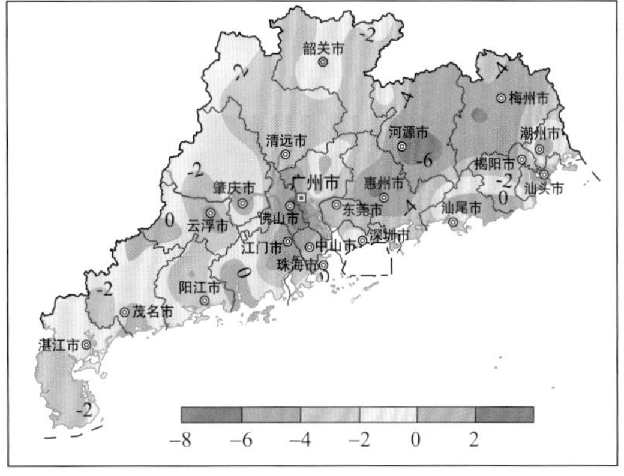

图 3.20　2021 年广东省相对湿度距平分布(%)

广东省 EMI 平均值为 34.5(图 3.21),较 2020 年(32.0)上升 2.5,较过去 7 a 平均值(37.4)偏低 2.9。2021 年广东省的扩散条件较 2020 年略变差,与 2018 年相当,为 2014—2021 年扩散条件较好的年份。空间分布上,2021 年广东省珠三角地区扩散条件相对较差,其中广州和佛山交界处扩散条件最为不利(图 3.22)。与 2020 年相比,除湛江和珠三角西南部沿海 EMI 值下降外,其余地区均上升,珠三角东部部分地区上升尤为明显(图 3.23)。

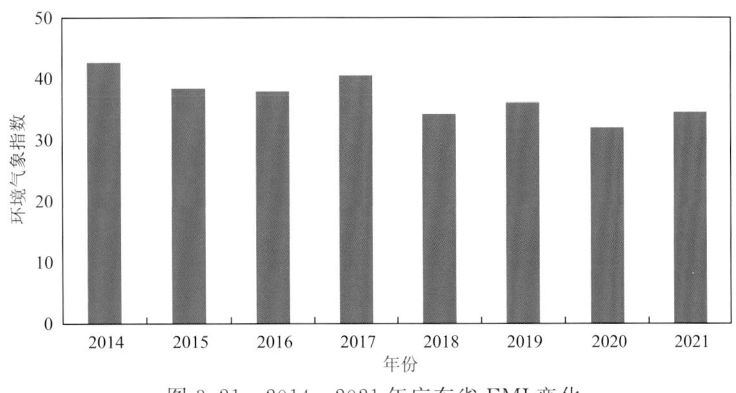

图 3.21　2014—2021 年广东省 EMI 变化

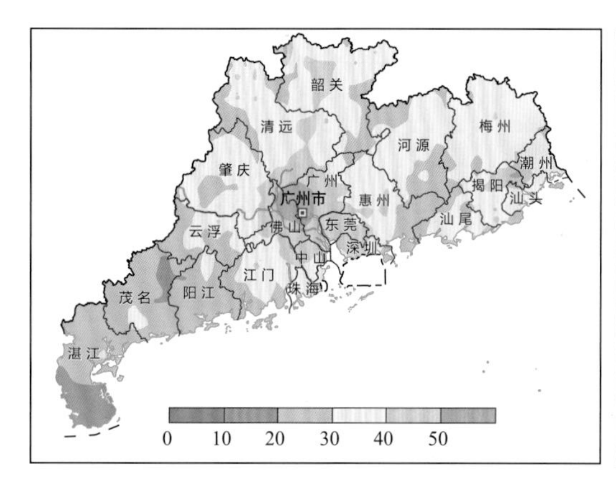

图 3.22　2021 年广东省 EMI 空间分布

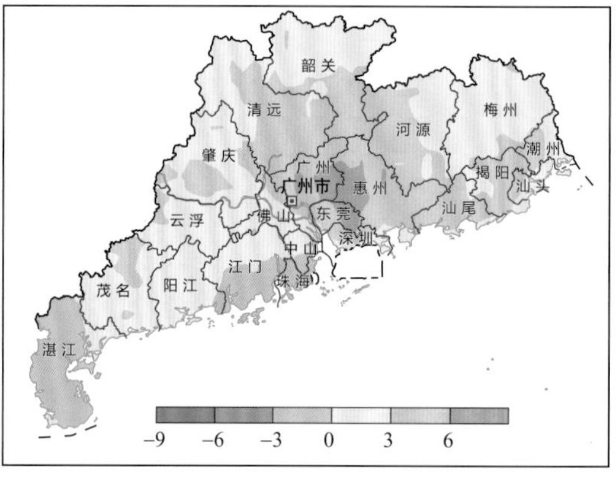

图 3.23　2021 年与 2020 年广东省 EMI 差值空间分布

3.2.3　气象条件对空气质量变化的定量评估

采用 WRF-CAMx 模式通过改变气象场输入来量化气象条件贡献，并用实测变化减去气象变化以推算排放贡献。利用空气质量 GRAPES-CMAQ 定量计算 2017 年秋季（9—10 月）珠三角 9 个城市气象条件和排放变化对臭氧浓度的影响，以日最大 8 h 臭氧浓度作为评价指标。如图 3.24 所示，首先利用 2016 年珠三角排放源清单对 2016 年 9—10 月进行模拟，得到 2016 年臭氧模拟值。考虑到空气质量模式中的系统误差，利用 2016 年臭氧观测值对 2016 年臭氧模拟值进行验证，并运用最小二乘法拟合珠三角 9 个城市模拟值和观测值对应的线性关系，用于修正模式的系统误差。同样地利用 2016 年珠三角排放清单对 2017 年 9—10 月进行模拟，得到 2017 年臭氧模拟值。利用以上建立的模式误差线性关系同时调整 2016 年和 2017 年臭氧模拟值，并假设模式调整以后的模拟值不存在模式系统误差。因此，可以认为经过调整的 2016 年臭氧模拟值为 2016 年臭氧观测值，而调整后的 2017 年臭氧模拟值能反映在人为排

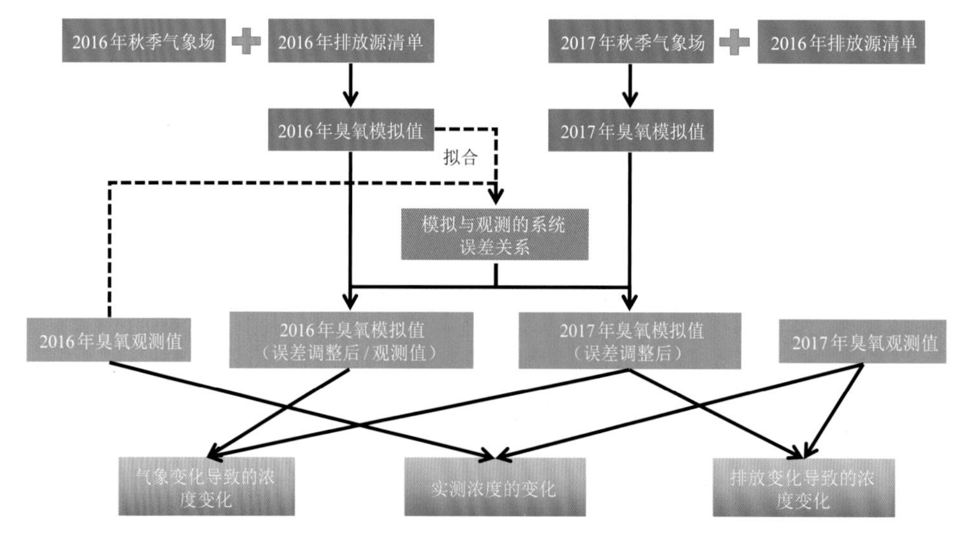

图 3.24　定量计算气象条件和排放对臭氧浓度贡献的方法

放源不变的情况下2017年气象条件相对2016年变化对臭氧污染形成的影响。对比2017年臭氧模拟值(调整后)和2016年模拟值(调整后),即可量化气象变化导致的臭氧浓度波动,对比2017年臭氧观测值和2016年臭氧观测值,即量化臭氧实测浓度的变化,而对比2017年臭氧观测值和2017年臭氧模拟值(调整后),即可量化2016年和2017年人为污染排放变化导致的臭氧浓度变化。

表3.3所示为2016年珠三角各个城市O_3_8h(臭氧8 h平均浓度)浓度模拟值的验证参数统计表。其中OBS是观测平均值,SIM是模拟平均值,MB是平均偏差,IOA是符合指数,R是相关系数。验证参数的计算公式可参考Fan等(2013)。从统计表可以看到,模式模拟的各个城市O_3_8h浓度虽然有所低估,平均误差为−8.6,但总体误差均在合理范围以内,符合指数IOA均超过0.92,而R均超过0.65及以上。总的来说,空气质量能较好再现珠三角各城市的臭氧浓度。

表3.3　2016年秋季珠三角各城市O_3_8h浓度模拟结果验证统计表

城市	OBS	SIM	MB	IOA	R
广州	94.1	85.4	−8.7	0.96	0.71
深圳	93.3	84.4	−8.9	0.93	0.75
珠海	112.2	102.8	−9.4	0.96	0.78
佛山	109.6	101.1	−8.5	0.97	0.70
惠州	83.6	78.7	−4.9	0.98	0.75
东莞	99.8	91.6	−8.2	0.96	0.77
中山	110.7	100.5	−10.2	0.92	0.78
江门	108.2	102.3	−5.9	0.97	0.68
肇庆	111.3	98.5	−12.8	0.92	0.65
珠三角平均	102.5	93.9	−8.6	0.95	0.73

尽管空气质量模式的模拟结果表现具有可信度,但仍然与观测值存在偏差。气象场输入、排放源和模式的物理化学机制的不确定性是造成这种偏差的原因。假定模式系统误差不变的情况下,针对珠三角各个城市,采用最小二乘法算法,建立O_3_8h浓度的模拟值和观测值的线性拟合关系(图3.25)。利用这种关系,分别对各个城市2016年和2017年秋季O_3浓度的模拟值进行调整以减小模式模拟误差,其中2016年调整后的O_3浓度即为2016年的观测值,而2017年调整后的O_3浓度即为假设当2017年排放强度与2016年相比保持不变时O_3污染能达到的浓度水平。

图3.26给出了2017年珠二角各城市O_3_8h浓度模拟值(调整后)和观测值的对比,两者之间的对比可量化2016和2017年排放变化对珠三角O_3浓度的贡献影响。从结果可见,除了江门以外,珠三角其他8个城市的2017年观测值均低于2017年模拟值。由此表明,假设2017年排放强度维持与2016年同等水平时,珠三角O_3污染浓度甚至会比实际值更高,尤其是肇庆和惠州等城市。而自2017年9月1日起,广东省生态环境厅开展了为期3个月的"珠三角地区O_3削峰污染防治专项行动",制定了各市氮氧化物(NO_x)和挥发性有机污染物(VOCs)协同管控的减排措施。换言之,如果在2017年秋季并没有开展O_3削峰行动,O_3浓度将会比实际值更高,由此可见,该专项行动已初见成效。

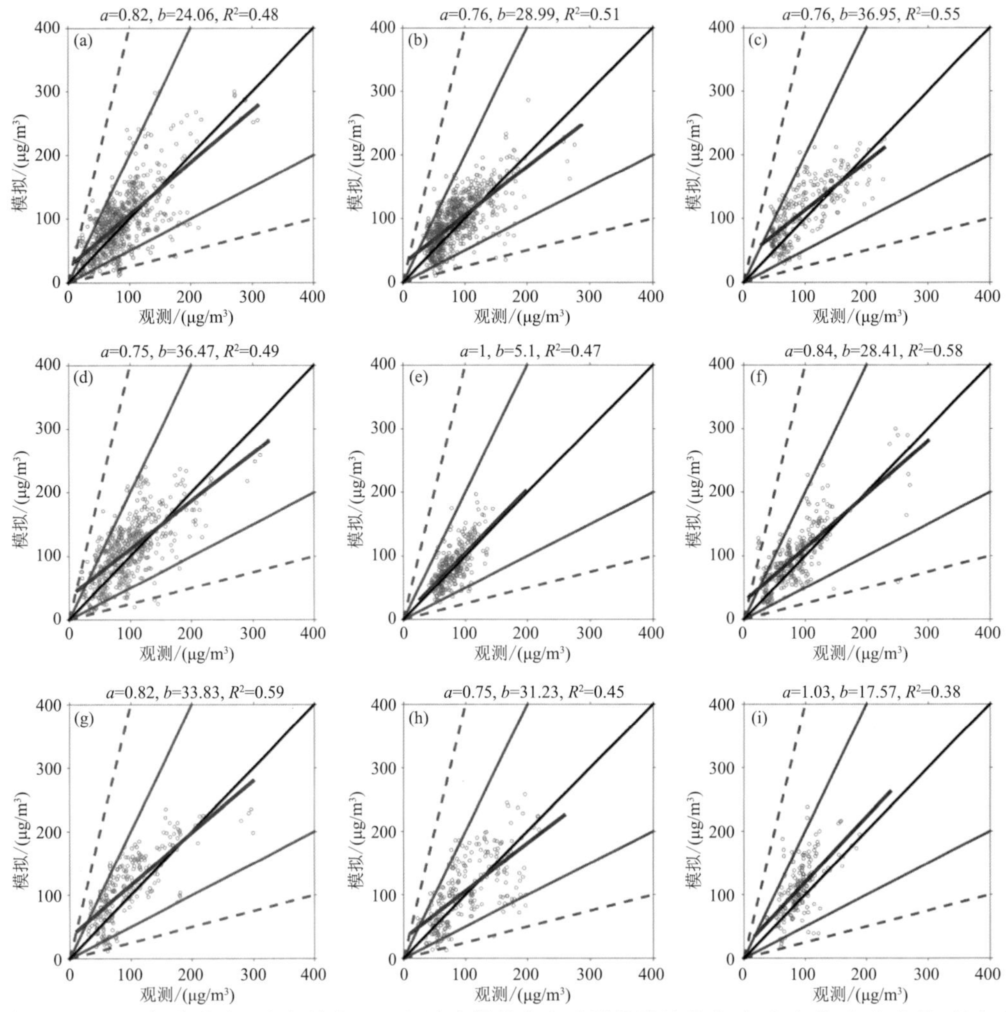

图 3.25 2016 年秋季珠三角各城市 O_3_8h 浓度模拟值和观测值线性拟合(红色虚线、红色实线、黑色实线分别表示模拟和观测线性拟合比绝对值 15%、50%和 100%区间,蓝色实线表示散点线性拟合直线)
(a)广州;(b)深圳;(c)珠海;(d)佛山;(e)惠州;(f)东莞;(g)中山;(h)江门;(i)肇庆

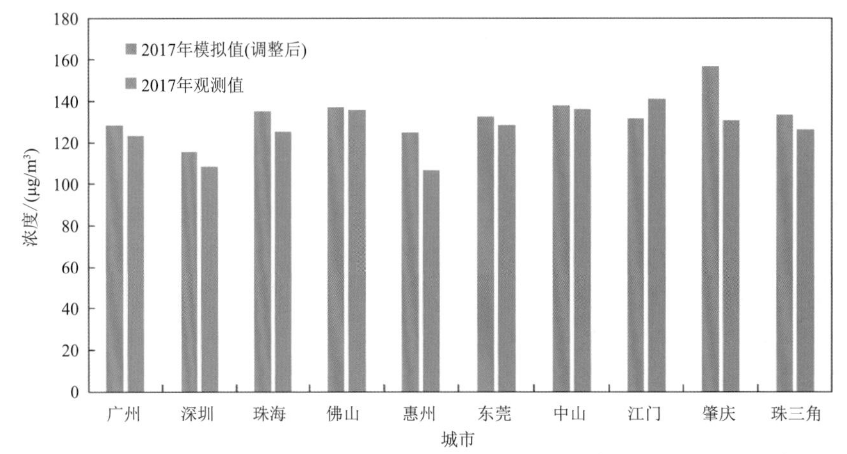

图 3.26 2017 年秋季珠三角各城市 O_3_8h 平均浓度模拟值(调整后)与观测值对比

图3.27对比气象条件变化和人为污染排放变化对2017年不同城市O_3形成的影响。同比2016年，2017年秋季珠三角O_3污染浓度显著上升22.7%，气象为正贡献，排放为负贡献。其中，不利气象条件导致O_3浓度上升的平均贡献率为29.8%，而排放的变化引起O_3浓度下降的平均贡献率为7.1%。而从图中可见，珠三角大部分城市排放贡献率为负值，排放变化缓解了部分由于气象不利条件而引起的O_3污染浓度上升。在2017年秋季珠三角O_3污染防治专项行动指导下O_3前体物控制措施，有效降低了部分O_3污染浓度，但下降的O_3浓度不足以抵消由于当年气象条件不利而引起的O_3浓度上升。值得注意的是，气象条件变化对O_3浓度的影响包括直接影响和间接影响，其中直接影响指温度、相对湿度、风向风速和降水量等气象要素对O_3浓度的直接影响，而间接影响指由于气象条件变化引起的生物性挥发有机物（BVOCs）排放变化，进而对O_3浓度变化造成的影响。本节讨论的气象条件是指气象直接影响对O_3浓度变化的贡献。

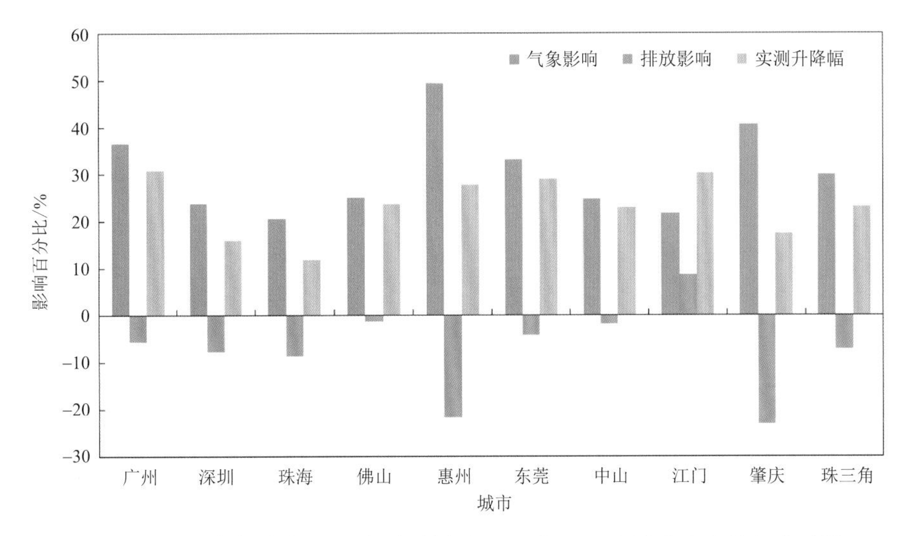

图3.27　珠三角各城市2017年秋季同比2016年O_3_8h浓度变化的气象贡献、排放贡献以及实测升降幅柱状图

3.3　空气质量预报业务及污染风险应对

3.3.1　空气质量预报业务现状

空气环境质量事关人民群众的健康、福祉和经济社会可持续发展，2013年9月国务院发布了《大气污染防治行动计划》，详细规划了大气环境污染治理的具体措施，规定“建立监测预警应急体系，妥善应对重污染天气”，其中明确要求“京津冀、长三角、珠三角区域要完成区域、省、市级重污染天气监测预警系统建设”“京津冀、长三角、珠三角等区域要建立健全区域、省、市联动的重污染天气应急响应体系”。2013年中国气象局发文要求各省（区、市）气象局从9月开展空气质量预报工作，制作县级城市以上的6种污染物浓度和空气质量指数（AQI）预报指导产品，并与环保部门联合开展空气质量预报、重污染天气监测预警、大气污染防治联动联防等方面的合作。为了应对突发的区域性重污染天气，2013年广东省气象局和广东省环境保

护厅达成了《广东省环境保护厅与广东省气象局共同推进空气质量预报预警工作合作协议》，2017 年广东省环保厅-广东省气象局-佛山市人民政府三方共建珠三角大气成分超级观测站，2020 年广东省气象局聚焦大气污染过程精准预测，协助广东省打赢了“十三五”蓝天保卫战。

（1）广东省环境气象预报业务流程

环境气象预报业务流程如图 3.28 所示。环境气象预报平台（GIFT-ENV）实现了高分辨率空气质量模式 GRAPES-CMAQ、GRAPES-CAMx、解释应用产品和空气污染气象条件预报模式 TRAMS 的预报产品的快速调用（图 3.29），每日经由省（市）气象台、生态环境部门进行

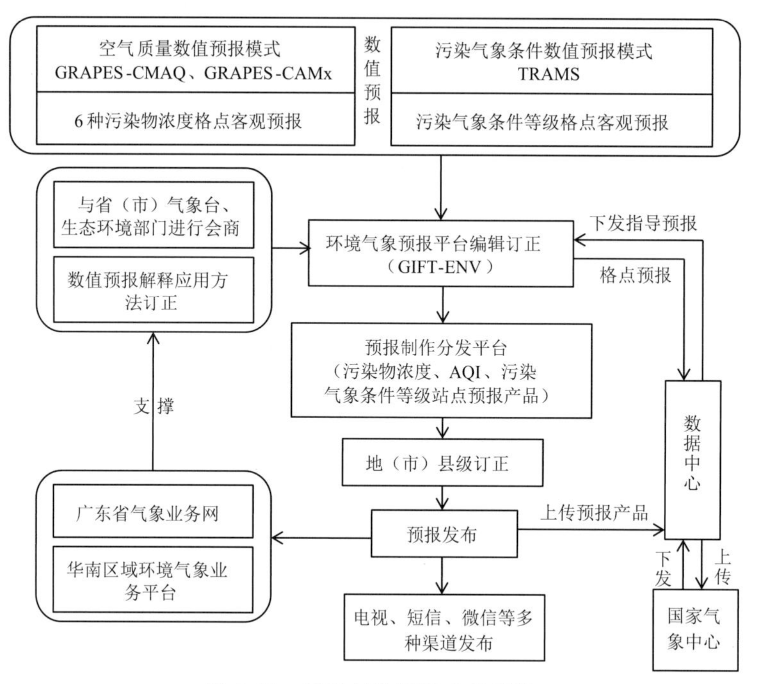

图 3.28　环境气象预报业务流程

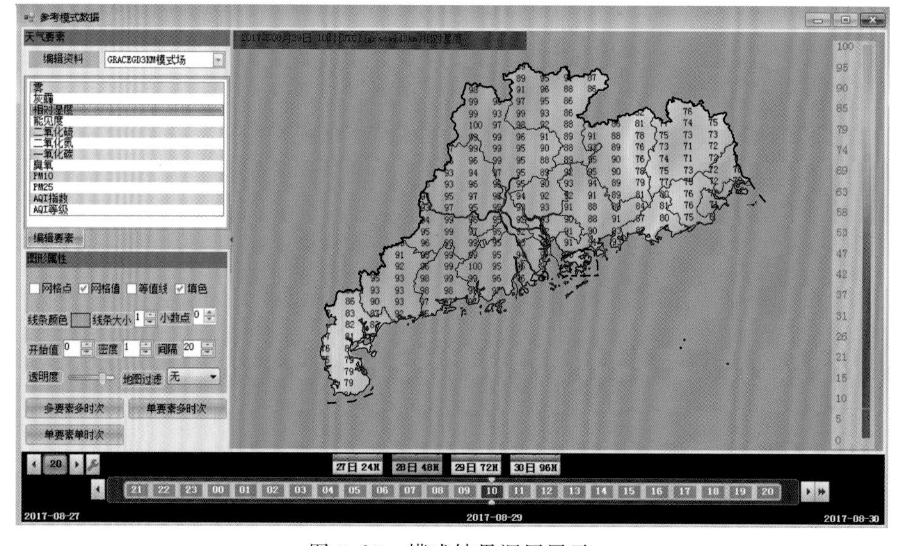

图 3.29　模式结果调用展示

会商后，通过 GIFT-ENV 开展主客观交互订正，形成覆盖全省的环境气象网格预报，并利用环境气象预报发布平台实现电视、短信、微信、网页等多渠道图文产品的一键生成和发布(图 3.30)。

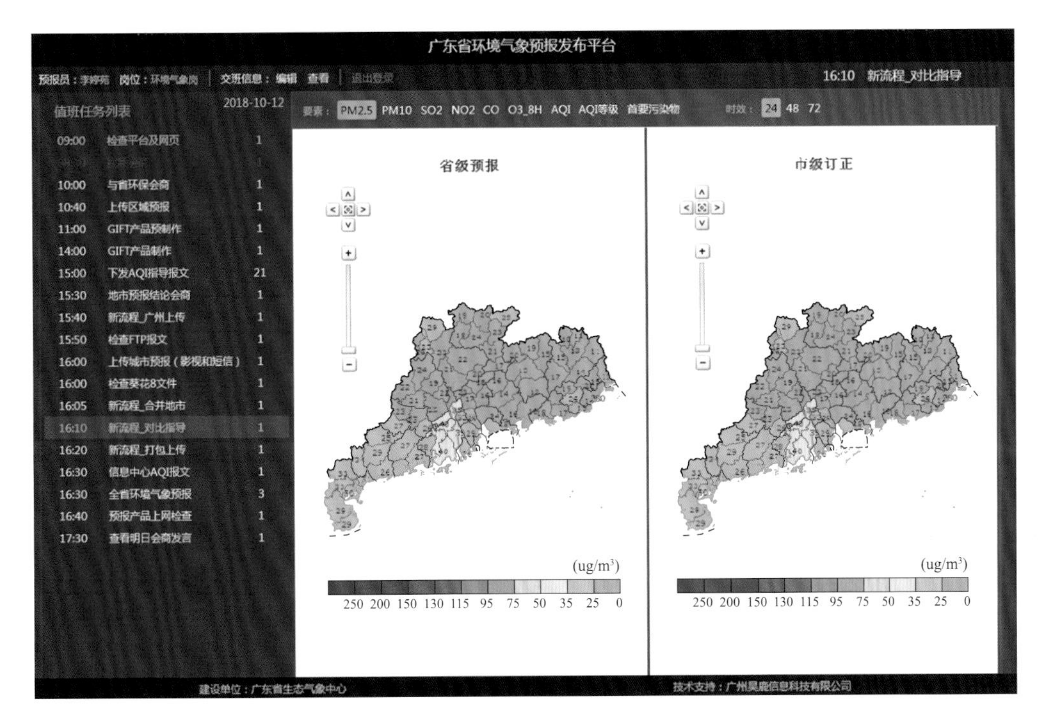

图 3.30 广东省环境气象预报发布平台

(2)华南区域环境气象业务平台 EMOS

由于污染物高强度、集中性排放，加上地形、天气等因素影响，大气污染物在区域内积聚、相互输送、相互影响和关联，并发生着化学反应，臭氧污染问题日益突出，形成了以臭氧和 $PM_{2.5}$ 为首要污染物的复合型污染，为满足华南区域环境气象预报和服务需求，我们搭建了“立足本省、辐射区域”的省市县一体化华南区域环境气象业务平台 EMOS，该平台集实况监测、模式预报、指导预报、订正预报、检验评估为一体，面向华南区域的相关业务人员，通过图、表、曲线等表现形式，提供空气质量、灰霾、气象污染条件等实况和预报数据的查询、分析、展示及检验，为广东地区空气质量和灰霾预报预警和区域大气污染联防联控提供技术支撑。

(3)精细化预报平台

为满足现阶段精细化环境气象预报预警服务的需求，广东省气象局建立了环境气象网格预报编辑系统 GIFT-ENV，实现了环境气象预报业务精细化预报产品的制作功能，可对灰霾、雾、能见度、相对湿度、颗粒物质量浓度、臭氧、氮氧化物、二氧化硫、一氧化碳、AQI、污染气象条件等十几种预报产品进行编辑制作，GIFT-ENV 主要由高分辨率空气质量模式 GRAPES-CMAQ、解释应用产品和空气污染气象条件模式 trams 支撑。图 3.31 为 2017 年 9 月 17 日复合型污染过程臭氧和 $PM_{2.5}$ 浓度分布图。GIFT-AQI 可以很直观地对污染区域进行编辑，预报员通过交互操作来修改预报图像，进而改变预报要素的落区和强度以及影响时段，图 3.32 为 GIFT-AQI 对 2017 年秋季主要污染物的编辑结果和预报结果展示。图 3.33 为相对应的污染气象条件编辑结果。预报结论每日与省环保部门进行会商，会商结果通过电视、短信、微信等渠道发布。提醒省环保部门可能出现的污染区域、强度和影响时段，协助生态环境厅实施大气污染防治行动计划。

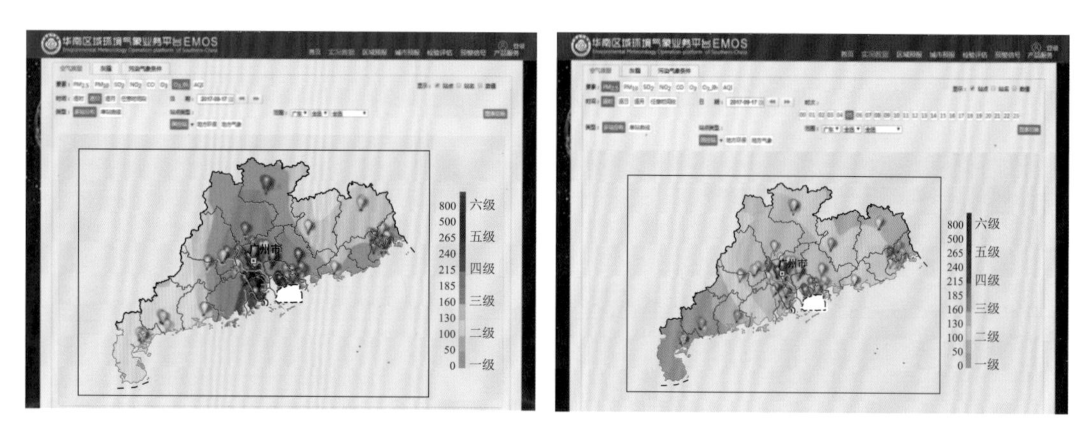

图 3.31　2017 年 9 月 17 日复合型污染臭氧和 $PM_{2.5}$ 浓度($\mu g/m^3$)分布图

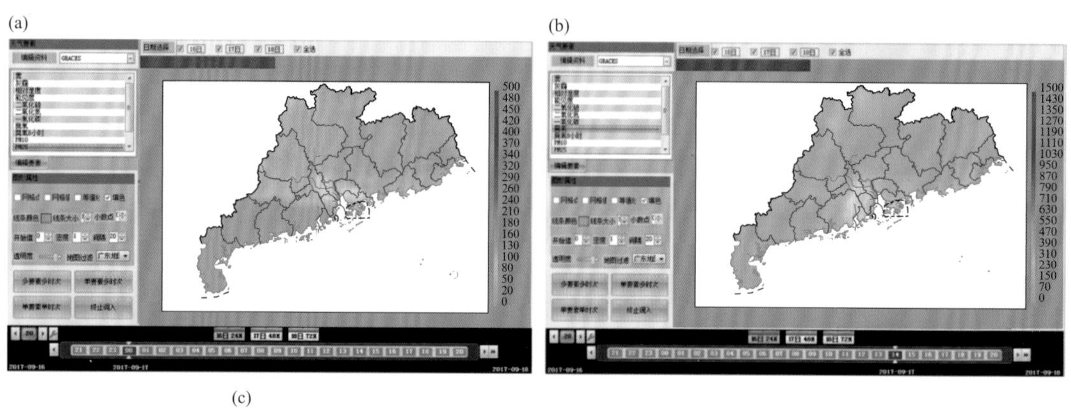

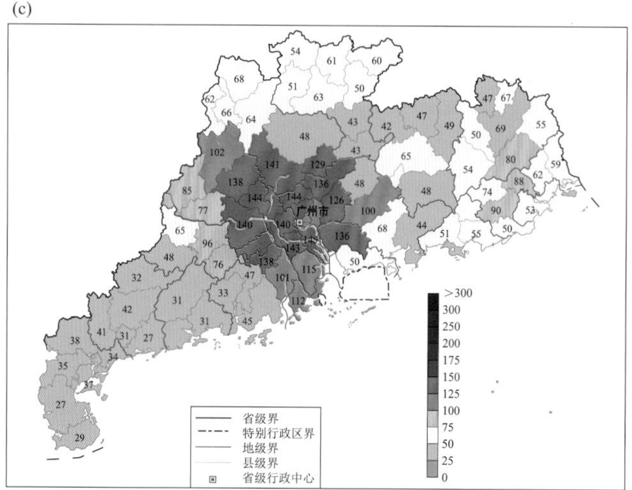

图 3.32　2017 年秋季主要污染物的编辑结果和预报结果展示

(a)O_3($\mu g/m^3$)；(b)$PM_{2.5}$($\mu g/m^3$)；(c)AQI

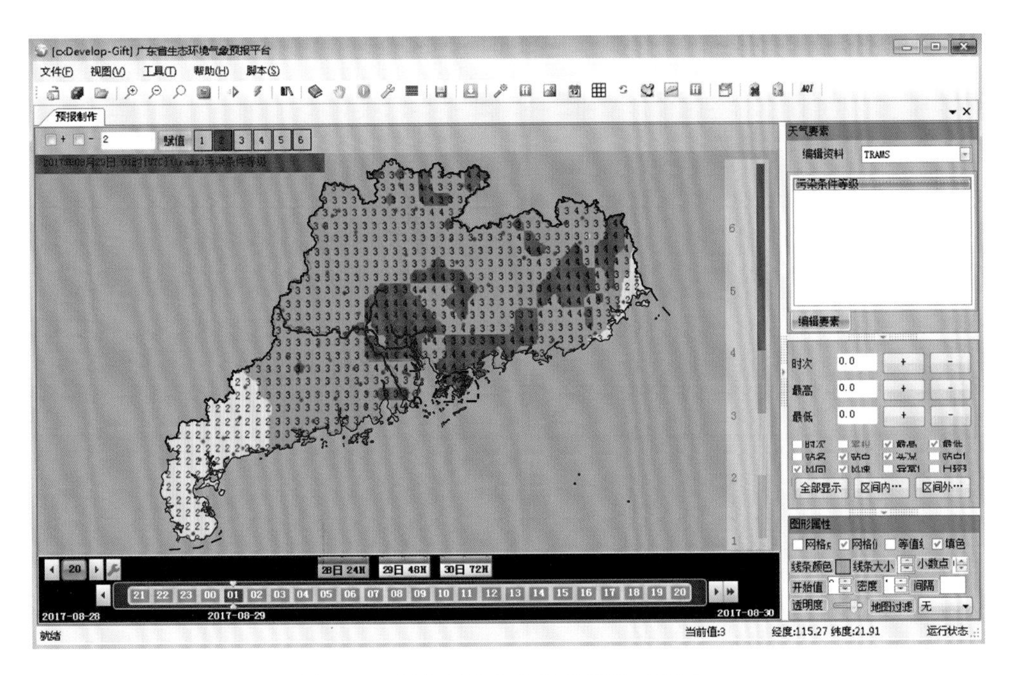

图 3.33　污染气象条件预报编辑界面展示

3.3.2　空气质量预报技术支撑

高分辨率空气质量模式 GRAPES-CMAQ 中包含气象模式、排放源模式和大气化学模式三个模式。气象模式使用的是中国气象局自主研发的 GRAPES 模式，排放源模式使用的是自编写的动态排放源处理系统，大气化学模式使用的是美国国家环境保护署开发的大气化学质量模式(CMAQ)。其中，GRAPES 气象模式同化本地常规与非常规气象资料，可以为排放源模式和大气化学模式提供精细化的气象场数据。高分辨率空气质量模式 GRAPES-CMAQ 预报时次为每天 2 次，分别为北京时 08 和 20 时；预报时效为 144 h，每小时 1 张图；预报产品有：灰霾、雾、能见度、相对湿度、颗粒物质量浓度、臭氧、氮氧化物、二氧化硫、一氧化碳、AQI。

高分辨率空气质量模式 GRAPES-CAMx 使用美国 ENVIRON 公司在 20 世纪 90 年代后期开发的三维欧拉区域空气质量模式(CAMx)，可应用于多尺度的、有关光化学烟雾和细颗粒物大气污染的综合模拟研究。CAMx 以 GRAPES 模式气象场作为驱动，排放源模式使用的是自编写的动态排放源处理系统，模拟大气污染物的输送、扩散、化学反应、干湿沉降等过程。CAMx 采用了多重嵌套网格技术，可以方便地模拟从城市尺度到区域尺度的大气污染过程。在光化学机理方面，CAMx 可有多个化学机理选择。该模式有几项拓展功能，包括：臭氧源识别技术、颗粒物源识别技术、敏感性分析、过程分析和反应示踪，均可作为数值预报模拟系统的输出产品。高分辨率空气质量模式 GRAPES-CAMx 预报时次为每天 2 次，分别为北京时 08 和 20 时；预报时效为 168 h，每小时 1 张图；预报产品有颗粒物质量浓度、臭氧、氮氧化物、二氧化硫、一氧化碳、AQI 和颗粒物来源解析产品等。

解释应用产品的研究方法采用多元逐步回归方法，将变量逐个引入模型，每引入一个解释变量后都要进行 F 检验，并对已经选入的解释变量逐个进行 t 检验，确保每次引入新的变量之前回归方程中只包含先主动变量，从而得到最优的回归方程。解释应用预报时次为每天 1 次，为北京时 20 时；预报时效为 84 h，每小时 1 张图；预报产品有：颗粒物质量浓度、臭氧、氮氧化物、二氧化硫、一氧化碳、AQI。

污染气象条件指数产品根据气象要素值落在不同区间下的臭氧污染超标率，选取区分度从大到小排序前 10 的气象要素构建得到污染气象条件指数，该产品预报时次为每天 2 次，分别为北京时 08 和 20 时；预报时效为 7 d，每天 1 张图，预报产品有 2 种：颗粒物和臭氧污染气象条件指数。中长期臭氧污染气象条件指数产品根据气象因子的拐点变率，给出臭氧污染气象条件等级判断标准，求出总和加权。该产品预报时次为每周 1 次，预报时效为 30 d，每天 1 张图。污染气象条件预报等级分为 6 级（表 3.4），与空气质量指数（AQI）等级相一致（表 3.5）。

表 3.4　污染气象条件预报等级标准

等级	评价	描　述
一级	好	非常有利于空气污染物稀释、扩散和清除
二级	较好	较有利于空气污染物稀释、扩散和清除
三级	一般	对空气污染物稀释、扩散和清除无明显影响
四级	较差	不利于空气污染物稀释、扩散和清除
五级	差	很不利于空气污染物稀释、扩散和清除
六级	极差	极不利于空气污染物稀释、扩散和清除

表 3.5　空气质量指数（AQI）等级标准

空气质量指数	空气质量指数级别	空气质量指数类别及表示颜色		对健康影响情况	建议采取的措施
0～50	一级	优	绿色	空气质量令人满意，基本无空气污染	各类人群可正常活动
51～100	二级	良	黄色	空气质量可接受，但某些污染物可能对极少数异常敏感人群健康有较弱影响	极少数异常敏感人群应减少户外活动
101～150	三级	轻度污染	橙色	易感人群症状有轻度加剧，健康人群出现刺激症状	儿童、老年人及心脏病、呼吸系统疾病患者应减少长时间、高强度的户外锻炼
151～200	四级	中度污染	红色	进一步加剧易感人群症状，可能对健康人群心脏、呼吸系统有影响	儿童、老年人及心脏病、呼吸系统疾病患者避免长时间、高强度的户外锻炼，一般人群适量减少户外运动
201～300	五级	重度污染	紫色	心脏病和肺病患者症状显著加剧，运动耐受力降低，健康人群普遍出现症状	儿童、老年人和心脏病、肺病患者应停留在室内，停止户外运动，一般人群减少户外运动
>300	六级	严重污染	褐红色	健康人群运动耐受力降低，有明显强烈症状，提前出现某些疾病	儿童、老年人和病人应当留在室内，避免体力消耗，一般人群应避免户外活动

3.3.3 突发污染应急风险应对

3.3.3.1 技术路线

将我国自主研发 GRAPES 模式驱动 HYSPLIT(大气污染物输送、扩散轨迹专业模型)模式,普查全省各地危化品点、核电站点等,根据不同厂区设置不同大气污染物及其沉降参数等(如表观反应速率、扩散常数、亨利定律常数、云内湿沉降和云下湿沉降等),模拟出大气污染物未来可能的影响范围及沉降浓度分布,当事故发生后迅速向救援决策者提供大气污染扩散模拟结果,救援决策者根据扩散模拟结果,为各级政府和有关部门各级决策者指导事故处置提供科学、可靠的决策依据(图 3.34)。

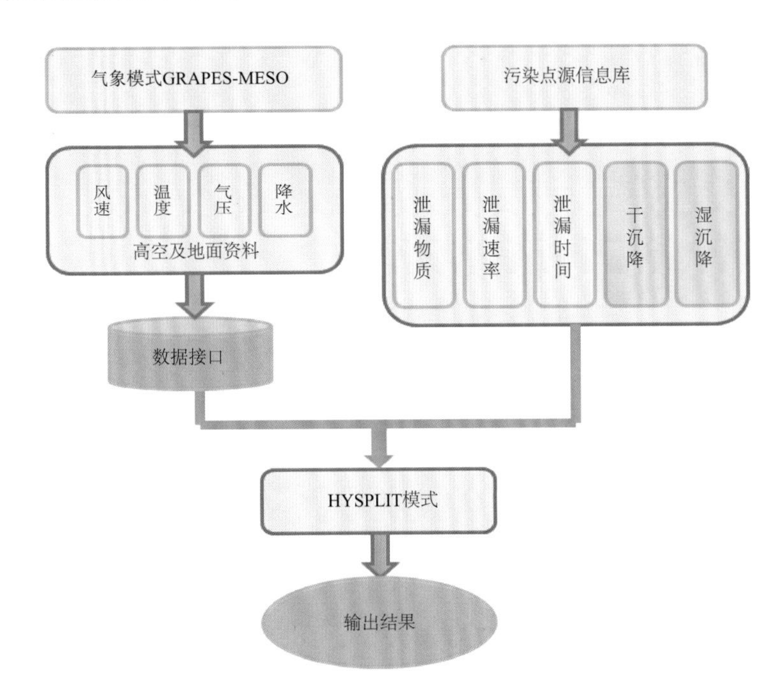

图 3.34 广东省大气污染扩散应急响应系统技术路线

3.3.3.2 产品应用

(1)核应急演练应用

近年来,广东省气象局参加了“神盾-2015”核事故应急演习、2018 年广东省第十次核事故应急演习和 2021 年广东省第十一次核事故应急演习。在核事故应急演习中,使用广东省大气污染扩散应急响应模型对核事故污染物进行扩散及沉降模拟,在三次核事故应急演习中,该模型模拟速度快,可在 2 min 内给出放射性核素未来 48 h 内逐小时扩散及沉降浓度结果,模型响应速度满足核事故应急演习需求,达到很好的应急演习效果。

(2)业务应用情况

①定时模拟

业务自动化完成广东省污染点源信息库的模拟(每 3 h 启动一次),生成数据文件产品,并及时上传省气象局数据中心,融入广东省气象灾害风险研判系统,为突发性爆炸或泄漏事故提供参考。

②交互模拟

用户可根据实际爆炸信息，如经纬度、高度、爆炸或泄漏的物质、泄漏速率等参数进行设置，设置后提交模型自动运行，2 min 内可迅速模拟出未来可能影响范围，为各级政府和有关部门各级决策者指导事故处置提供科学、可靠的决策依据。

3.4 粤港澳大湾区城市生态系统碳源汇监测与评估

3.4.1 城市群大气 CO_2 浓度的观测特征

3.4.1.1 资料与方法

(1)资料来源

与其他热红外卫星传感器如 AIRS(Automatic Image Retrieval System，自动图像检索系统)、MOPITT (Measurements of Pollution in the Troposphere，对流层污染测量仪)和 IASI (Infrared Atmospheric Sounding Interferometer，红外大气探测干涉仪)等相比，由于扫描成像大气吸收光谱仪(SCIAMACHY)观测的是近红外波段的太阳反射、散射光，而非热红外波段的大气辐射信号，所以其对与人类活动密切相关的底层大气具有更高的敏感性。SCIAMACHY 共有 8 个分光通道用于探测对流层大气成分，覆盖了紫外到近红外的波段区间(240～2400 nm)，光谱分辨率为 0.2～1.4 nm，可用于包括水汽、CH_4、NO_2、CO 以及 CO_2 等多种大气参数的反演，其中 CO_2 探测波段在 1561.03～1585.39 nm 的弱吸收带，仪器测量精度为 14×10^{-6}(Barkley et al., 2006a;刘毅 等,2011)。有关 SCIAMACHY 对对流层 CO_2 垂直柱平均浓度的反演算法以及地面验证工作和误差分析，目前已经有较多的研究结果(Buchwitz et al., 2005a; Barkley et al., 2006a,2006b)。本研究的资料来自欧洲太空总署(ESA)网站(https://earth.esa.int/web/guest/data-access)的 0.5°×0.5°网格的 CO_2 柱平均浓度数据(表 3.6)，该产品对水汽、温度以及气压的影响均作了订正处理(Houweling et al., 2003; Barkley et al., 2006a)。

利用 2004 年 6 月—2005 年 5 月珠三角番禺气象局站观测的 CO_2 浓度数据对卫星产品进行地基验证。番禺气象局站(22.43°N，113.23°E，海拔 12.5 m)采用涡动相关系统观测大气中的 CO_2 浓度及其通量。在观测之前，利用$(300\sim400)\times10^{-6}$之间的 3 级标气对 CO_2 观测系统进行了标校(Bi et al., 2007)，同时对获取的观测资料进行了数据订正和质量控制(邓雪娇等,2006)。

表 3.6 SCIAMACHY 反演的 CO_2 产品信息

遥感仪器	资料级别	时间分辨率	空间分辨率	资料版本	时间序列
SCIAMACHY	Level 3	月平均	0.5°×0.5°	V2.2	2004 年 6 月—2005 年 5 月

(2)反演方法

SCIAMACHY 采用德国不来梅大学开发的加权函数修正差分光学吸收光谱算法(Weighting Function Modified DOAS, WFM-DOAS)(Buchwitz et al., 2000, 2005a, 2005b)，通过对测量光谱与模拟光谱进行最小二乘法拟合来确定 CO_2 廓线定标因子，从而得到大气中的CO_2柱浓度，其表达方式如下：

$$\ln I_\lambda^{meas}(c_{real}, a_{real}) \approx \ln I_\lambda^{mod}(c, a) =$$

$$\ln I_\lambda^{mod}(\bar{c}) + \sum_j \frac{\partial \ln I_\lambda^{mod}}{\partial c_j}\bigg|_{\bar{c_j}} (c_j - \bar{c_j}) + P_\lambda(a) \quad (3.1)$$

式中，$I_\lambda^{meas}(c_{real}, a_{real})$为测量光谱，$I_\lambda^{mod}(c, a)$为模拟光谱，$\bar{c}$为先验状态参量，$I_\lambda^{mod}(\bar{c})$为辐射传输模型在先验状态参量$\bar{c}$状态下的模拟值，$\frac{\partial \ln I_\lambda^{mod}}{\partial c_j}\bigg|_{\bar{c_j}}$为大气参数$j$的权重函数，$P_\lambda(a)$为低阶多项式，用来表示云层覆盖、气溶胶、地面反射率、灰霾等具有宽带吸收结构的影响。太阳归一化的模拟光谱常量和柱权重函数可根据美国标准大气廓线参数、光谱参数、太阳光谱、观测参数等参数，运用大气辐射传输模拟软件SCIATRAN计算获得，为已知量，宽带吸收结构的影响一般通过低通滤波的方法消除。最后将测量光谱与模拟光谱进行最小二乘法拟合即可计算出待测气体的廓线定标因子$c_{fit} = c/\bar{c}$，从而反演出气体的垂直柱浓度(Schneising et al., 2008)：

$$\sum_\lambda [\ln I_\lambda^{meas}(c_{real}, a_{real}) - \ln I_\lambda^{mod}(c_{fit}, a_{fit})]^2$$

$$\equiv \|RES\|^2 \to \min \quad (3.2)$$

式中，RES为残差。SCIAMACHY运用了前向模型对测量光谱建模，通过多项式拟合的方法计算CO_2的垂直柱浓度。仪器噪音所产生的随机误差取决于信噪比、地表反照率以及不同通道检测器的性能等，对CO_2柱浓度而言，上述因素所引起的观测误差约为1%(Houweling et al., 2005)。相比而言，卫星过境扫描期间云和气溶胶等因素的变化很大，由此引起的CO_2柱浓度系统观测误差较高，在地表反照率为0.3的条件下由卷云引起的柱浓度误差为0.74%，相应的CO_2干气体混合比误差达3.12%(Houweling et al., 2005)；在撒哈拉地区由极端沙尘气溶胶所引起的柱浓度被高估了约10%(Tiwari et al., 2006)，其他区域由海盐、城市及乡村等类型气溶胶所引起的CO_2观测误差约为2%(Barkley et al., 2006a)。

由图3.35可见，番禺地区卫星反演结果与地基观测值具有很好的一致性，复相关系数(R^2)为0.4746($P<0.05$)，说明卫星观测的柱浓度与当地的CO_2净排放量直接相关。另外可

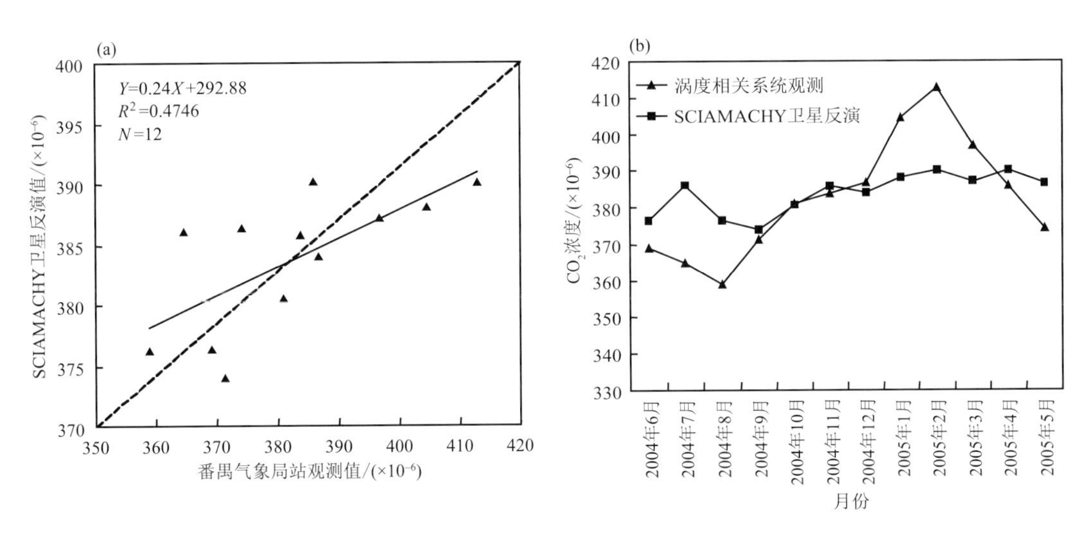

图3.35 2004年6月—2005年5月番禺气象局站观测的月平均CO_2浓度与SCIAMACHY反演结果比较
(a)为反演与观测的1∶1图；(b)为逐月的反演与观测比较图

以看到，地基观测值波动范围较大，而卫星观测月变化较为平缓，这是由于番禺气象局站位于珠三角中心地带，大气 CO_2 的来源复杂，人为扰动大，从而导致地基观测的浓度波动范围高于卫星遥感。

3.4.1.2 广东区域对流层 CO_2 浓度的年变化特征

由图 3.36 发现，环珠江口流域的广州、佛山、东莞、江门、中山、深圳以及珠海等地市为 CO_2 高值区，这些区域的经济发达，人口密度高，人类活动的影响显著，对流层 CO_2 柱浓度达 387×10^{-6}，高于同时期全球观测的平均值(381.11×10^{-6})。茂名北部、清远北部以及汕尾、揭阳等粤西、粤北、粤东区域平均浓度低于 383×10^{-6}，究其原因，一方面，由于上述区域森林覆盖率较高(李丹 等，2012)，有利于大气 CO_2 吸收，另一方面，这些区域人口密度相对较小，工业活动水平弱，人类活动向大气排放的 CO_2 相对较低。就区域平均来看(图 3.36b)，2003—2009 年期间广东地区 CO_2 浓度和年增长率分别为 384.84×10^{-6} 和 1.53×10^{-6}/a，均高于同时期全球的平均水平。

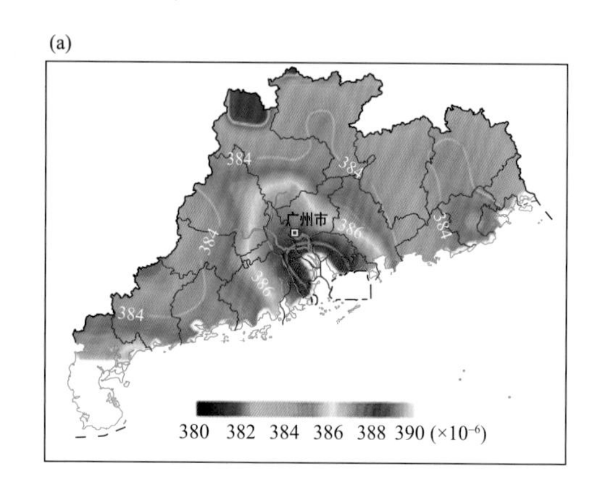

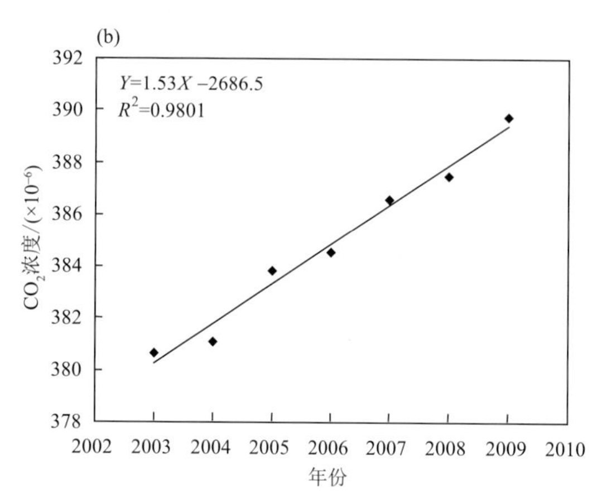

图 3.36 2003 年 1 月—2009 年 12 月广东地区对流层 CO_2 浓度的年平均分布(a)及区域平均的逐年变化(b)

3.4.1.3 广东地区对流层 CO_2 浓度的季节变化特征

研究发现，北半球大气 CO_2 明显的季节变化与 CO_2 在大气和地球生物圈间的交换密切关联(白文广 等，2010)。广东地区属南亚热带海洋季风气候，该区域日照充足、温湿多雨，植被四季常青，植物的光合作用活跃，独特的气候特点显著影响 CO_2 浓度的季节变化。

广东区域对流层 CO_2 垂直柱浓度最高的季节出现在春季，与前人(邓雪娇 等，2006；孙春健 等，2012)的近地层浓度观测结果有差异，其原因可能是由于春季植物和土壤的呼吸作用强烈而植物的光合作用相对较弱，同时春季我国中高纬度对流层中层盛行西偏北风，有利于 CO_2 浓度向低纬度地区输送(白文广 等，2010)，因此，春季的 CO_2 柱浓度最高。区域 CO_2 柱浓度最低的季节出现在夏季(图 3.37)，与前人研究(邓雪娇 等，2006；孙春健 等，2012)结果一致，这主要是由于夏季植物光合碳汇吸收强烈从而降低了大气中 CO_2 浓度，此外夏季空气水平输送和垂直交换剧烈也有利于 CO_2 的稀释扩散。秋季植被进入成熟衰弱期，光合作用较弱，但仍然表现出较强的碳吸收能力，因此，CO_2 浓度相对较低。冬季相较于秋季，植物光合作用能力最弱，对流层 CO_2 浓度逐渐增加，对春季出现的浓度最高值起累积作用。比较图 3.37 和图 3.36 可以发现，虽然广东区域 CO_2 柱浓度在不同季节间的变化较大，但每个季节的区域分布特征与年均值的类似，即珠江三角洲地区的浓度最高，而粤北、粤东和粤西地区的浓度较低。这表明，人类生产、生活活动过程中产生的CO_2是该区域重要的CO_2来源，而陆地生态系统光合作用的吸收和转化可能是重要的CO_2汇。

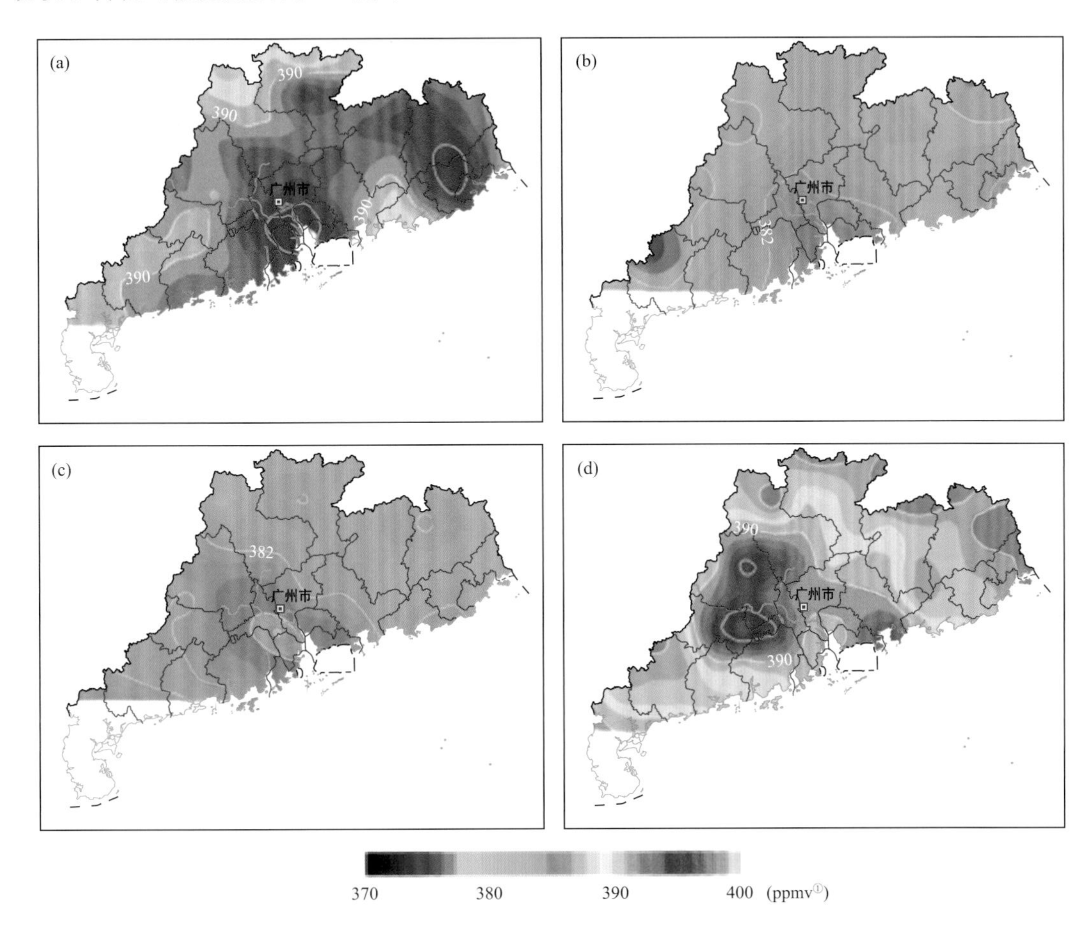

图3.37 2003—2009年广东地区对流层CO_2浓度的季节分布
(a)春季；(b)夏季；(c)秋季；(d)冬季

3.4.1.4 不同区域CO_2浓度分布特征

由图3.38可见，在2003—2004年期间广东省整个区域的CO_2变化不明显，浓度均值为380.30×10^{-6}，2006年以后区域CO_2浓度增长较快，其中广州、佛山、深圳、东莞、江门、中山、珠海等珠三角地区的浓度增量最高，至2009年时浓度平均值达395.00×10^{-6}，比2003年提高了大约10×10^{-6}，同时呈现向阳江、云浮、肇庆等区域扩散的趋势。湛江、茂名、阳江、云浮等粤西地区浓度的增长量与珠三角地区相当，2009年比2003年提高了9.80×10^{-6}。此外，韶关、清远、河源、梅等粤北地区，以及以揭阳为中心的粤东地区的浓度增长较明显，CO_2增长量分别为9.44×10^{-6}、9.10×10^{-6}。可见，2003—2009年期间广东地区对流层CO_2柱浓度逐年上升，各区域呈现相似的增长趋势，增长量均超过9.0×10^{-6}，其中以珠三角地区的增长最明显。

① 1 ppmv=10^{-6}(体积分数)，下同。

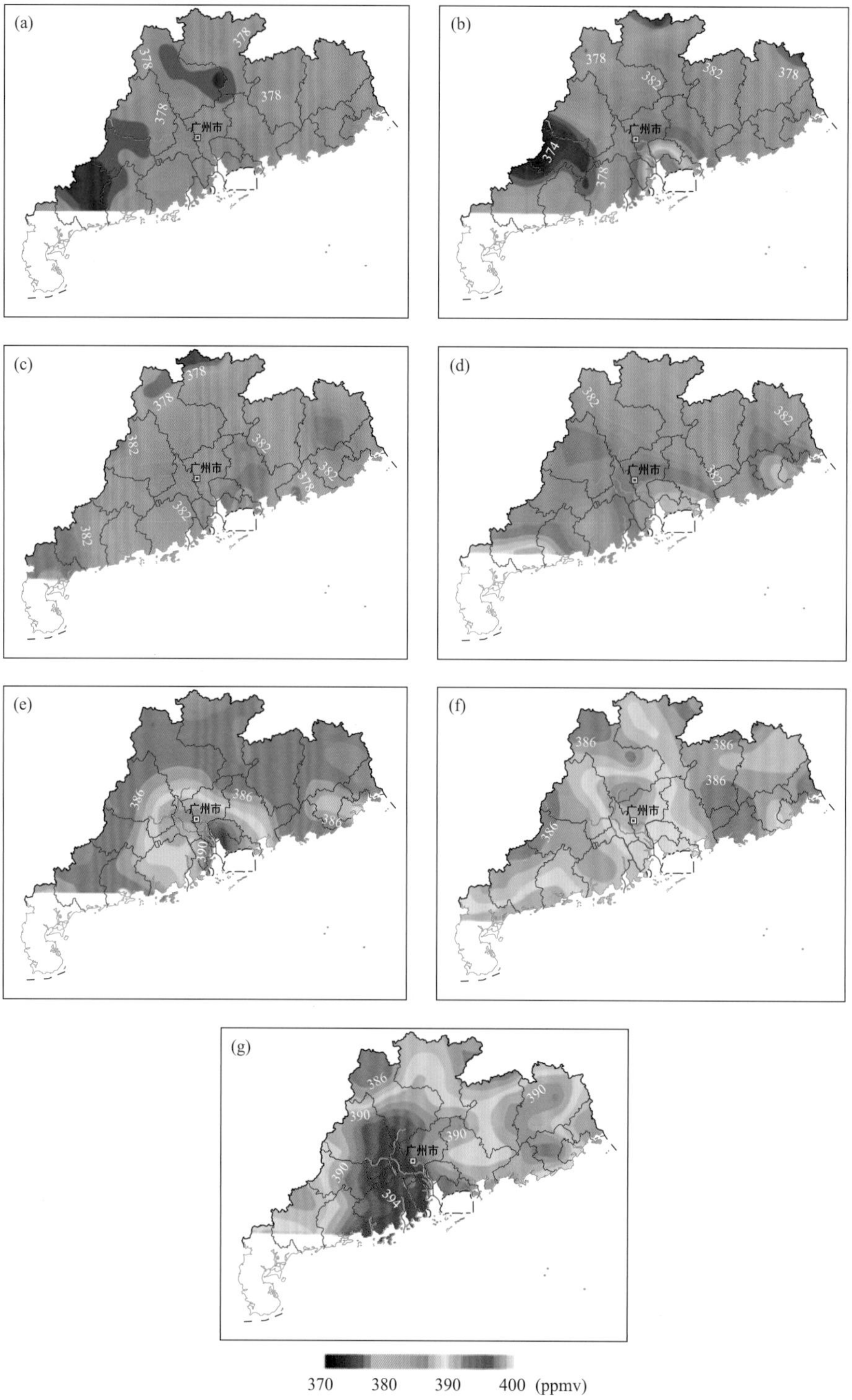

370 380 390 400 (ppmv)

图 3.38 2003—2009 年 SCIAMACHY 遥感广东地区 CO_2 浓度年际变化

(a)2003 年；(b)2004 年；(c)2005 年；(d)2006 年；(e)2007 年；(f)2008 年；(g)2009 年

3.4.2 广东省近地层典型CO_2过程模拟研究

3.4.2.1 CT-2010介绍及模拟参数设置

(1)模式介绍

CarbonTracker将大气传输模型与集合卡尔曼滤波法相结合,从大气的角度估算地球表面CO_2吸收和释放随时间变化的情况。通过与全球观测结果比较,进而追踪大气CO_2源汇。这个模式系统从“大气的观点”来评估CO_2的交换,可以处理多个生态系统和海洋数据;估算海洋、火灾等自然源,化石燃料燃烧等人类活动释放和吸收的碳;区别自然界碳循环和人类活动导致的碳排放变化。

CT-2010模式的主要模块及功能包括:①生物圈模块,用于提供陆地生态系统碳通量;②海洋模块,提供海-气的碳通量;③野火灾情模块,用于估算野火排放源通量;④化石燃料燃烧模块,可估算化石燃料燃烧中排放的CO_2源通量;⑤TM5大气化学传输模式;⑥观测资料;⑦集合卡尔曼滤波(Kalman filter)数据同化系统。生物圈、海洋 、野火灾情及化石燃料燃烧等模块主要为CT-2010模式提供大气CO_2先验源通量。TM5模式可追踪CO_2通量,同时获取大气传输和分布信息;数据同化系统通过使用卡尔曼滤波器修订假设的CO_2源汇,最大程度地缩小模拟的CO_2浓度与观测值之间的误差。CT-2010模式运行包括前向和反转两个过程,其中,反转过程使用了150个集合成员,用于优化CO_2通量参数;反转过程结束后启动前向过程,用于获取模式所需的输出信息,包括网格化通量、CO_2浓度值,以及不同站点高分辨率的CO_2摩尔分数等(Cheng et al.,2013)。

(2)先验源数据、气象场资料、同化数据来源和CO_2观测资料

CT-2010输入的资料包括源排放、观测资料和气象场资料。源排放资料包括海洋反演通量、火灾通量、生物圈通量、化石燃料燃烧通量,其中,海洋反演通量采用Takahashi PCO_2方案(Takahashi et al.,2002,2009)进行通量估算,火灾通量来源于全球火灾排放数据库(GFEDv2),生物圈通量来源于生物地球化学模式CASA的模拟结果,化石燃料燃烧通量源于EDGAR数据库。此外,驱动CT-2010模式的气象场资料为每6 h时次的ECMWF数据;数据同化系统中的观测数据主要来源于全球/区域航空测量和地基观测值,包括美国的Mauna Loa背景站、NOAA ESRL实验室的高塔、高山站等。

番禺气象局站(22.43°N,113.23°E,海拔12.5 m)的CO_2浓度及其通量的观测时间为2004年6月—2005年5月,观测仪器为涡动相关系统(Eddy Covariance)。该系统由三维超声风温仪(CSAT3,Campbell Scientific,Inc.)和开路CO_2/H_2O分析仪(Li-7500,LiCor Inc.,USA)组成,探测器离地面3.5 m,采样频率为10 Hz。为尽可能获取观测站所代表的区域CO_2浓度特征,利用300~400 μmol/mol的三级标气对CO_2观测系统进行了标校(Bi et al.,2007),同时对获取的观测资料进行了数据订正和质量控制(邓雪娇 等,2006)。

(3)模拟参数设置

通过TM5大气传输模式驱动CT-2010,采用了地形追随坐标,总共25层,第一层和最顶层高度分别离地面34.5 m和80.0 km。

CT-2010设置了两重网格嵌套区域,其中,全球区域的空间分辨率为3°×2°,在中国和珠三角区域(110°~118°E,20°~26°N)均为1°×1°(图3.39),每3 h输出一次模拟结果。利用

2004 年 6 月—2005 年 5 月番禺气象局站观测的 CO_2 浓度数据对 CT-2010 进行验证，以了解模式的模拟性能。此外，提取出 2007 年 3 月 13—22 日及 12 月 13—24 日的珠三角区域数据开展近地层典型 CO_2 过程研究。

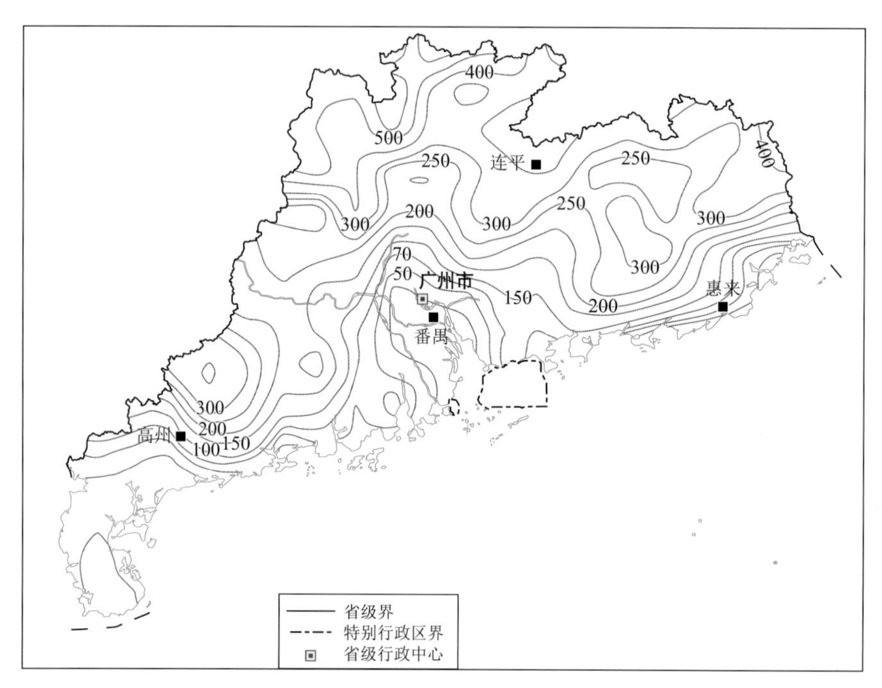

图 3.39　CT-2010 的模拟区域及地形海拔高度分布（单位：m）
（黑色方框分别为连平站、惠来站、高州站及番禺气象局站，其中，番禺气象局站的 CO_2 浓度观测资料用于对模式结果进行验证）

图 3.40 为番禺气象局站观测的 CO_2 浓度与 CT-2010 反演结果的比较，发现在番禺气象局站模式反演结果与地基观测值具有很好的一致性，线性回归的决定系数（R^2）为 0.430（$P<0.01$），相对误差为 3.63%。

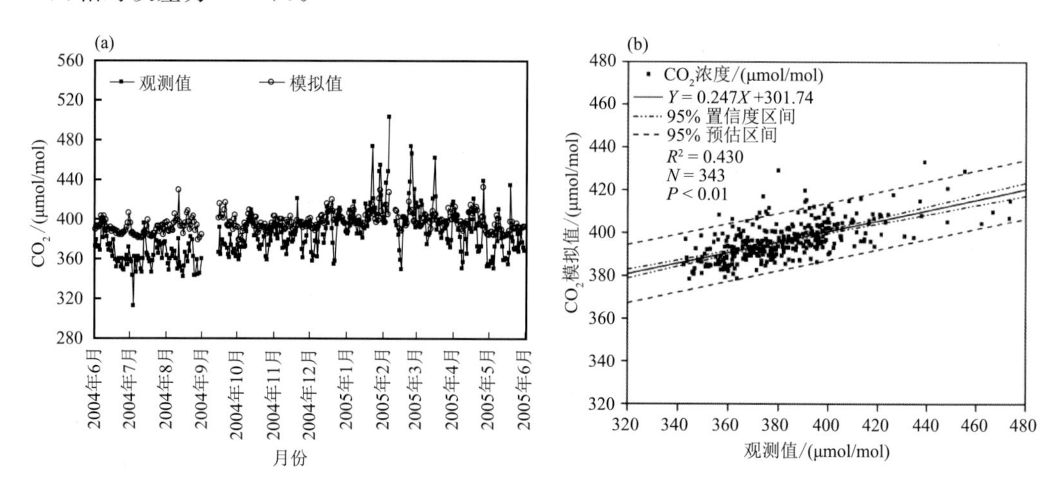

图 3.40　2004 年 6 月—2005 年 5 月番禺气象局站反演的日均值与观测值的比较(a)及模拟与观测结果的线性回归分析(b)

表3.7反映了番禺气象局观测站CO_2浓度的反演值与观测结果的统计学特征。可以看出，反演均值与观测值的残差为13.89 μmol/mol，线性回归方程的斜率为0.247，表明模式模拟的CO_2总体偏高。番禺气象局观测站模拟值与观测值的标准误差为6.82 μmol/mol，说明模拟值与观测的偏离程度较大，其原因一方面是由于CT-2010模式的空间分辨率较低（1°×1°），模拟值反映的是网格内CO_2浓度的平均状态，因此，限制了模式对较小尺度近地层CO_2浓度的捕获能力。另一方面，由于验证站为单点观测，受局地水汽、气温、辐射等因素的影响较大，特别是在珠三角地区的夏、秋季，由于大气的水平对流和垂直交换剧烈，会导致模式值明显高于观测值。此外，模式的底层高度为35 m，反映的CO_2空间范围较大，而观测站点的采样高度较低（1.0～3.5 m），代表的空间范围有限。两种不同高度所反映的大气CO_2的分布和浓度水平的差异可能也是导致模式结果总体偏高的主要因素之一。

表3.7 观测值与CT-2010反演结果的统计学特征

观测值/(μmol/mol)	反演值/(μmol/mol)	残差/(μmol/mol)	标准差/(μmol/mol)	相对误差/%
382.48	396.37	13.89	6.82	3.63

总体来看，CT-2010模式能较好地反映近地层CO_2浓度的分布状况，在珠三角地区模拟值与观测值的线性回归决定系数为0.430，残差为13.89 μmol/mol，相对误差为3.63%，CT-2010具备了反映陆地生态系统CO_2分布和变化的能力。然而，由于模式分辨率较低、观测站点空间代表性有限及气象因子等方面的影响，导致模式的结果总体偏高。

(4)不同区域温室气体代表站的分布及下垫面特征

前期研究结果表明，河源连平站、揭阳惠来站、茂名高州站及番禺气象局站能较好地反映广东省粤北、粤东、粤西和珠三角区域温室气体均匀混合的一般特征，可作为上述区域的温室气体代表站。上述区域温室气体代表站中，番禺气象局站周边的下垫面为耕地、水域和建设用地，惠来站和高州站的均为耕地、林地和建设用地，而连平站的为耕地和林地。本研究拟从模式结果中提取出上述区域代表站的CO_2浓度，分析不同典型过程中各区域代表站的浓度的变化特征，并探明区域温室气体分布的关键影响因子。

3.4.2.2 典型高CO_2浓度过程的区域分布和输送特征

在2007年12月16—21日，珠三角地区近地层出现了高浓度CO_2过程，深圳竹子林站观测到的CO_2极值高达509.36 μmol/mol，日均浓度维持在434.88～457.85 μmol/mol之间。尽管该观测站的观测仪器精度较低，但总体上能反映CO_2的浓度趋势。

图3.41为该过程期间CT-2010反演的广东地区近地层CO_2浓度，以及通过美国国家环境预报中心(NCEP)再分析资料得到的975 hPa风场分布。由于受到弱高压及辐合天气系统的控制，过程期间广东区域近地层的水平扩散条件很差（陈欢欢 等，2010）。从2007年12月15日起珠三角区域出现了高浓度CO_2过程（日平均浓度>413 μmol/mol），在16日，由于受到南北气流夹击的影响，在梅州、河源、广州、肇庆和云浮等东北至西南区域的气流基本稳定，但出现了明显的CO_2聚集带，其中，以广州为中心的珠三角区域的日均浓度超过了426 μmol/mol。17日，CO_2聚集带面积及其浓度进一步扩大、增强，日均浓度超过了417 μmol/mol，其中，在粤北地区接近420 μmol/mol，珠三角高值中心的面积明显扩大，并随着气流运动呈现出向西南方向输送的趋势。至12月20日，珠三角地区CO_2高值中心的范围和浓度才明显缩小、减弱。受

气流的影响，广东全境的 CO_2 向东北方向输送，湛江以北的区域的日均 CO_2 浓度约为 415 μmol/mol。12 月 21 日，广东地区近地层的风场转为偏北风，高浓度 CO_2 聚集带的面积减小，同时随风场向南方输送，韶关地区日均浓度高达 417 μmol/mol，但湛江、茂名、阳江和云浮等粤西、粤北区域的浓度反而降低。12 月 23 日和 24 日，广东区域陆地及近海面均为东北风，CO_2 浓度呈现下降的趋势，日均浓度约为 407 μmol/mol，其中，珠三角高值中心的日均浓度低于 413 μmol/mol，典型高浓度过程结束。

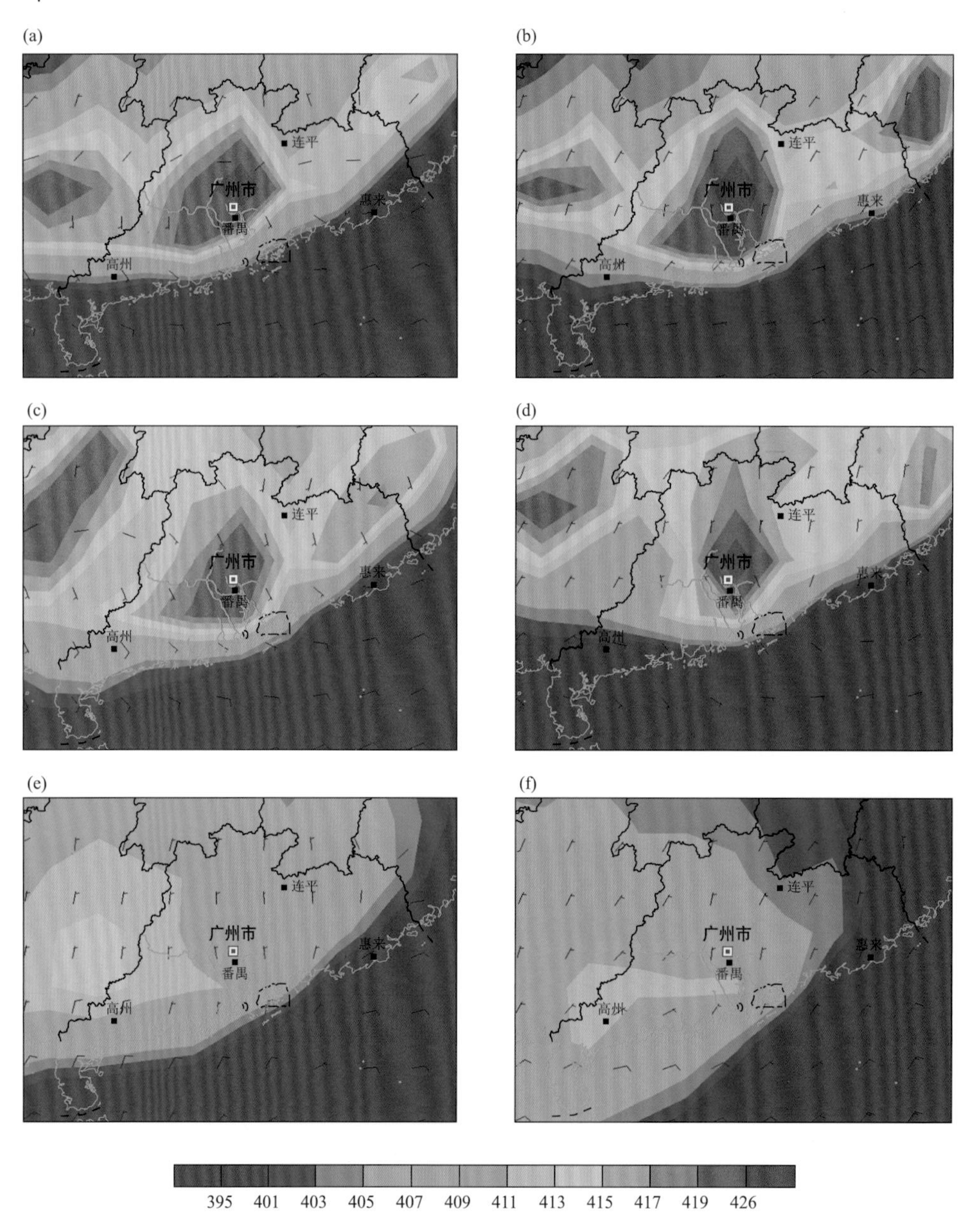

图 3.41　2007 年 12 月 16 日(a)、17 日(b)、20 日(c)、21 日(d)、23 日(e)、24 日(f)期间广东省 CO_2 浓度(μmol/mol)分布状况和输送过程以及风场(NCEP 1.0°×1.0°, 975 hPa)分布特征（黑色方框分别为连平站、惠来站、高州站及番禺气象局站）

从模式反演的各区域代表站逐时 CO_2 浓度的变化特征来看(图 3.42)，12 月 16—21 日期间番禺气象局站、连平站的浓度上升最明显，日均浓度分别为 417.58 μmol/mol 和 411.15 μmol/mol；惠来站和高州站的浓度较低，日均浓度分别为 402.42 μmol/mol 和 404.51 μmol/mol，其中，惠来站的波动较小，误差最低，为 5.20 μmol/mol(图 3.43)。值得关注的是，在 12 月 18—19 日期间，番禺气象局站和连平站的 CO_2 浓度均降低，但惠来站和高州站的浓度反而小幅度上升了，这主要是由于区域 CO_2 浓度的输送受到了风场的影响造成的。12 月 23—24 日，番禺气象局站、连平站及惠来站的 CO_2 波动明显减小，同时浓度值亦下降至较低的水平，日均浓度分别为 410.64 μmol/mol、405.86 μmol/mol 和 397.89 μmol/mol，高浓度 CO_2 过程结束，但由于受到近地层 CO_2 输送的影响，高州站的日均浓度反而出现小幅度上升，为 411.02 μmol/mol。

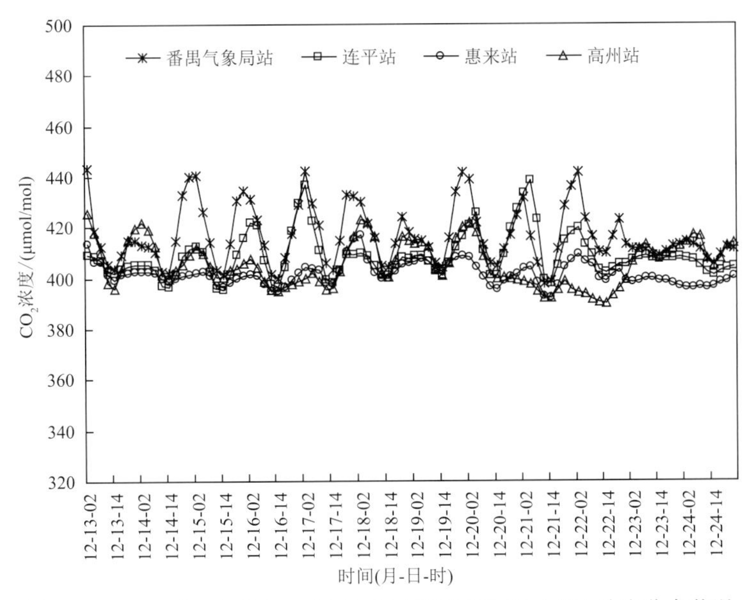

图 3.42　2007 年 12 月 13—24 日各区域代表站逐时 CO_2 浓度分布状况

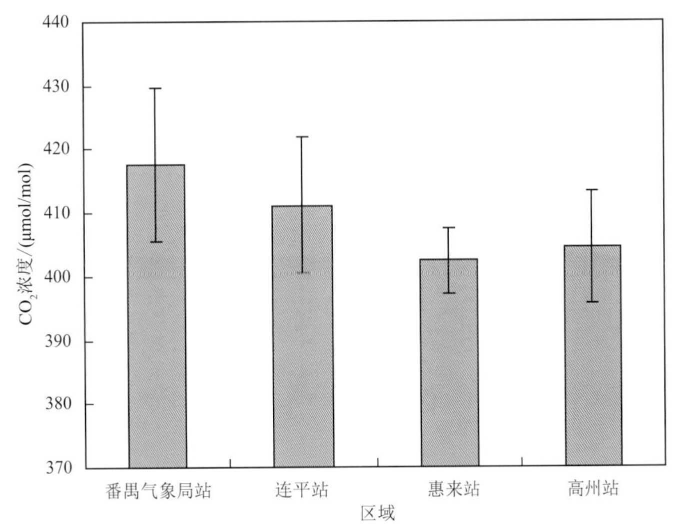

图 3.43　2007 年 12 月 16—21 日区域代表站 CO_2 浓度均值比较

3.4.2.3 典型低 CO_2 浓度过程的区域分布和输送特征

2007 年 3 月 18—20 日，珠三角地区出现了典型低浓度 CO_2 过程，深圳竹子林站观测到的日均浓度为 401.33 μmol/mol，至 3 月 21 日，日均浓度上升至 405.05 μmol/mol，小时浓度最高值接近 417 μmol/mol。

图 3.44 为过程期间 CT-2010 反演的广东区域日均 CO_2 浓度及 975 hPa 风场的分布。可以看出，18 日广东区域 975 hPa 上空为偏北风，受风场的影响，近地层 CO_2 浓度呈现由北向南输送的趋势，区域的日均浓度约为 400 μmol/mol。从东北至西南方向，梅州、河源、广州、肇庆和云浮等区域出现了明显的 CO_2 聚集带，其中，以广州为中心的珠三角区域日均浓度为 411 μmol/mol。肇庆、清远、韶关、河源等粤北地区的北部，以及梅州、河源东北部区域的日均浓度在 401～403 μmol/mol 之间，从潮州、揭阳南部至深圳、珠海及茂名以南的东南沿海地区，近地层 CO_2 日均浓度低于 401 μmol/mol。3 月 19 日，广东地区 CO_2 受风场的影响显著，区域日均浓度低于 398 μmol/mol，其中，最高值出现在广州市及佛山的西部，日平均浓度约为 403 μmol/mol，粤北、粤东及茂名以南的粤西区域低于 401 μmol/mol。3 月 20 日，广东地区主导风向转为偏东风，风速较小，但近地层 CO_2 较低，区域日均浓度约为 397 μmol/mol，同时高

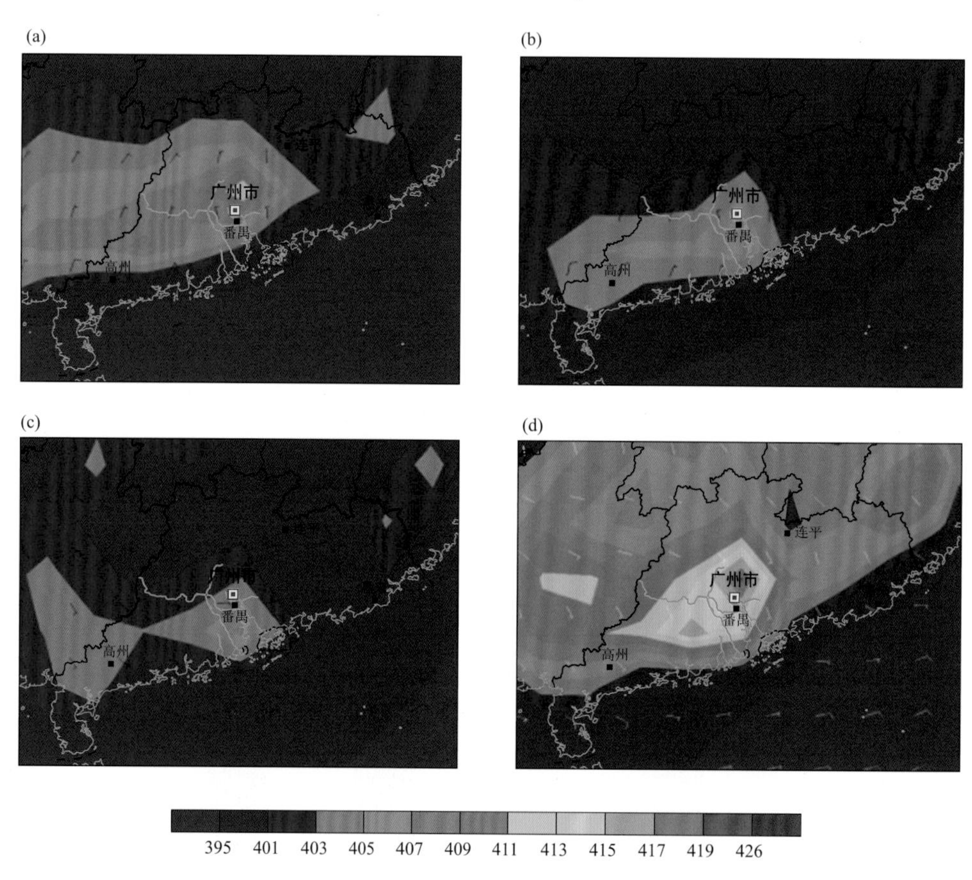

图 3.44 2007 年 3 月 18 日(a)、19 日(b)、20 日(c)、21 日(d)期间广东省 CO_2 浓度(μmol/mol)分布状况和输送过程及风场(NCEP 1.0°×1.0°，975 hPa)的分布特征

(黑色方框分别为连平站、惠来站、高州站及番禺气象局站)

值区的面积有所减小，主要集中在广州及其南部的中山、珠海地区，粤北、粤东、粤西等低浓度区域基本不变。3月21日，广东地区风场处于准静止状态，近地层 CO_2 浓度明显上升，高值区主要位于以广州为中心的珠三角区域，日均浓度超过 413 μmol/mol，粤北、粤东区域的浓度接近 407 μmol/mol，低浓度过程结束。

从模式反演的各区域代表站 CO_2 浓度分布来看(图 3.45)，在低浓度过程期间(3月18—20日)番禺气象局站、连平站及惠来站的浓度波动明显小于过程前和过程后，浓度均值分别为 405.57 μmol/mol、399.75 μmol/mol 和 397.57 μmol/mol(图 3.46)，3月20日以后，上述3个代表站的浓度值明显升上，以番禺气象局站最明显。由于受到向南输送的 CO_2 的影响，3月14—22日期间高州站的浓度呈现上升趋势，其中，在18—20日期间开始出现波动，但幅度仍然小于番禺气象局站，浓度均值为 402.32 μmol/mol。

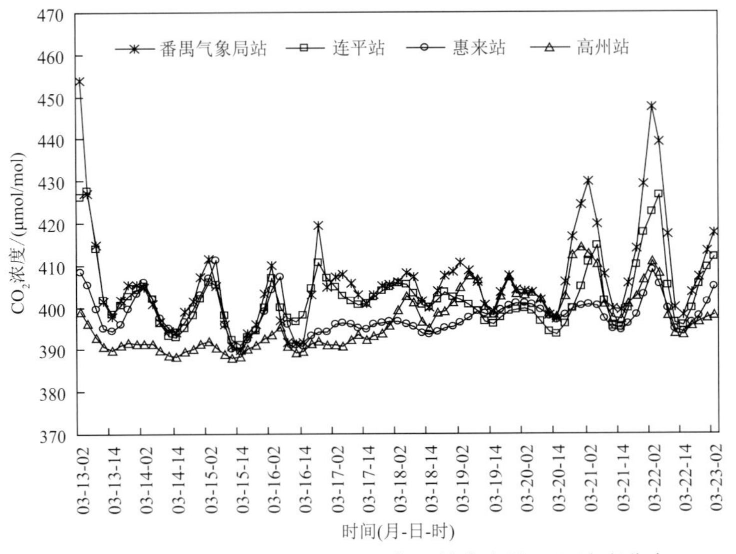

图 3.45　2007年3月13—22日各区域代表站 CO_2 浓度分布

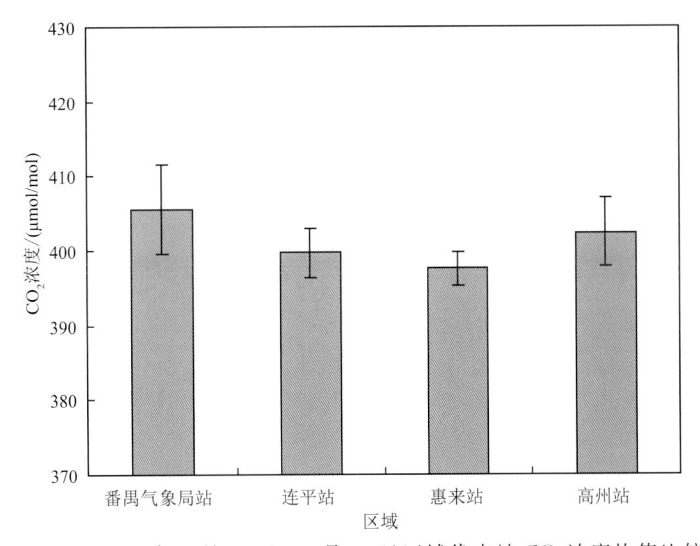

图 3.46　2007年3月18日—3月20日区域代表站 CO_2 浓度均值比较

由上可知，在典型高浓度 CO_2 过程中，珠三角和粤北区域的浓度上升最明显，而粤东和粤西地区的浓度变化较小；在典型低浓度过程中，珠三角、粤北及粤东的浓度波动明显小于过程前和过程后，而粤西地区的波动较大。比较图 3.43 和图 3.46 还可以发现，番禺气象局站、连平站及惠来站在高浓度过程中的浓度日均值显著高于低浓度过程（$p<0.05$），但高州站在上述过程中的日均浓度差异不明显（$p>0.05$）。这表明在典型高、低 CO_2 浓度过程中，上述区域代表站的 CO_2 除了受到风场输送的显著影响外（周凌晞 等，2002），可能还受到下垫面状况（Raich et al.，1995）、植被的光合、呼吸作用及大气相对湿度、温度等因子的作用。

3.5 城市热岛效应时空格局及影响因素

3.5.1 数据来源与研究方法

3.5.1.1 主要数据来源

（1）MODIS LST（Land Surface Temperature，地表温度）、MODIS AOD（Aerosol Optical Depth，气溶胶光学厚度）、MODIS NDVI（Normalized Difference Vegetation Index，归一化植被指数）等数据均来源于美国国家航空与航天局戈达德航天中心的 MODIS 数据归档与分发系统。其中，LST 数据为 MYD11A1 产品，空间分辨率为 1 km，投影方式为正弦投影，AOD 数据为 MYD04 产品，空间分辨率为 3 km，投影方式为等经纬度投影，NDVI 数据为 MYD13A3 产品，空间分辨率为 1 km，投影方式为正弦投影。

（2）NPP/VIIRS 夜间灯光数据，由美国国家地球物理数据中心发布。该中心利用 NPP/VIIRS 的日/夜光波段（Day and Night Band，DNB）数据生产了月度灯光影像集，以像元辐射值表征灯光强度，像元辐射值 0 值以下视为无灯光，数据空间分辨率为 500 m，投影方式为等经纬度投影。

（3）DEM（Digital Elevation Model，数字高程模型）数据，来源于 ENVI Services 在线体验中心，数据空间分辨率为 30 m，投影方式为等经纬度投影。

（4）土地利用遥感监测数据，来源于中国科学院资源环境科学数据中心。该数据以 Landsat8、GF2 等卫星遥感影像为主要信息源，参考中国土地利用遥感制图分类系统，通过人机交互方法解译得到，比例尺为 1∶10，投影方式为 Albers 正轴等面积双标准纬线圆锥投影（刘纪远 等，2018）。

以上所列数据经投影转换、空间插值、子区提取等预处理后，空间分辨率均为 1 km，投影方式为等经纬度投影，行列数为（282，407）。

3.5.1.2 研究方法

（1）计算热岛强度指数

参照前人文献研究城市热岛的方法，利用热岛强度指数来定量分析粤港澳大湾区城市热岛的时空变化规律。热岛强度指城市地表温度与郊区地表温度之差（Sun et al.，2016）。针对格点化的卫星遥感数据，各像元的热岛强度指数计算公式如下（叶彩华 等，2011）：

$$I_i = T_i - \frac{1}{n}\sum_{j=1}^{n} T_j \tag{3.3}$$

式中，I_i 为影像中第 i 个像元的热岛强度指数，T_i 为第 i 个像元的地表温度值，n 为郊区有效像元数，T_j 为郊区第 j 个像元的地表温度值。

对于城市或城市群的热岛强度，则以中心城区城市热岛强度指数的平均值来定量评价（刘勇洪 等，2017）。利用阈值法对城市热岛强度指数进行分级，将城市热岛划分为7个等级：强负热岛、较强负热岛、弱负热岛、无热岛、弱热岛、较强热岛、强热岛（表3.8），用以定量评价城市热岛的空间分布规律。

表3.8 城市热岛等级划分表

等级	阈值/℃	描述
1	(−∞,−5.0]	强负热岛
2	(−5.0,−3.0]	较强负热岛
3	(−3.0,−1.0]	弱负热岛
4	(−1.0,1.0]	无热岛
5	(1.0,3.0]	弱热岛
6	(3.0,5.0]	较强热岛
7	(5.0,∞)	强热岛

（2）确定郊区背景像元

在城市热岛强度计算中，关于郊区背景值的确定一直缺乏统一的标准，但通常选取农田区域作为郊区的参考区域（刘勇洪 等，2017），且遵循以下原则：第一，大面积覆盖，与城市中心海拔高度相差很小的开阔农田；第二，结构稳定，植被种类和土壤性质很少发生变化；第三，远离城市中心。基于以上三条原则，同时考虑到粤港澳大湾区主要为平原区，农田与中心城区的海拔高度相差较小，本研究采取以下方法确定郊区。

①提取农田矢量数据。根据中国科学院资源环境科学数据中心提供的土地利用分类遥感监测数据，利用Arcmap软件，提取粤港澳大湾区全部农田矢量数据。

②确定中心城区。根据土地利用分类遥感监测数据，利用Arcmap软件，提取粤港澳大湾区的城镇用地矢量数据，作为中心城区。

③确定农田背景区域。利用Arcmap缓冲区分析功能，切除城镇用地外扩3 km范围内的农田矢量数据，以城镇用地3 km以外的农田区域作为热岛强度指数计算的农田（郊区）背景区域（余俞寒 等，2018）。

（3）驱动因素多元回归分析

通常认为，城市热岛的形成、结构及演变，与下垫面类型、人为热源、大气污染、城市的地理位置等要素有关。在城市区域，下垫面类型发生了显著改变，大量的混凝土、石块、沥青、金属代替了原来的土壤、草地等自然地表，它们大量接收太阳辐射时会使得其表面快速升温，从而导致城市、郊区的温度有所差异，本研究以NDVI作为下垫面类型的评价指标。人为热源主要指居民生活、工业生产及车辆尾气等排放的大量热能，它们造成城市热岛效应不断增强，本研究以城市灯光指数作为其评价指标。大气中的气溶胶粒子，通过直接辐射、间接辐射效应改变地表的能量平衡，进而影响城市热岛的分布，本研究以AOD作为评价气溶胶颗粒物多少的指标。地理位置决定了城市热岛形成的地形地貌、太阳辐射、大气扩散等自然条件，相关研究以海拔高度作为其评价指标。利用 SPSS(Statistical Package for Social Science,社会学统计软件包)软件,将城市热岛强度指数与 NDVI、城市灯光指数、AOD、海拔高度做多元回归分析,进而分析各要素对城市热岛的驱动作用。

3.5.2 时空变化规律

3.5.2.1 空间分布规律

从 2003—2018 年粤港澳大湾区平均热岛强度指数空间分布(图 3.47)可知,负热岛区主要分布在肇庆市大部、广州市北部、惠州市东部与北部、香港大部。无热岛区主要分布在江门大部、惠州中部、广州中部、肇庆与佛山交界处。热岛区分布在东莞大部、深圳大部、广州与佛山交界处、中山北部及惠州中部。总体而言,东莞、深圳、佛山、广州的热岛效应最为显著。

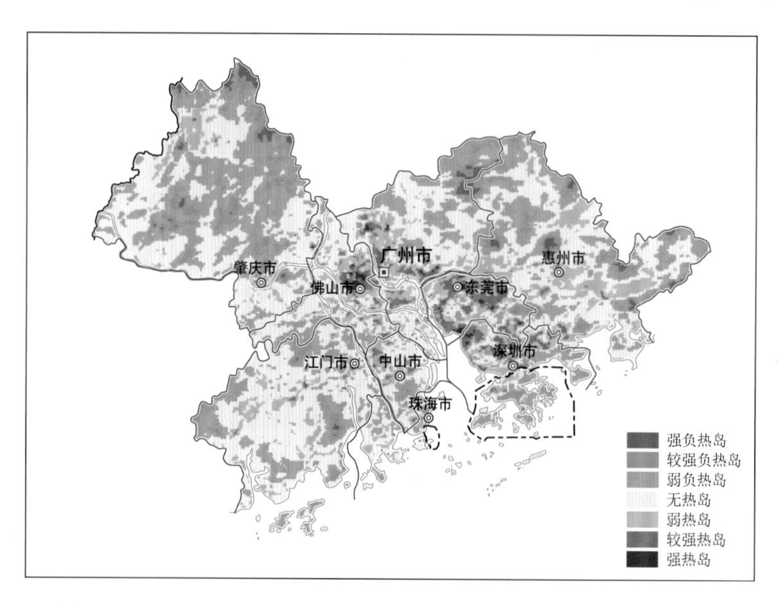

图 3.47 2003—2018 年粤港澳大湾区平均热岛强度指数空间分布

3.5.2.2 时间变化规律

从图 3.48 可知,2003—2018 年粤港澳大湾区城市热岛强度呈明显上升趋势,2003 年为 2.07 ℃,2018 年为 2.94 ℃,平均每年增长 0.05 ℃。

各等级热岛区域面积变化缓慢(图 3.48),强负热岛区面积占比 2003 年为 2.17%,2018 年为 1.52%,平均每年减少 0.04%;较强负热岛区面积占比 2003 年为 8.34%,2018 年为 7.76%,平均每年减少 0.06%;弱负热岛区面积占比 2003 年为 28.81%,2018 年为 30.64%,平均每年增加 0.10%;无热岛区面积占比 2003 年为 42.21%,2018 年为 38.03%,平均每年减少 0.17%;弱热岛区面积占比 2003 年为 15.49%,2018 年为 15.40%,平均每年减少 0.04%;较强热岛区面积占比 2003 年为 2.81%,2018 年为 5.51%,平均每年增加 0.16%;强热岛区面积占比 2003 年为 0.18%,2018 年为 1.15%,平均每年增加 0.06%。由此可见,2003—2018 年粤港澳大湾区负热岛区面积基本保持不变,平均每年仅变化−0.01%;无热岛区面积呈减少趋势,平均每年变化−0.17%;热岛区面积呈增加趋势,平均每年增长 0.18%。

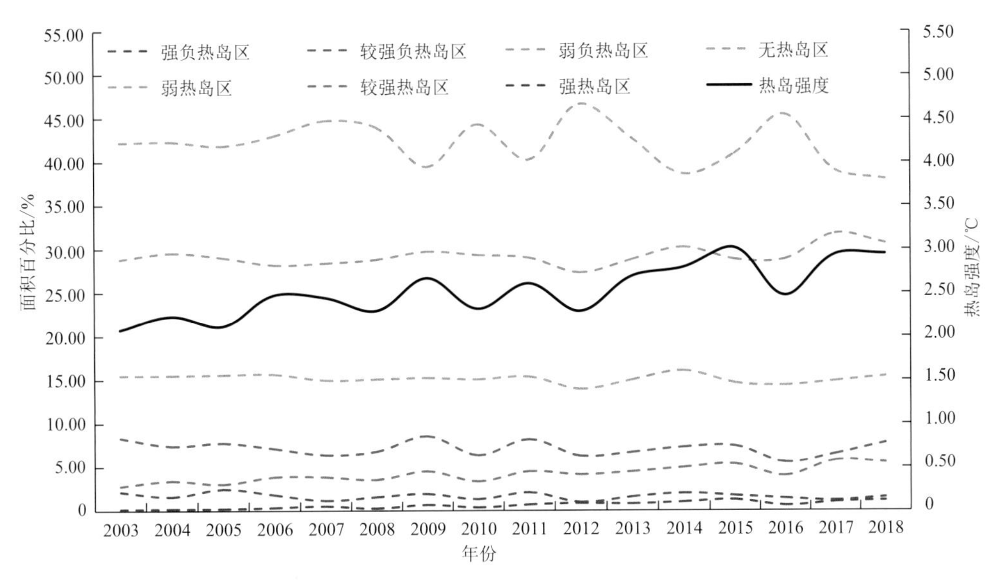

图 3.48 2003—2018 年粤港澳大湾区热岛强度及分级面积

3.5.3 影响因素分析

以热岛强度指数(y)为因变量，以 NDVI(x_1)、灯光指数(x_2)、AOD(x_3)、海拔高度(x_4)为自变量，以研究区 47291 个像素为样本，进行多元回归拟合，分析城市热岛的驱动因素。从回归拟合模型系数检验结果(表 3.9)可知，粤港澳大湾区城市热岛强度指数与各驱动因素拟合度较优，模型决定系数 R^2 为 0.717，模型总体 F 值为 30021.621，各变量均通过 1% 显著性检验，说明上述四类因子均为影响城市热岛的重要因子。

表 3.9 回归系数及检验结果

模型	非标准化系数		标准系数	显著性检验值 t	显著系数 Sig.
	系统 B	标准误差			
常量	2.784	0.055		50.910	0.000
x_1	−3.588	0.058	−0.297	−61.563	0.000
x_2	0.076	0.001	0.310	95.295	0.000
x_3	−1.099	0.047	−0.097	−23.318	0.000
x_4	−0.006	0.000	−0.514	−169.135	0.000

注：R^2=0.717，F(F 检验的统计量)=30021.621，(Sig.)<0.001。

为定量比较不同量纲的影响因子对城市热岛强度指数的影响，采用表 3.9 中的标准化系数，构建标准化回归模型：

$$y = -0.297\,x_1 + 0.310\,x_2 - 0.097\,x_3 - 0.514\,x_4 \tag{3.4}$$

由公式(3.4)可知，NDVI(x_1)、AOD(x_3)、海拔高度(x_4)均为城市热岛的负向驱动因素，即植被越好、空气中气溶胶颗粒越多、海拔越高，城市热岛强度指数越小；灯光指数(x_2)为城市热岛的正向驱动因素，即人为热排放越多，城市热岛强度指数越大。以上各因素每变化 1 个标准单位，城市热岛强度指数将分别变化−0.297、0.310、−0.097、−0.514，由此可见，海拔高度(x_4)对城市热岛影响最为显著，其次是灯光指数(x_2)、NDVI(x_1)，再次是 AOD(x_3)。

3.6 粤港澳大湾区城市生态宜居综合评价

3.6.1 粤港澳大湾区城市生态宜居评价体系

城市的宜居性受众多因素影响，其中生态环境与气候因素与人类生活密不可分。城市室外风环境与人体热舒适度、热岛效应的消解、空气污染物的扩散等一系列问题密切相关；热环境直接影响人体与外界的热交换和人体自身的热平衡；空气质量的优劣对人体健康的影响越来越受到关注；植被、水环境等因子有着重要的生态调节作用；灾害性天气对交通出行、生命财产安全的威胁也不容忽视。

因此，开展粤港澳大湾区城市生态宜居评价重点从生态环境和气候角度出发，综合考虑生态宜居的影响因素，选取风环境、热环境、空气质量、植被和水的生态调节、灾害性天气五大方面指标，参照相关的国家、行业标准以及相关技术指南，进一步细化指标分类。在风环境、热环境、空气质量、生态调节、灾害性天气 5 个一级指标的基础上，划分 15 个二级指标，共选取 23 个三级指标进行评价，形成完整的生态宜居评价指标体系（表 3.10）。

表 3.10 城市生态宜居评价指标体系

	一级指标	二级指标	三级指标	分值	评分公式
城市生态宜居评价指数（100 分）	风环境（20 分）	微风	轻微风天数	10 分	公式(3.5)
		静风	年静风频率	10 分	公式(3.6)
	热环境（20 分）	高温	高温天数	3 分	公式(3.6)
			热夜天数	2 分	公式(3.6)
		低温	低温天数	5 分	公式(3.6)
		热岛强度	热岛面积百分比	4 分	公式(3.6)
		人体舒适度	舒适天数	2 分	公式(3.6)
			寒冷天数	2 分	公式(3.6)
			闷热天数	2 分	公式(3.6)
	空气质量（20 分）	空气质量指数	达标天数	6 分	公式(3.5)
			重度或严重污染天数	6 分	公式(3.6)
		污染物综合指数	环境空气综合质量指数	8 分	公式(3.6)
	生态调节（20 分）	植被	植被指数	5 分	公式(3.5)
			森林覆盖率	5 分	公式(3.5)
		水环境	水环境指数	5 分	公式(3.5)
			水质达标率	5 分	公式(3.5)
	灾害性天气（20 分）	台风	台风预警时数	5 分	公式(3.6)
		暴雨	暴雨天数	3 分	公式(3.6)
		强对流	强降水小时数	3 分	公式(3.6)
			冰雹天数	2 分	公式(3.6)
			龙卷天数	2 分	公式(3.6)
		低能见度事件	灰霾天数	3 分	公式(3.6)
		雷电	雷电次数	2 分	公式(3.6)

每个评价指标均可分为正面性指标（即加分项）或负面性指标（即扣分项），以此建立相应的正面性指标和负面性指标评分公式。

若计算项为正面性指标，则采用公式(3.5)计算三级指标得分：

$$F_i = \frac{(X_i - X_{min}) \times F_{max}}{X_{max} - X_{min}} \tag{3.5}$$

式中，F_i为第i项指标得分，X_i为第i项指标原始数值，X_{min}为第i项指标数据中最小值，X_{max}为第i项指标数据中最大值，F_{max}为第i项指标最大分值。

若计算项为负面性指标，则采用公式(3.6)计算三级指标得分：

$$F_i = \frac{(X_{max} - X_i) \times F_{max}}{X_{max} - X_{min}} \tag{3.6}$$

根据建立的评价指标体系，三级指标得分累加得到对应的二级指标得分，以此类推，一级指标得分累加得到综合指数得分。以上得出的评分及排名均为相对分值及相对排名。

3.6.2 粤港澳大湾区城市生态宜居评价指标

粤港澳大湾区城市生态宜居评价中所使用的数据来源包括广东省气象局地面观测资料、卫星遥感数据、广东省生态环境厅监测公报、广东省各地市统计公报等，其中由于香港、澳门数据获取受限制，未能收集得到香港、澳门所有指标数据。各三级指标的定义及计算规则如下。

(1)风环境

①轻微风天数：全年当中日平均风速为轻风(风速1.6～3.3 m/s)和微风(风速3.4～5.4 m/s)的天数。

②年静风频率：风速小于0.2 m/s静风发生的小时数之和占全年总小时数的百分比。

(2)热环境

①高温天数：全年当中日最高气温≥35.0 ℃的天数。

②热夜天数：全年当中日最低气温≥28.0 ℃的天数。

③低温天数：全年当中日最低气温≤5.0 ℃的天数。

④热岛强度：用卫星影像反演得到的地表温度来计算城市热岛强度：

$$I_i = T_i - \frac{1}{N}\sum_{j=1}^{N} T_{crop_j} \tag{3.7}$$

式中，I_i为图像上第i个像元所对应的热岛强度，单位为摄氏度(℃)；T_i为第i个像元的地表温度，单位为摄氏度(℃)；T_{crop_j}为郊区农田地区第j个像元的地表温度，单位为摄氏度(℃)；N为郊区农田地区所有有效像元的总个数，单位为个。根据热岛强度的不同等级，对每个等级所占面积百分比设定不同权重，进行综合集成，得到热岛强度面积百分比。

热岛强度面积百分比＝强热岛面积百分比×0.5＋较强热岛面积百分比×0.3＋弱热岛面积百分比×0.2

⑤人体舒适度：根据《人居环境气候舒适度评价》(GB/T 27963—2011)计算全年当中温湿指数或风效指数为“舒适”“寒冷”“闷热”级别的天数。

(3)空气质量

①达标天数：全年当中空气质量指数(AQI)≤100的天数。

②重度或严重污染天数：全年当中空气质量指数(AQI)>200的天数。

③环境空气综合质量指数：省生态环境厅公布的年度环境空气综合质量指数，综合考虑了SO_2、NO_2、PM_{10}、$PM_{2.5}$、CO、O_3六项污染物的污染情况。

（4）生态调节

①植被指数：归一化植被指数NDVI，数据来源于卫星遥感MODIS NDVI月合成产品。

②森林覆盖率：评价区域内单位森林面积与土地总面积的百分比，数据来源于各地市统计年鉴、统计公报等。

③水环境指数：评价区域内水域面积占被评价区域面积的比重，数据来源于省自然资源厅调查数据。

④水质达标率：全省60个跨地级以上城市河流交接断面的水质达标率，数据来源于省生态环境厅。

（5）灾害性天气

①台风预警时数：根据不同等级台风预警信号的影响程度，对每个等级台风预警信号悬挂的小时数设定不同权重，得到综合集成的台风预警时数。

台风预警时数＝台风红色预警信号时数×0.5＋台风橙色预警信号时数×0.3＋台风黄色预警信号时数×0.15＋台风蓝色预警信号时数×0.05

②暴雨天数：根据不同等级降雨量的影响程度，对每个等级降雨量出现的天数设定不同权重，得到综合集成的暴雨天数。

暴雨天数＝“特大暴雨”天数×0.5＋“大暴雨”天数×0.3＋“暴雨”天数×0.2

③强对流天气：全年当中出现强降水的小时数、出现冰雹的天数、出现龙卷的天数。

④灰霾天数：全年当中出现霾天气的天数。

⑤雷电次数：全年闪电定位系统监测到地闪的总闪数。

3.6.3 粤港澳大湾区城市生态宜居评价结果

基于气象观测数据、卫星遥感资料、监测公报、统计年鉴等对粤港澳大湾区城市区域2016—2018年进行生态宜居评价。其中，由于香港、澳门数据获取受限制的原因，当前评价结果仅包含广东省范围内9个地市的排名分析。

2016—2018年粤港澳大湾区9个地市（未含香港、澳门）生态宜居综合指数（图3.49）维持最优的是惠州市和珠海市，连续3 a排名均为第一、第二名。其次，生态宜居综合指数较好且排名较为稳定的是东莞市、江门市、肇庆市，连续3 a均在第三至第六名之间。生态宜居综合指数较低的是广州市、佛山市，在粤港澳大湾区9个地市中排名靠后。另外，2016—2018年深圳市生态宜居综合指数提高明显，2018年跻身前三名；中山市生态宜居综合指数下降较为明显，跌至粤港澳大湾区9个地市的末尾。

3.7 本章小结

本章从粤港澳大湾区城市群生态气象观测布局、空气质量变化特征及气象归因、空气质量预报业务和突发污染应急风险应对服务、生态系统碳源汇监测评估、城市热岛效应时空格局及影响因素等方面对粤港澳大湾区城市群生态气象进行了介绍。

（1）目前广东省已建立环境气象观测站网，共建成了4个大气成分观测试验基地，布设了

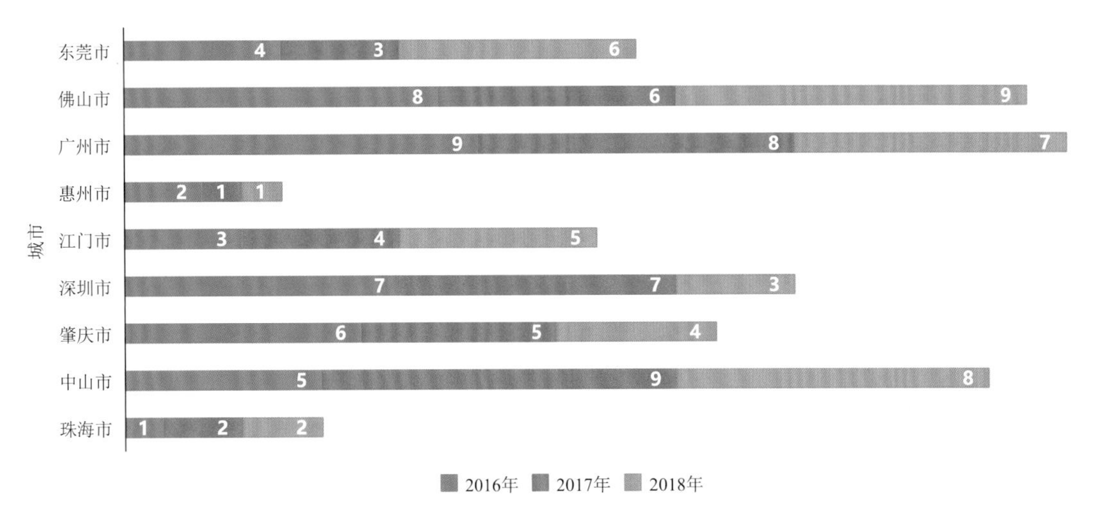

图3.49 2016—2018年粤港澳大湾区9个地市生态宜居综合指数排名名次

86个国家自动气象站、35个颗粒物观测站、13台气溶胶激光雷达、3台臭氧激光雷达、22台风廓线雷达、2台微波辐射计和1台温湿廓线激光雷达，提供了较为详尽的近地面环境气象观测基础数据。

(2)近年广东省$PM_{2.5}$浓度持续下降，臭氧污染日益凸显，以臭氧为首要空气污染物的天数占比逐年上升。采用WRF-CAMx模式，通过改变气象场输入对气象条件贡献进行量化，与2016年相比，2017年秋季珠三角O_3污染浓度显著上升22.7%，不利气象条件导致O_3浓度上升的平均贡献率为29.8%，而排放的变化引起O_3浓度下降的平均贡献率为7.1%。

(3)基于GRAPES气象模式、排放源模式和大气化学模式建立了大气化学模式预报系统和污染气象条件预报产品，并以环境气象观测、预报、评估等产品为基础搭建了华南区域环境气象业务平台和精细化预报平台，开展空气质量预报业务。针对突发大气污染事件，基于GRAPES模式和污染扩散模型搭建广东省大气污染扩散应急响应模型，模型可在2 min内给出大气污染物未来48 h内逐小时扩散及沉降浓度，可为突发大气污染事件应急处置提供科学依据。

(4)基于2003—2009年SCIAMACHY卫星资料分析了广东省CO_2柱浓度特征，表明对流层CO_2最高值出现在春季，最低值出现在夏季，浓度年均值和年增长率分别为384.84×10^{-6}和1.53×10^{-6}/a；粤东、粤西、粤北和珠三角地区的浓度均在春、冬季显著高于夏季、秋季，相同季节内各区域之间的差异不显著。利用CT-2010模式进行了典型CO_2过程模拟，表明在典型高、低浓度CO_2过程中，以广州为中心的珠三角区域始终为CO_2浓度高值区，在典型高浓度CO_2过程中，珠三角和粤北区域的CO_2浓度上升最明显，而粤东和粤西地区的CO_2浓度变化较小。CO_2浓度的这些变化主要受到了风场、下垫面植被、相对湿度及气温等因子的显著影响。

(5)基于多种卫星遥感资料，定量分析粤港澳大湾区城市热岛的时空分布特征，利用多元回归方法，综合探讨了城市热岛的驱动因素。2003—2018年粤港澳大湾区城市热岛效应显著增强，热岛强度年增长0.05 ℃，热岛区面积年增长0.18%；城市热岛具有明显的季节变化规律，夏季热岛强度最强且热岛区面积最大，冬季热岛强度最弱但热岛区面积仅次于夏季。海拔对城市热岛影响最为显著，其次是灯光指数、归一化植被指数，再次是气溶胶光学厚度，其中灯光指数为正向驱动因素，其余均为负向驱动因素。

(6)选取风环境、热环境、空气质量、植被和水的生态调节、灾害性天气五大类23个指标构建城市生态宜居评价指标体系，对2016—2018年粤港澳大湾区9个地市(未含香港、澳门)开展生态宜居评价，维持最优的是惠州市和珠海市，连续3 a排名均为第一、第二名，广州市和佛山市排名靠后。

第4章 华南海岸带生态气象

华南海岸带濒临南海，既是季风系统影响我国天气气候的水汽通道，又是台风及其次生灾害频发地区，在局地气候变化中扮演重要的角色。海洋过度吸收二氧化碳，会引发海水酸化，也对海洋和海岸带生态系统造成破坏。为了更好地保护华南海岸带生态系统，本章从华南海岸带生态气象的观测、海-陆-气界面通量特征、海岸带生态遥感监测、海岸带主要生态气象灾害监测和预报等方面进行阐述。

4.1 华南海岸带生态气象观测布局

4.1.1 华南海岸带生态气象观测布局

华南海岸带生态气象观测网以广东省气象业务观测网络、中国气象局南海（博贺）海洋气象野外科学试验基地、珠江三角洲大气成分野外科学试验基地为主要载体，开展广东沿海的大气环境和海洋环境监测，重点关注海岸带海-陆-气界面动量、热量和 CO_2 等通量、近海海洋环境和海岸带灾害性天气系统的监测预警，以及粤港澳大湾区气溶胶、灰霾等城市群大气环境要素监测预警。在广东沿海地区截至2016年建成了由沿海8部雷达和49个海洋气象站、8个石油平台自动站、4个大型海上浮标站（茂名、东莞、汕尾和汕头浮标站）组成的气象业务观测网络。在广东省茂名市电白区博贺港，建立了中国气象局南海（博贺）海洋气象野外科学试验基地，实现海岸带生态气象观测；并建立了覆盖珠江三角洲的大气成分野外科学试验基地。

4.1.2 海岸带海洋气象基地建设

华南海岸带海洋气象基地一直以来是广东省气象局观测系统布局一个重要的组成部分，以位于广东省茂名博贺港的南海海洋气象野外科学试验基地为主要代表。基地位于广东省茂名市电白区，所在地区雨量充沛，日照充足，属于热带季风气候。图4.1是试验基地布局示意图，由海上观测平台、峙仔岛上的100 m铁塔和岸基观测站三部分组成（陈蓉 等，2011；毕雪岩，2015）。

4.1.2.1 海上综合观测平台

海上综合观测平台（图4.2a）是我国建设的首个离岸海洋气象综合观测平台，距离海岸约6.5 km，观测平台总高度53 m。观测平台采用自重式设计，通过海底电缆提供电力保障和数据传输，主要用于大气边界层与海洋边界层过程及其相互作用过程的观测；并可根据不同学科

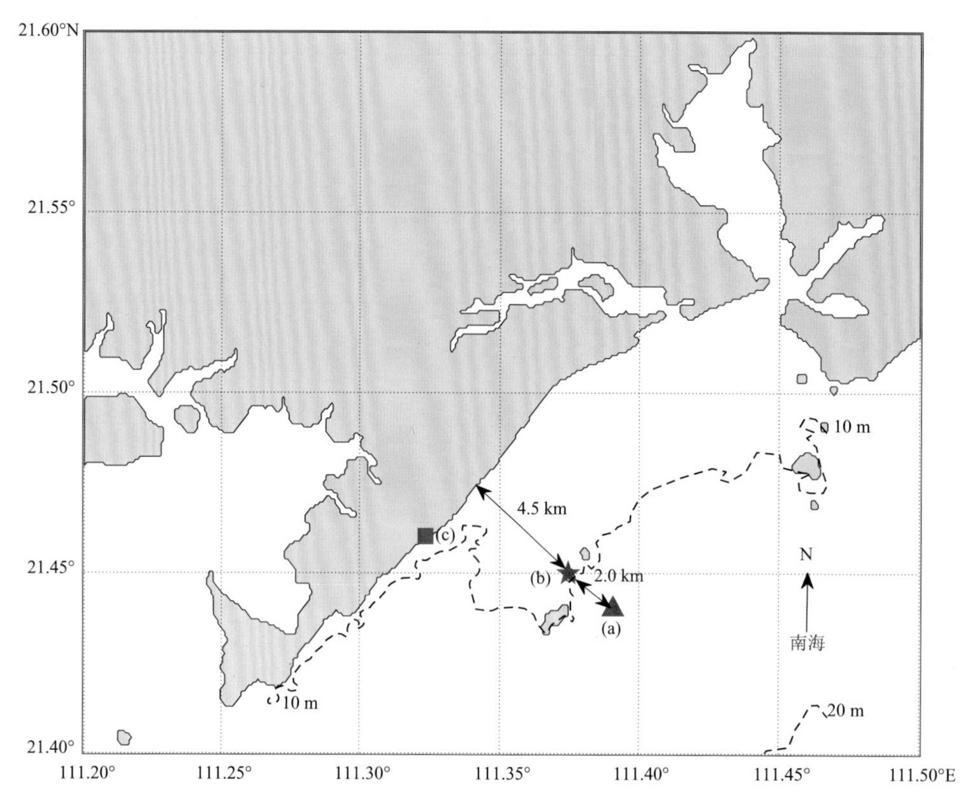

图 4.1 博贺海洋气象野外科学试验基地布局图。(a)海上观测平台(▲);(b)峙仔岛上 100 m 铁塔(★);(c)岸基观测站(■)。图上显示了试验基地附近的 10 m 和 20 m 水深等值线(Bi et al.,2015)

的需求,搭载其他观测设备。分别在距离主平台面的高度 2.4、5.4、9.0、11.4、16.3、20.3 和 24.1 m 安装仪器。观测项目包括:两套涡动相关观测系统(分别距离主平台面 16.3 和 24.1 m)、五套风温湿梯度观测系统(分别距离平台面 2.4、5.4、9.0、12.4 和 20.3 m)、红外遥感海表温度(距离平台面约 1 m)和雨量计。

4.1.2.2 岛上 100 m 铁塔

峙仔岛 100 m 铁塔(图 4.2b)和海上观测平台位于同一条海岸垂直线上,距离海岸约 5 km。观测塔采用拉线式设计,塔上观测仪器由太阳能板和蓄电池供电。观测项目包括:一套超声风温仪观测系统和风温湿梯度观测系统(风传感器 6 层 10、20、40、60、80、100 m;温、湿传感器 4 层 10、20、40、80 m)。观测项目包括:三维风、虚温脉动量以及风向、风速、温度、水汽等梯度。

4.1.2.3 岸基观测站

岸基观测站位于茂名市电白区电城镇海岸线上,主要开展大气边界层垂直结构、近地面气象要素观测和海洋环境要素观测(图 4.3)。大气边界层观测设备主要包括边界层风廓线雷达和微波辐射计等遥感观测设备以及全球定位系统(GPS)探空系统,可开展连续和高时空分辨率的海洋/陆地大气边界层风、温、湿垂直结构观测,其中 GPS 探空系统,可进行直接观测,验证遥感设备的准确性。近地面气象要素观测设备主要采用四分量辐射计、自动气象站、能见度仪、云高仪、全天空成像仪等观测设备,观测项目包括:向下、向上短波和长波辐射通量以及净

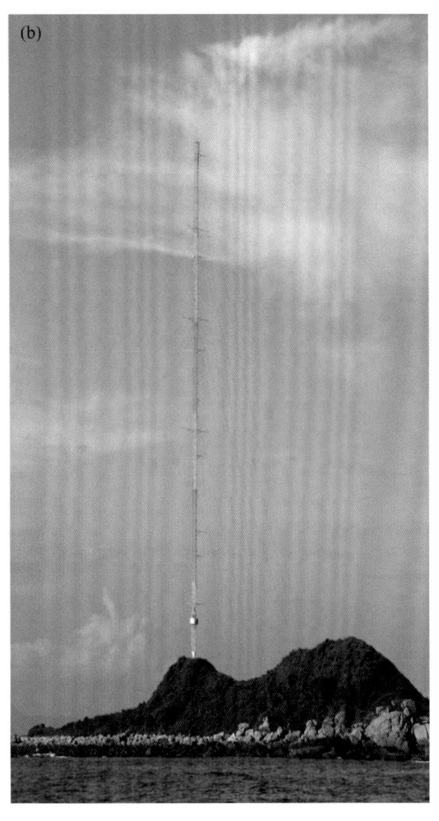

图 4.2　海上观测平台(a)和峙仔岛 100 m 铁塔(b)

辐射通量;大气能见度、风向、风速、气温、湿度、气压、降水等要素,及天气状况等。海洋环境要素观测主要采用测波浮标测量近岸海表温度和波高、波向、波周期等海洋环境要素。另外,为弥补浮标单点观测的不足,还采用测波雷达,以遥感手段探测近岸 5 km 范围内的波浪、表层流等海洋环境要素。

图 4.3　岸基观测站

4.1.3 海岸带环境气象观测系统建设

华南海岸带环境气象观测系统主要以珠江三角洲大气成分野外科学试验基地(以下简称“珠三角基地”)为代表(图 4.4)。该基地由广州番禺大气成分站(含:业务站和大气物理化学实验室)、珠三角大气成分观测站网,以及具有立体观测手段的人影作业飞机等观测平台所组成。目前观测项目包括气溶胶物理特性(质量浓度 PM_{10}/$PM_{2.5}$/PM_1、数浓度谱、吸收/散射/消光等光学特性、吸湿性/挥发性、云凝结核(CCN)、垂直廓线、气溶胶化学特性(水溶性离子成分、EC/OC、单粒子碳成分));气体特征分析(二氧化硫、二氧化氮、一氧化碳、臭氧、挥发性有机物(VOCs)、过氧乙酰硝酸酯(PAN)、温室气体);辐射特性(紫外总辐射、光化辐射谱、光解率);气象要素(能见度、风/温/湿/压)等方面。

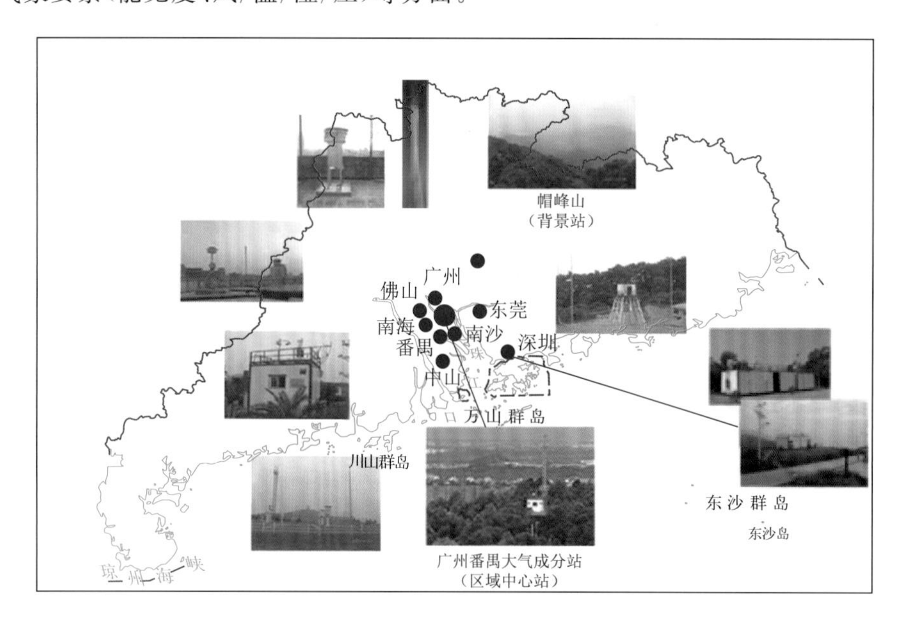

图 4.4 珠江三角洲大气成分野外科学试验基地

4.2 海岸带海-陆-气界面通量特征

4.2.1 数据来源及通量计算方法

海岸带海-陆-气界面通量特征研究资料主要来源于中国气象局南海(博贺)海洋气象科学试验基地开展的 2008—2020 年野外试验观测数据,包括不同高度的铁塔梯度观测数据和基于超声的高频湍流观测数据。

目前,基于观测资料计算界面通量常用方法有四种,包括涡动相关方法、惯性耗散法、通量廓线法和块体法等。涡动相关法是湍流通量的直接计算方法,在海-气界面各种湍流通量的测量得到了广泛应用,可以较为准确地对通量实现直接测量。惯性耗散法是基于柯尔莫哥洛夫湍流谱理论,利用高频脉动数据,由湍流能谱密度函数得到湍流动能耗散率,计算出湍流动量通量。通量廓线法是利用铁塔不同高度的风、温、湿等观测资料,采用通量廓线法可以计算获得动量通量、感热通量和潜热通量。块体通量法常用于数值模式中，最常用的是COARE算法(Coupled Ocean-Atmosphere Response Experiment version 3.0，全球海-气耦合试验通量参数化算法)，是Fairall等(2003)基于TOGA-COARE试验(Tropical Ocean Global Atmosphere Program's Coupled Ocean Atmosphere Response Experiment，热带海洋全球大气计划-耦合海洋大气反馈试验)的观测数据研发的海面湍流通量算法。

4.2.1.1 涡动相关系统观测数据质量控制及处理

利用涡动相关系统观测数据计算湍流通量时，仪器安装和观测过程中的不确定性会造成湍流通量计算误差，对原始的高频湍流脉动数据进行预处理，通过"野点"剔除，坐标旋转和去倾，获取湍流脉动值和平均量(Foken et al.，2005；Oh et al.，2010；赵中阔 等，2011a)。另外，由于CO_2/H_2O脉动分析仪观测数据存在时间延迟(图4.5)，需要进行延迟时间订正，订正后两者的相位角几乎不随频率改变。赵中阔等(2011a)研究提出，频率损失订正系数随风速的变化存在较大波动，平均可使各种湍流通量增强5%～8%，夜晚的订正幅度稍大于白天的情况。

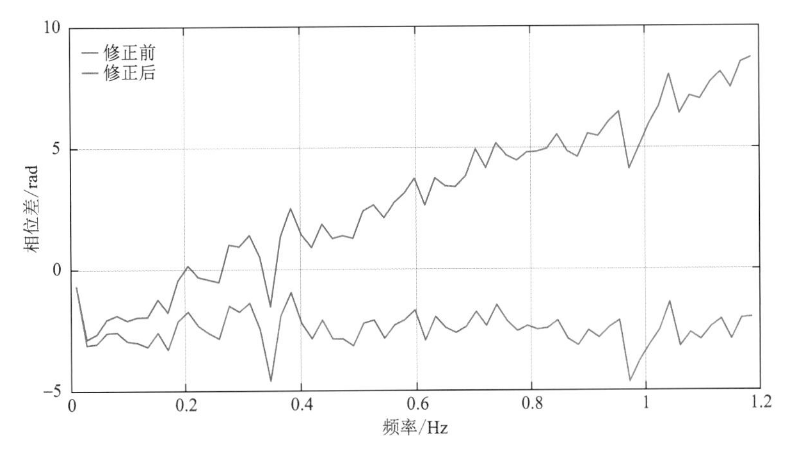

图4.5 垂直速度和水汽之间的相位差(Pa)随频率的变化
(蓝色线和紫红色线分别是时间延迟订正前和时间延迟订正后的结果)

4.2.1.2 湍流通量修正

采用涡动相关系统观测的10 Hz三维风速、超声虚温、水汽密度和CO_2密度计算得到动量通量、感热通量、潜热通量和CO_2通量，根据前人的工作(Donelan，1990；Vickers et al.，1997；Van Dijk et al.，2004)，对湍流通量需要进行科氏力修正、感热通量的声学虚温修正和潜热通量和CO_2通量的Webb修正(空气密度脉动修正)。这些修正项带来湍流通量变化不同。科氏力修正对摩擦速度的影响随着风速的增加而减小，当10 m高度平均风小于15 m/s，科氏力修正项使得动量通量增加3%～10%；当平均风大于15 m/s，科氏力修正使得动量通量增加大约2%。对于感热通量的声学虚温修正来说，当10 m高度平均风小于5 m/s时，声学虚温修正对感热通量修正量约3%，修正量随着风速的增加而减小，10 m高度平均风大于15 m/s时，该修正引起感热通量的变化小于2%。当平均风小于15 m/s时，Webb修正使潜热通量增加约4%，使CO_2通量减少约20%。对于潜热通量还是CO_2通量，Webb修正的影响均是随着风速的增加而减小，当10 m高度平均风大于15 m/s时，Webb修正对通量影响很小(毕雪岩，2015)。

4.2.2 中低风速通量特征

4.2.2.1 华南沿海海雾过程湍流及通量特征

海雾过程是低风速情况非常具有代表性的天气过程。基于 2006 年 3 月 5 日—5 月 29 日在珠江口的海雾观测试验数据(黄菲 等,2011),发现该区域春季大气层结呈中性或近中性状态,强稳定或者强不稳定天气过程较少;摩擦速度不仅和稳定度有关,而且随平均风速呈线性增加,地形引起的扰动对它的离散性影响较大;无因次风速方差满足相似规律并符合"1/3"次方定律(图 4.6)。湍流强度在风速达到 4～6 m/s 时最弱,且变化不明显,在自由对流状态(风速小于 2 m/s)时湍流发展最旺盛;风速大于 6 m/s 时随风速增大略有增加,水平分量比垂向分量的增幅明显(图 4.7)。海面空气动力粗糙度在距离海面 10 m 高处风速为 3.0 m/s 时最小,其与风速成二次曲线关系;中性或近中性条件下拖曳系数平均值为 1.180×10^{-3},与风速的关系在小于 4 m/s 和大于 4 m/s 时不同,且有不同的拟合关系式。利用广州茂名 2008 年 5 月—2009 年 8 月期间三维湍流观测资料,研究不同风向下湍流参数随风速等的分布特征,发现不同气流来向对华南海岸带局地湍流特性造成较大差别(蒋迪 等,2013),同时发现拖曳系数与大气稳定度存在较密切关系,大气层结越偏向中性,拖曳系数越大,动量通量输送越强。

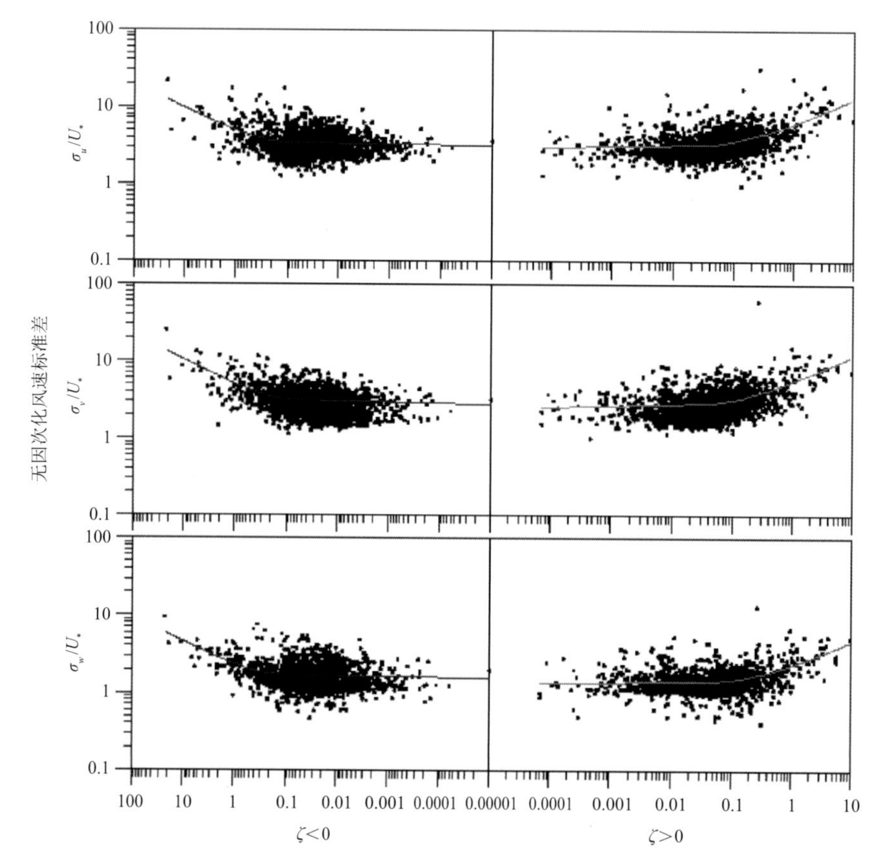

图 4.6 无因次风速方差随大气稳定度 ζ 的变化关系
(σ_u、σ_v、σ_w 分别是 u、v、w 三个风速的标准差,U_* 为摩擦速度)

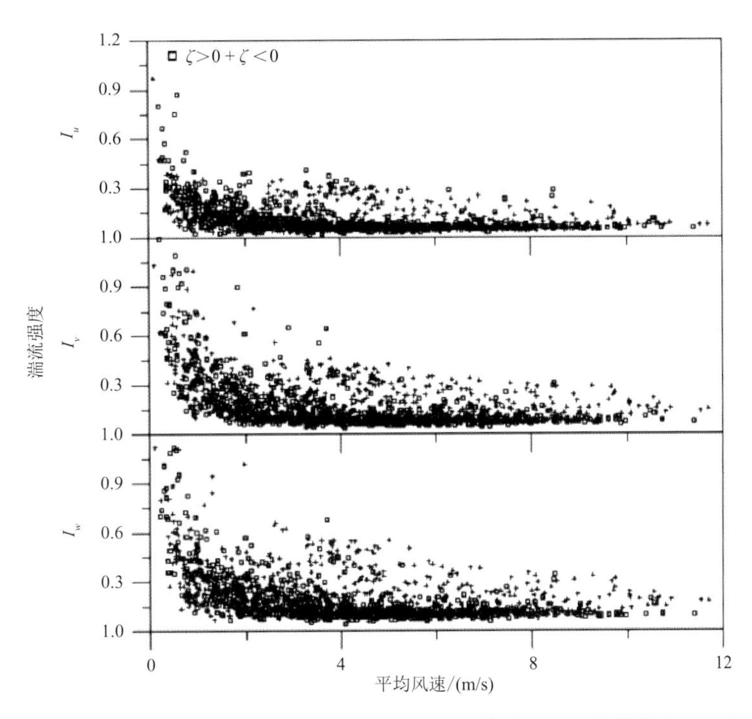

图 4.7　湍流强度(I)随风速的变化关系("+"代表 $\zeta<0$;"□"代表 $\zeta>0$)

基于2007年3月24—25日华南海雾过程观测数据(黄健 等,2010),发现整个海雾生消过程中湍流热量通量主要体现为负的热通量大气向海洋输送,其最大值约为0.02 W/m^2(图4.8)。在形成阶段,湍流热通量均为稳定的负热通量,热量由空气向海面输送,并且随能见度降低,热量输送逐渐减小。在发展/维持阶段,初期的湍流热通量较小,但也是明显地向下输送。到了21时左右出现一次短暂的强向下输送;25日00时开始出现第二次强向下热量输送,持续4 h。在发展/维持阶段的后期,即25日05时以后,湍流热通量值小幅波动,但仍以负湍流热通量为主。在雾的消散阶段,湍流热通量变化不大,也以弱向下输送为主。当25日00—04时出现强热量输送时,气温随之显著上升,相对湿度略有增加;25日04时热量输送减弱后,气温也随之下降,气温变化略滞后于热通量,相对湿度有所下降;对应风速风向也有明显的变化(图4.9)。

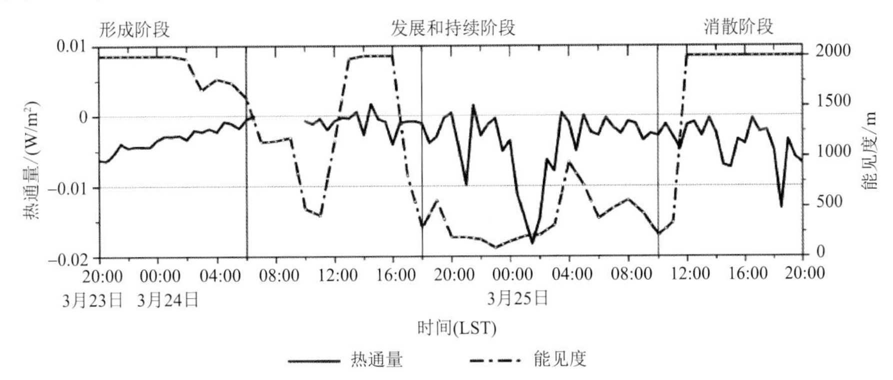

图 4.8　海雾形成阶段、发展和持续阶段、消散阶段的能见度(虚线)和热通量(实线)的变化

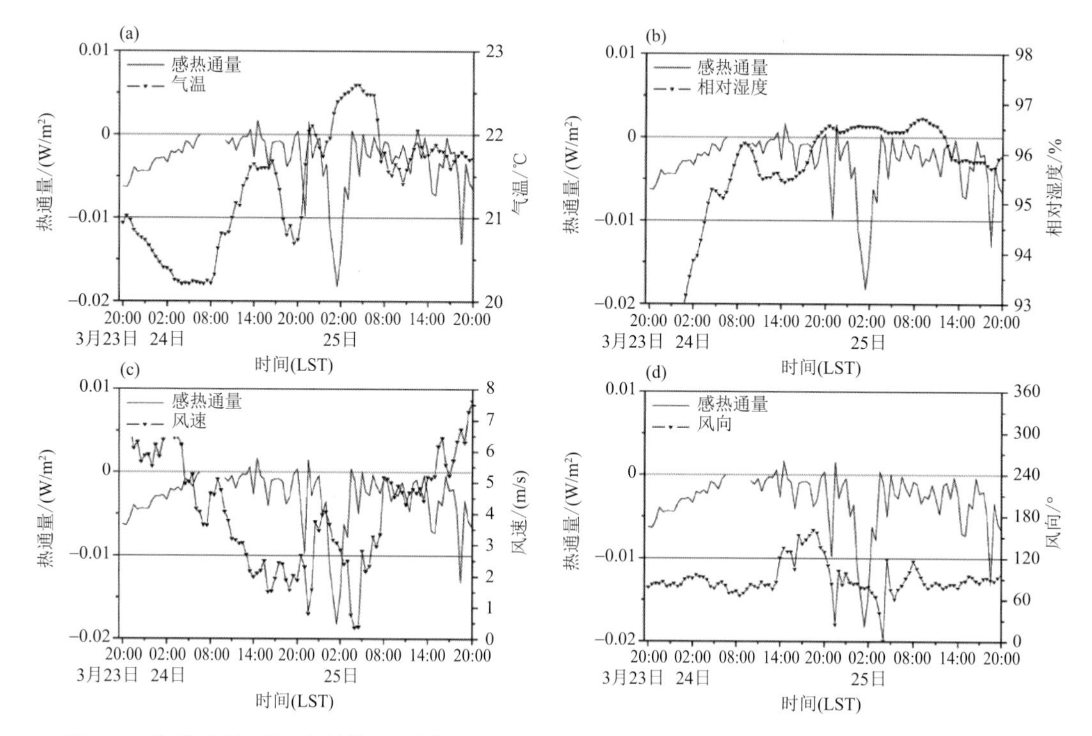

图 4.9 海雾过程气温(点划线)和感热通量(实线)(a)、相对湿度(点划线)和感热通量(实线)(b)、风速(点划线)和感热通量(实线)(c)、风向(点划线)和感热通量(实线)(d)的时间序列

4.2.2.2 春季华南海岸带海-气热通量特征

根据 2006 年 3—5 月珠江口外场观测试验获取的数据,计算了华南海岸带地区近地面层的热通量(潜热和感热通量),分析了春季海面净辐射和净热通量演变特征与能量收支(马应生等,2012)。分析 3—5 月日平均与 10 d 滑动平均的潜热、感热、气温和比湿以及半小时平均的海面获得的净辐射和净热通量,发现日平均潜热通量明显大于感热,最大日平均潜热通量达到 200 W/m^2;且在春季热通量逐月增大,其在 5 月的增幅比前两个月更加明显,热通量以潜热为主。为了更加清晰、定量地了解冷空气过程对热通量交换的影响,类似于 Blanken 等(2003)将日平均潜热大于或等于 10 d 滑动平均值 1.5 倍的过程,定义为一个"脉冲"过程。本次观测期内 2006 年 3 月 13—14 日、4 月 13—16 日和 5 月 14—15 日 3 个时段为 3 个较强冷空气侵袭过程(图 4.10),引起的水汽蒸发、感热巨变的"脉冲"过程对热通量有较大的影响。在冷空气入侵的过程中海面净辐射和净热通量从 3—4 月有一个较大的增幅,春季该海域储存在海洋中的热量在 4 月是最多的(图 4.11)。在各月或者季节平均的日变化中,各通量在相同时次的量值都逐月增大;海面净辐射与净热通量基本同步变化,都呈单峰型(图 4.12)。

4.2.2.3 华南海岸带海-气界面 CO_2 通量特征

利用博贺海洋气象野外试验基地的海上综合观测平台 2010 年 9 月—2012 年 9 月的观测数据,分析了华南海岸带海-气界面 CO_2 通量数据(李水清 等,2014)。由 2011 年 9 月—2012 年 9 月海上综合观测平台海-气界面 CO_2 通量和 10 m 风速变化(图 4.13),发现日平均海-气界面 CO_2 通量的变化范围−0.5~0.4 mg/(m^2 · s)间变化,且海-气界面 CO_2 通量呈季节变化规律,

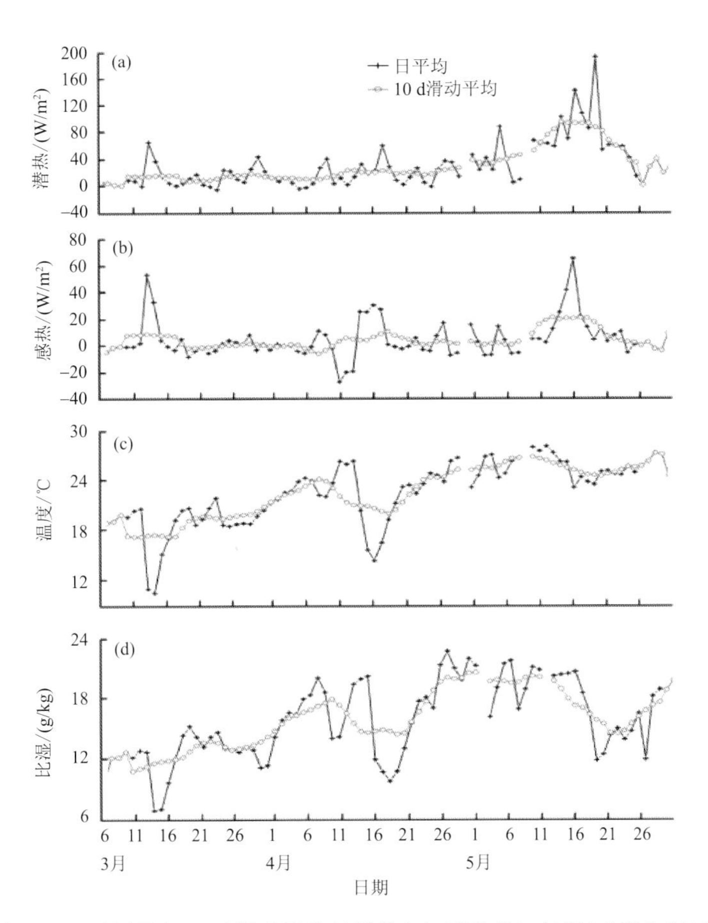

图 4.10 日平均与 10 d 滑动平均的潜热(a)、感热(b)、气温(c)和比湿(d)

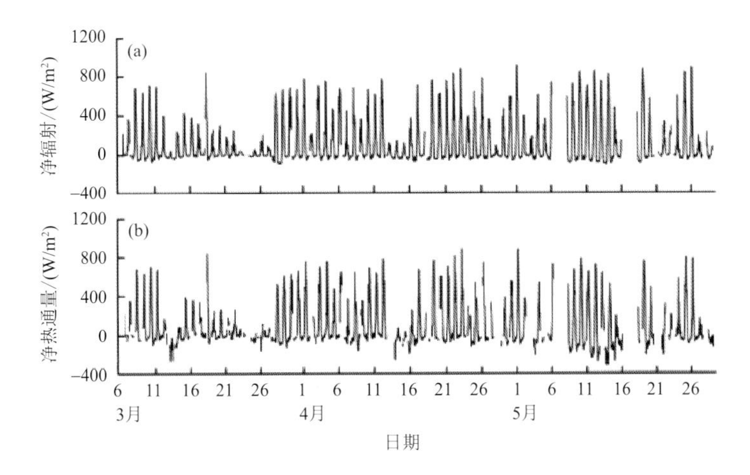

图 4.11 半小时平均的海面获得的净辐射(a)和净热通量(b)的时间序列

在秋季 11 月通量绝对值出现极值。平均来看，海-气界面 CO_2 通量为负值，即 CO_2 由大气进入海水且，秋冬季通量绝对值较大，海水表现为 CO_2 的一个强汇；对应风速 14 m/s 以下，风速的日平均化在 3～8 m/s。由海-气界面 CO_2 通量随 10 m 风速的变化(图 4.14)，发现随着风速的

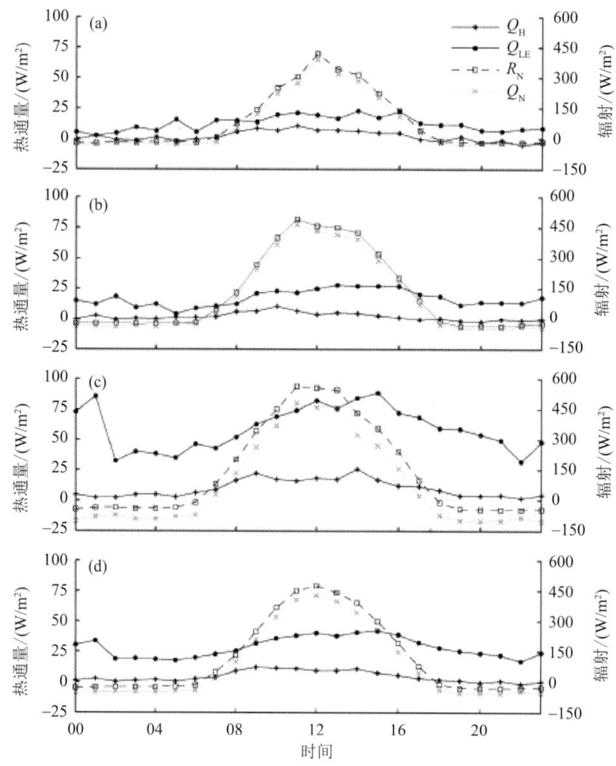

图 4.12 各月热通量、海面净辐射和净热通量的日变化

((a)3 月;(b)4 月;(c)5 月;(d)季节平均。Q_H、Q_{LE}、R_N 和 Q_N 分别代表感热通量、潜热通量、净辐射通量和净热通量)

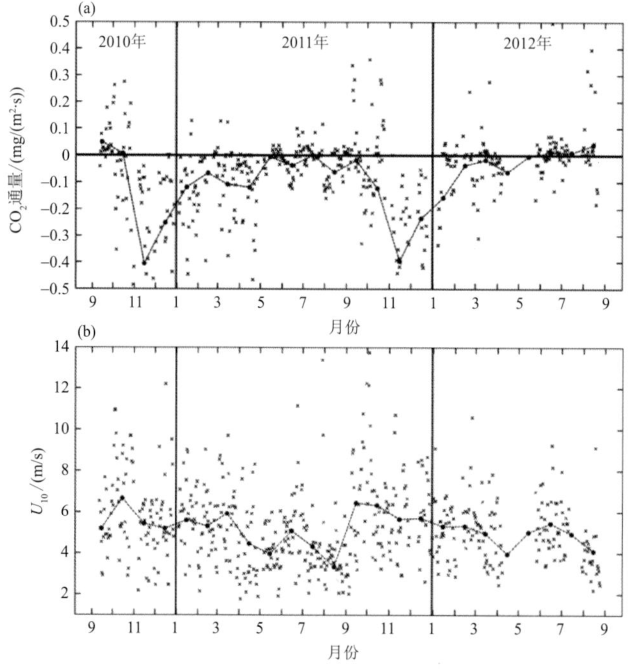

图 4.13 2011 年 9 月—2012 年 9 月海上综合观测平台海-气界面 CO_2 通量(a)和 10 m 风速(U_{10},b)

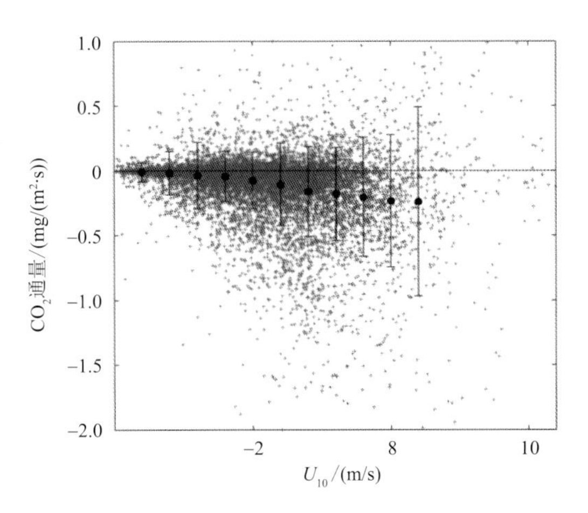

图4.14　2011年9月—2012年9月海上综合观测平台海-气界面CO_2通量随10 m风速的变化

增大，通量绝对值有逐渐增大的趋势，风速和CO_2通量大小的相关系数为36%，因此，风速对CO_2通量强度有明显的贡献。由海-气界面CO_2通量随海水近表层温度与气温之差(ΔT)的变化趋势(图4.15)，当$\Delta T<0$时，海洋边界层处于稳定状态，抑制了穿越海-气界面的湍流交换，使得此时通量绝对值较小，随着ΔT的增大，海洋边界层变得不稳定状态，促进海-气界面湍流交换，ΔT与CO_2通量大小的相关系数约为29%，说明海上大气稳定性对CO_2通量强度有明显的贡献。

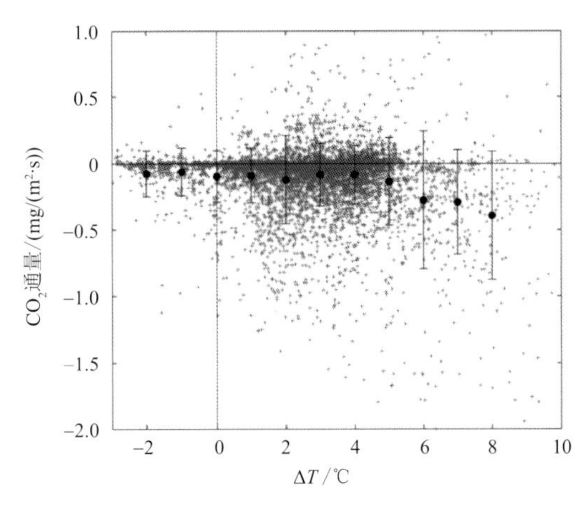

图4.15　2011年9月—2012年9月海上综合观测平台海-气界面CO_2通量随海表水温和气温之差的变化

4.2.3　强风速通量特征

台风与海面之间的动量交换，一方面对台风强度、路径产生显著影响，另一方面产生巨浪和风暴潮等，决定着海洋动力状态，因此，动量交换是台风海-气相互作用的重要物理过程。大气-海洋是通过动态界面-海面重力波(即海浪)实现动力耦合、动量传输过程，因此，海浪在海-气界面通量交换过程中担任重要的角色。过去的大量观测结果表明，中性大气层结条件下10 m

风速在 5～25 m/s 之间，C_D（拖曳系数）随 U_{10}（10 m 风速）的增加呈近似线性增大，而当风速继续超过 30 m/s，实验室风浪槽试验数据和风-浪耦合模式数值试验结果显示，C_D 呈饱和态势或轻微减小，而大多数海洋实况数据显示 C_D 呈显著减小。近来的数值模拟结果表明，实验室和外场观测结果之间的这种差异是由波浪生长状态的不同造成。如前所述，海-气动量传输过程与海面波浪状态密切相关。基于中国气象局广州热带海洋气象研究所在南海浅水区的博贺海洋气象平台，利用登陆台风环境中的近海面多层平均风速和湍流风速测量值，研究了登陆台风环境中海-气动量传输特征（赵中阔 等，2011b；Zhao et al.，2013，2015；Bi et al，2015）。

Zhao 等（2015）基于南海（博贺）海洋气象野外科学试验基地台风影响期间的观测数据，发现基地所在区域代表的南海浅水区海-气摩擦速度在 $U_{10}\approx 29.3$ m/s 达到极大值约 1.7 m/s；拖曳系数到达峰值时的风速为 24 m/s，这个值比深水区的结果低 5～15 m/s，当风速大于 24 m/s 后，拖曳系数饱和甚至减少（图 4.16）。

在上述研究基础上，对比分析了不同海域、不同水深条件下海-气动量通量和拖曳系数，提出了依赖水深和风速两个物理量的拖曳系数参数化方案，Zhao 等（2015）在全球/区域同化和预报系统（GRAPES）台风模式中对此新参数化进行了个例检验，结果表明，新的方案对台风路径、近地面风速的预报有正效果。

Bi 等（2015）通过对台风风速下涡动相关法、惯性耗散法和通量-廓线法计算得到的海-气动量通量对比分析（图 4.17），同样得到了拖曳系数与风速的依赖关系，提出了在 10 m 高度风速

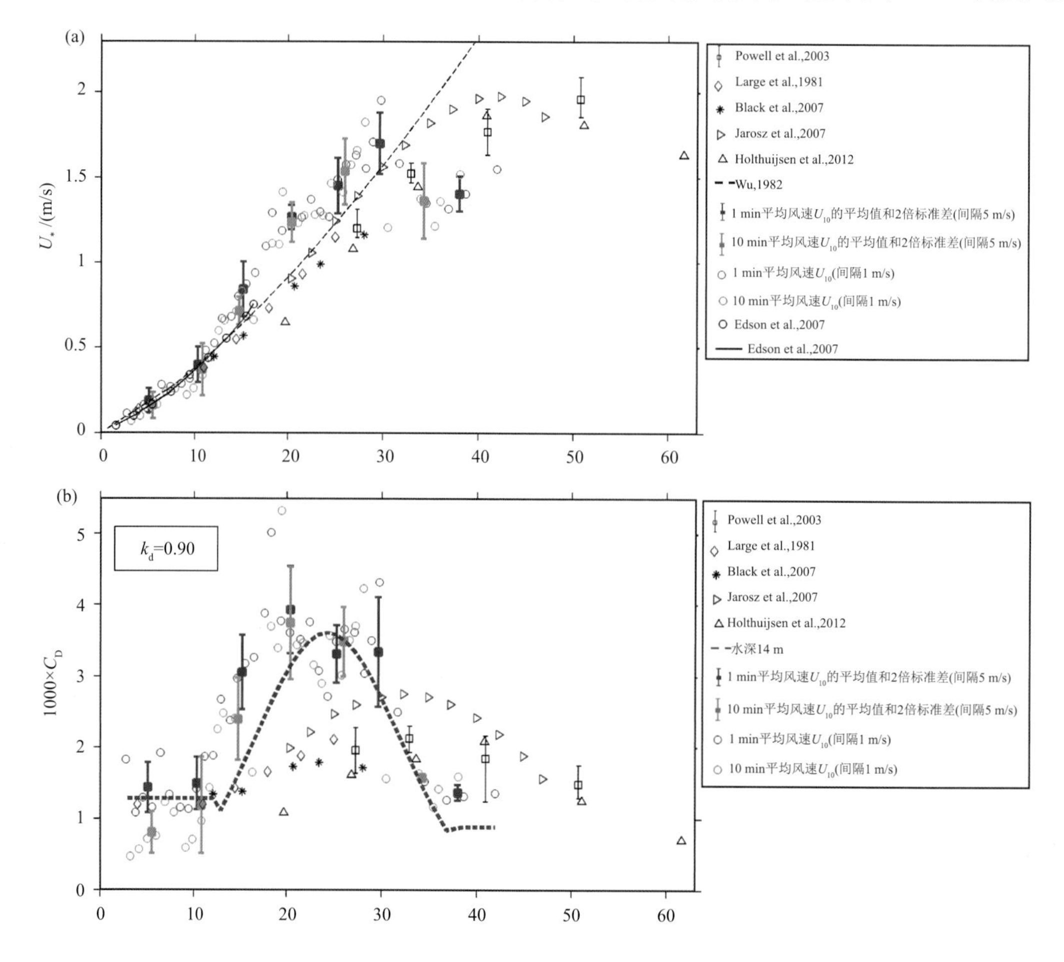

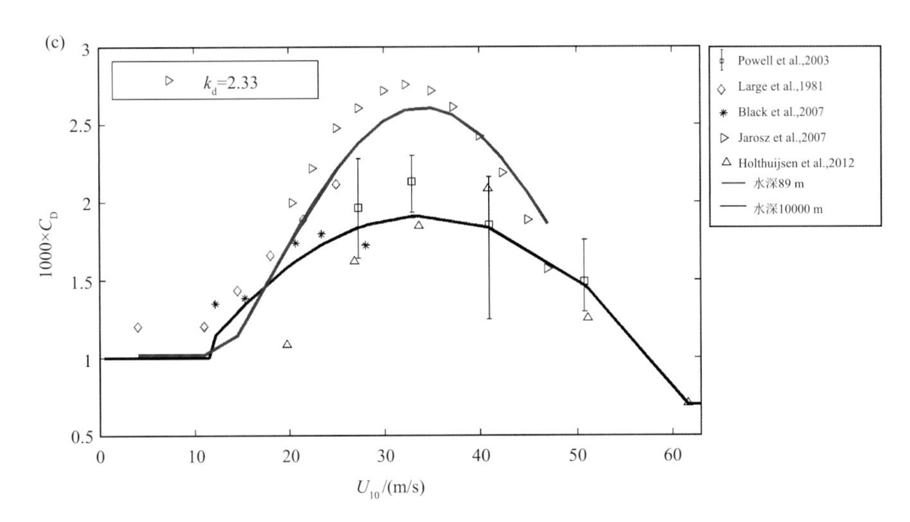

图 4.16 (a)摩擦速度(U_*)和 10 m 风速(U_{10})关系;(b)大陆架不同水深的拖曳系数(C_D)和 10 m 风速(U_{10})关系;(c)开阔海洋不同水深的拖曳系数(C_D)和 10 m 风速(U_{10})关系

(k_d 为无量纲水深,U_{10} 为 10 m 风速,Edson 等(2007)水深 15 m、Large 等(1981)水深 59 m、Jarosz 等(2007)水深 69～89 m,Wu(1982)、Powell 等(2003)、Black 等(2007)、Holthuijsen 等(2012)针对开阔海洋,图中没有标注作者的为 Zhao 等(2015)的工作)

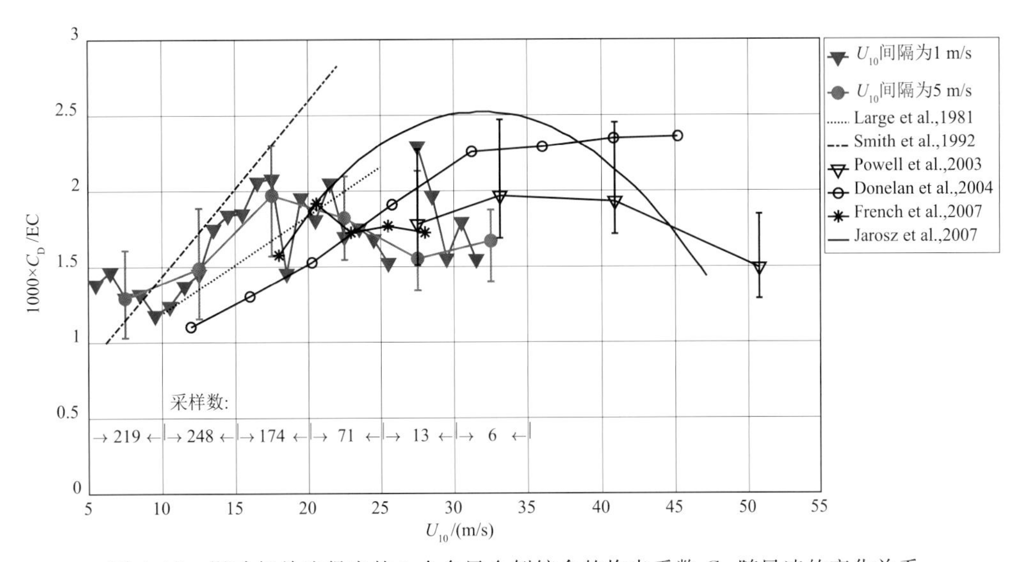

图 4.17 涡动相关法得出的 5 个台风个例综合的拖曳系数 C_D 随风速的变化关系

为约 18 m/s 时,拖曳系数达到最大值,与 Zhao 等(2015)的研究成果虽有差别,更进一步地说明浅水区的拖曳系数达到峰值对应的风速明显小于深水区。

2008—2014 年期间,博贺基地共观测到 10 个台风个例(2008 年“黑格比”(Hagupit)、2009 年“巨爵”(Koppu)、“莫拉菲”(Molave)和“天鹅”(Goni)、2010 年“灿都”(Chanthu)、2011 年的“洛坦”(Nockten)和“纳沙”(Nesat)、2012 年的“启德”(Kaitak)以及 2014 年的“威马逊”(Rammasun)和“海鸥”(Kalmaegi))和多个冷空气过程。针对台风过程和冷空气过程的湍流通量的变化特征分析,发现两种天气过程各气象要素变化及湍流传输过程存在显著差异。台风过程中，随着台风逼近，风速增加，风向随之有规律地改变，气压和气温降低，动量通量增加；台风“纳沙”和“威尔逊”期间，在台风右前象限，大气向海面输送感热和潜热，在台风右后象限，海面向大气输送感热和潜热。而冷空气过程都是海面向大气输送感热和潜热，感热通量远大于台风过程的值。冷空气过程中随着风速的增加，温度和比湿降低，气压增加（图 4.18）。总体上，湍流通量值和风速同步变化（毕雪岩，2015）。

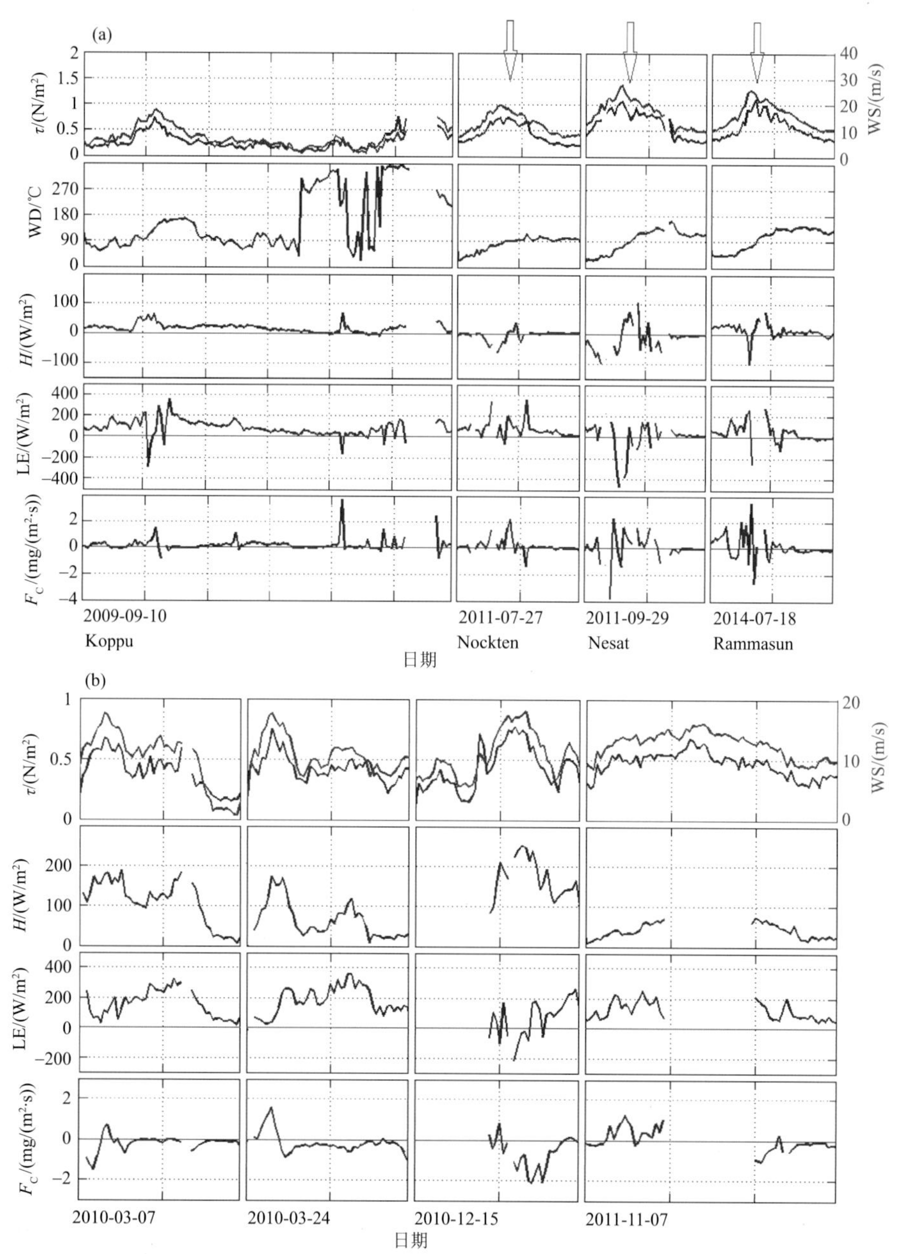

图 4.18　台风(a)和冷空气(b)期间，海面 23.4 m 高度的动量通量(τ)、风速(WS)、风向(WD)、感热通量(H)、潜热通量(LE)和 CO_2 通量(F_C)的小时均值时间序列。台风象限转换的时间点(⇩)
(a)2009 年台风“巨爵”(Koppu)、2011 年台风“洛坦”(Nock-ten)和“纳沙”(Nesat)、2014 年台风“威马逊”(Rammasun)；(b)冷空气过程

4.3 海岸带生态遥感监测

4.3.1 数据来源

传统海洋观测主要依靠海洋观测站、浮标以及船舶测量，具有覆盖范围小、数据获取量不足的缺点。随着卫星技术的迅猛发展，卫星遥感具有数据覆盖面广、获取时效快以及观测密度高的优势，已经成为全球海洋及海岸带监测的主要数据源。海岸带生态遥感监测的数据主要来自我国风云三号气象卫星数据 FY-3C/VIRR（可见光红外扫描辐射计）、FY-3D/MERSI（中分辨率光谱成像仪）、美国 EOS/MODIS、SNPP/VIIRS（可见光红外成像辐射仪）以及欧洲 Sentinel 等卫星数据，本部分内容所使用应用案例资料主要来自《广东省生态遥感年报》的部分章节内容。

4.3.2 海岸带生态遥感监测方法

4.3.2.1 海洋悬浮物浓度

悬浮物（Suspended Solids）指悬浮在水中的固体物质，包括不溶于水中的无机物、有机物及泥沙、黏土、微生物等，水中悬浮物含量是衡量水污染程度的指标之一。悬浮物浓度（Suspended Solids Concentration，SSC）一般是指单位水体中可以用滤纸截留的物质的量（翟世奎等，2005），直接影响海水的透明度、粗糙度和介电常数等，是海洋水质监测的重要参数。悬浮物是入海径流中的重要陆源物质，它携带了丰富的养分和污染物质，一方面成为藻类的生存基础，另一方面通过改变水质、水色等生态环境，影响水生生物的生存环境（陈晓玲 等，2005）。

悬浮物随流域自然环境和人为活动的不同而呈现出动态变化，并与海岸带潮汐、风浪等共同作用，对河口岸滩地貌也带来显著的影响。河口区域水动力作用强烈，悬浮物在海岸带水域的空间分布可以大致表明河流淡水和陆源物质的可达范围，成为河口海岸地区水流运动的自然示踪物质。

利用遥感方式获取水体悬浮物浓度，通常通过建立观测数据与遥感反射率的拟合模型来反演得到定量水体悬浮物浓度，主要有线性模型、对数模型、Gordon 模型（戈登模型）、负指数模型等（刘汾汾 等，2009）。虽然悬浮物浓度反演模型的形式具有多样性，但其基础是悬浮物对遥感反射率的光谱响应特征，如 Tang 等（2004）针对我国黄东海二类水体区域提出的悬浮物浓度的算法如下：

$$\log\mathrm{TSM} = c_0 + c_1 \times R_{rs555}/R_{rs670} + c_2 \times R_{rs490}/R_{rs555} \tag{4.1}$$

式中，c_i是拟合系数，R_{rs}表示相应波段的遥感反射率。

遥感反射率是在对卫星观测数据辐射定标后再进行大气校正处理获得的更为真实的水体反射率。海洋水色遥感中，卫星传感器测量的可见光波段的辐射超过 90%来自大气散射辐射和表面反射辐射，来自水体的辐射信号不足 10%（Wang，1999），因此，大气校正是海洋水色遥感的关键技术环节，尤其近岸二类水体大气校正一直是海洋水色遥感的热点和难点（He et al.，2014）。另外，利用大气校正处理的可见光波段反射率数据进行彩色遥感影像合成也能对水体悬浮物分布进行直观定性的判识（Jolliff et al.，2019）。

4.3.2.2 海水叶绿素 a 浓度

海洋浮游植物作为海洋有机物的初级生产者，在海洋生态系统的物质循环和能量转化过程中起着重要作用。海水叶绿素 a 浓度值是海洋浮游植物数量的一个重要指标，其时空变化反映了海洋初级生产力的变化。然而，快速增长的人口和工业化的发展给海洋环境带来巨大的压力，一个最显著的现象就是水体富营养化和赤潮的发生。由于城市工业废水和生活污水大量排入海中，使营养物质在水体中富集，造成海域富营养化，促进浮游生物大量繁殖，而赤潮是伴随着浮游生物的骤然大量增殖而直接或间接发生的现象。

海水叶绿素 a 浓度是衡量浮游生物分布、水体初级生产力和富营养化状况的一个基本指标，监测和分析叶绿素 a 浓度的时空分布特征对于海洋生物资源的评估和海洋环境监测非常重要。叶绿素 a 浓度也是评价海洋水质、有机污染程度和探测海洋渔场的重要参数，其时空特征包含海区基本的生态信息，与光照、温度、盐度以及风潮流等各种海洋环境因素也密切相关。

叶绿素具有特定的光谱特征，在 440 nm 附近有一吸收峰，在 550 nm 附近有一反射峰，在 685 nm 附近有较明显的荧光峰（陈楚群 等，2001）。随着水体中叶绿素浓度的增加，将引起蓝光波段辐射量的减少和绿光波段及红光波段辐射量的增加，在 520 nm 附近出现辐射量不随叶绿素浓度发生变化的光谱分界点（通常称为节点）。叶绿素的这些光谱特征是叶绿素浓度信息提取的主要依据。

反演叶绿素浓度的方法主要包括经验模型、半经验/半分析模型以及分析模型，其中经验模型主要以叶绿素 a 浓度和遥感参数之间的统计关系为基础来实现对水体叶绿素 a 浓度的遥感反演，是一种较为广泛的叶绿素 a 浓度反演模型（Nagamani et al.，2008），如 NASA 的 OC4v4 算法（Siswanto et al.，2011）可以表示为如下公式：

$$\mathrm{Chl_a} = 10^{(c_0+c_1R+c_2R^2+c_3R^3+c_4R^4)} \tag{4.2}$$

$$R = \log 10\left\{\max\left[\frac{R_{\mathrm{rs443}}}{R_{\mathrm{rs555}}},\frac{R_{\mathrm{rs490}}}{R_{\mathrm{rs555}}},\frac{R_{\mathrm{rs510}}}{R_{\mathrm{rs555}}}\right]\right\} \tag{4.3}$$

式中，c_i是拟合系数，R_{rs}表示相应波段的遥感反射率。

4.3.2.3 海洋表面温度

海洋表面温度 SST（Sea Surface Temperature）是上层海洋最重要参数，几乎所有的海洋过程都直接或间接与温度有关，SST 在水团研究、海-气相互作用研究、海洋生态环境研究等众多领域具有非常广泛的应用。SST 是海-气热力交换的一个重要表征量，同时也是重要的海洋动力环境参数之一，长期的 SST 产品已被广泛用于进行气候变化的研究（陈志伟 等，2019）。

南海是联系中国与世界各地的非常重要的海上通道，同时也是太平洋和印度洋之间的海上走廊。南海属于半封闭热带海洋，受世界上温度最高、面积最大的印度洋-太平洋暖池影响，存在极为强烈的海-气相互作用。南海的热效应及其相关的海-气相互作用过程对我国的天气和气候有着重要的影响，南海 SST 和厄尔尼诺-南方涛动（ENSO）是影响华南地区冬季降水异常的重要外强迫因素，南海 SST 的变化也是南海夏季风和东亚冬季风爆发的一个预测指标。南海海域内多处渔场是中国渔民传统生产的作业区域，而 SST 在渔情预报中占有重要权重。南海 SST 的局地变化已严重影响了海洋生态，南海海水温度长期居高不下导致大规模珊瑚白化。

卫星遥感已经成为当前探测全球 SST 的最主要方法。卫星遥感测量 SST 的方式主要有热红外测量和微波测量。卫星搭载的红外探测仪器会受到云和大气气溶胶的影响，导致红外反演 SST 精度下降，甚至大面积缺测。微波探测器虽然能够穿透云层探测 SST，但也会受大雨影响，并且其空间分辨率低，在沿岸区域噪声严重到无法测量。

科研人员针对不同卫星陆续开发了多种 SST 反演算法，归纳起来可以分为基于辐射传输模型的物理方法以及基于实测数据的统计回归方法两类。由于辐射传输模型需要考虑的大气影响因素较多，而实际应用中与卫星观测同步实时获取精确的大气状况是不可能实现的，同时用于检验反演结果的实测数据也是来自浮标和船舶站的测量，因此，其中基于回归模型的统计方法（McClain et al.，1985；Walton，1988；何全军 等，2013，2020；王素娟 等，2014）已经成为当前卫星遥感反演 SST 的最主要业务方法。用于回归拟合的数据包括现场测量数据、辐射传输模拟数据以及其他 SST 产品数据。如经典的非线性 SST 回归算法可以表示为（何全军 等，2020）：

$$\mathrm{NLSST} = k_0 + k_1 \times T_{11} + k_2 \times T_{\mathrm{sfc}} \times (T_{11} - T_{12}) + k_3 \times (T_{11} - T_{12}) \times [\sec\theta - 1.0] \tag{4.4}$$

式中，T_{11}、T_{12}分别代表的 11 μm 和 12 μm 波段的亮度温度；θ 为传感器天顶角；k_i是反演系数；T_{sfc}代表 SST 的先验估算值。为了进一步提高 SST 精度，研究人员对经典算法进行修改，在其基础上衍生出多种业务算法（Kilpatrick et al.，2001；Petrenko et al.，2014；He et al.，2020）。

4.3.2.4 湛江湾红树林监测

红树林（Mangrove）是生长在热带、亚热带海岸潮间带，由红树植物为主体的常绿乔木或灌木组成的湿地木本植物群落，在净化海水、防风消浪、固碳储碳、维护生物多样性等方面发挥着重要作用，有“海岸卫士”“海洋绿肺”美誉，也是珍稀濒危水禽重要栖息地，鱼、虾、蟹、贝类生长繁殖场所。

广东湛江红树林国家级自然保护区地处广东省西南部的湛江市，沿雷州半岛 1556 km 海岸线分布，经过多年的保护管理与恢复，目前保护区红树林面积已恢复到 7228 hm^2，是我国保护红树林面积最大的自然保护区。

借助自动识别和人机交互方式进行红树林变化监测，通过利用前后两年的高分辨率卫星数据，对红树林的范围进行识别和提取，并计算植被指数，通过计算两年的植被指数的变化差异来获取红树林的生长变化趋势。

4.3.3 监测应用结果

4.3.3.1 珠江口悬浮物浓度监测结果

珠江流域尤其是珠江三角洲地区经济发展迅速，人类活动影响剧烈，口门演变延伸速度加快，河口环境呈恶化趋势。从利用 FY-3D/MWRI 数据制作的广东近岸海洋水色遥感真彩色影像和 SNPP/VIIRS 数据计算的悬浮物浓度监测图 4.19 可以看出，广东省沿岸海域高悬浮物浓度水体主要分布在珠江入海口及其西侧近岸区域，其次是雷州半岛附近海域，另外，粤东韩江、榕江入海口的悬浮浓度较高。

4.3.3.2 广东沿海叶绿素 a 浓度监测结果

广东近海的叶绿素 a 浓度空间分布如图 4.20 所示，叶绿素 a 高浓度区主要分布在珠江入海口西侧、粤东三江入海口附近海域及粤西湛江沿海区域。叶绿素 a 浓度的空间分布特征与悬浮物浓度的空间分布基本一致，其主要原因在于入海口和湾区附近的水体成分较为复杂、营

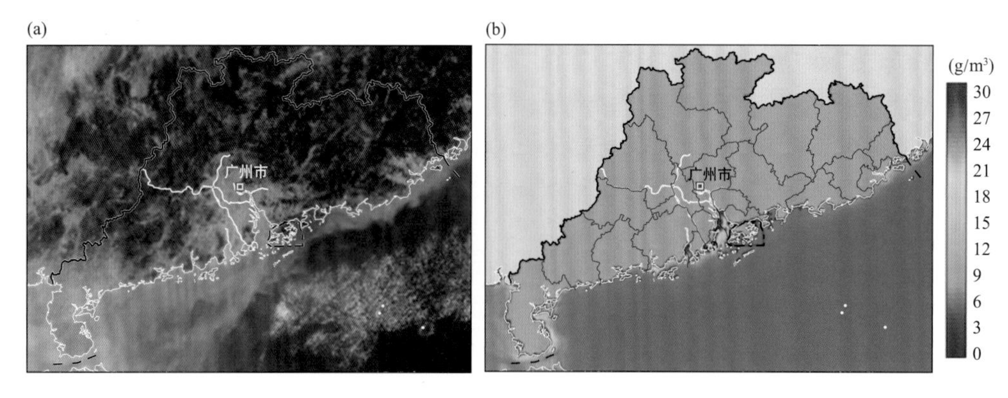

图 4.19 广东近岸海洋水色遥感真彩色影像(a)和水体悬浮物浓度监测图(b)

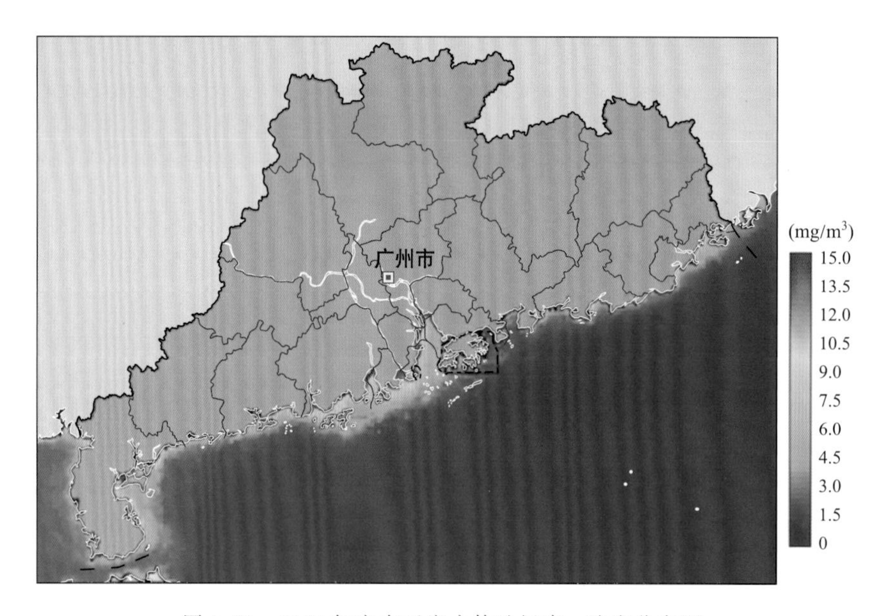

图 4.20 2020 年广东近岸水体叶绿素 a 浓度分布图

养物质丰富,浮游生物较为聚集以及繁殖增长速度较高。

4.3.3.3 南海 SST 监测结果

在空间分布上,南海的年平均 SST 从北向南呈现由低到高的变化趋势(图 4.21a),尤其在南海北部 SST 的变化梯度呈现与海岸线近似平行。南海 SST 的季节变化特征显著,南海月平均 SST 从 3 月开始会迅速升高(图 4.21b),5、6 月出现最大值,随后由于中南半岛上升流卷起的冷水影响 SST 会降低,直至 9 月 SST 再次回升并出现次高峰之后,SST 会持续降低。

4.3.3.4 湛江红树林监测案例

由于湛江市国家级红树林生态保护区的各红树林监测区域面积小,并且空间分布分散,为了明晰数据处理流程,对所有红树林监测区域依次进行编号,然后按照编号对各个监测区域进行监测分析。编号和监测范围如图 4.22 所示。

利用前后两年的哨兵高分辨率卫星数据,通过对各个红树林监测分块计算植被指数的变化差异,进行红树林健康状况信息的获取。图 4.23 是针对湛江红树林分块监测结果判识为退

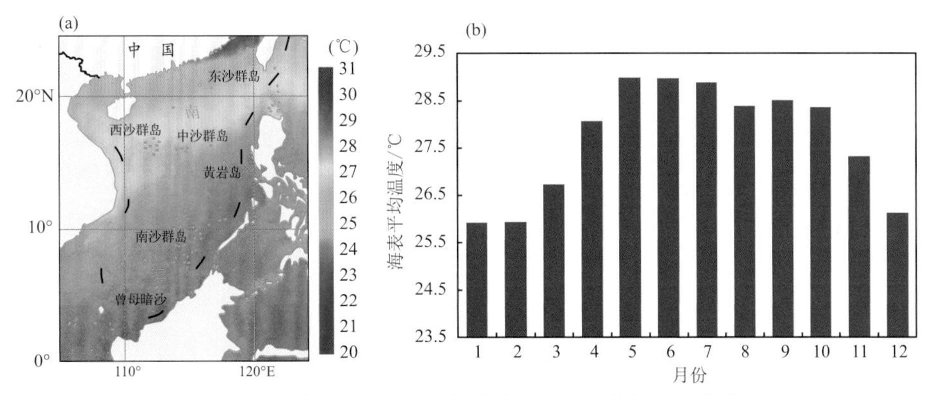

图 4.21 南海年平均 SST 空间分布(a)和月平均 SST 变化(b)

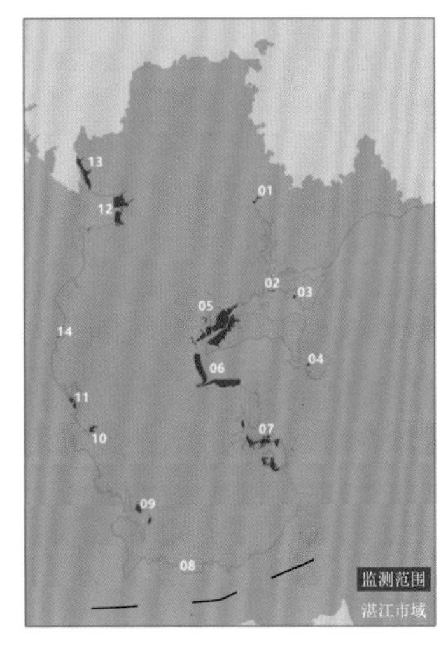

图 4.22 湛江市国家级红树林监测范围与各区域编号分布

化或亚健康的区域,结合高分辨率真彩色合成影像,进行叠加显示并单独标注,可以为红树林管控提供参考依据。

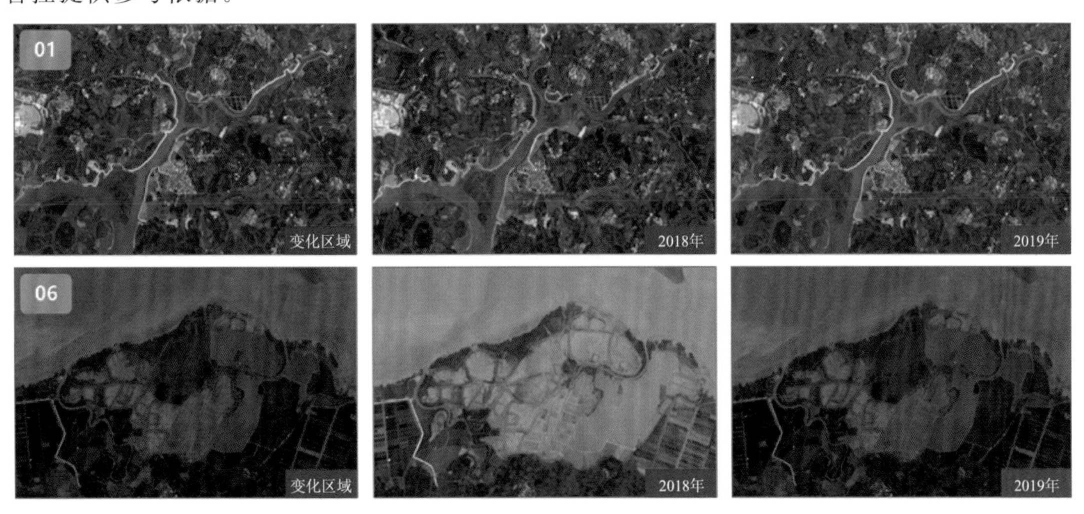

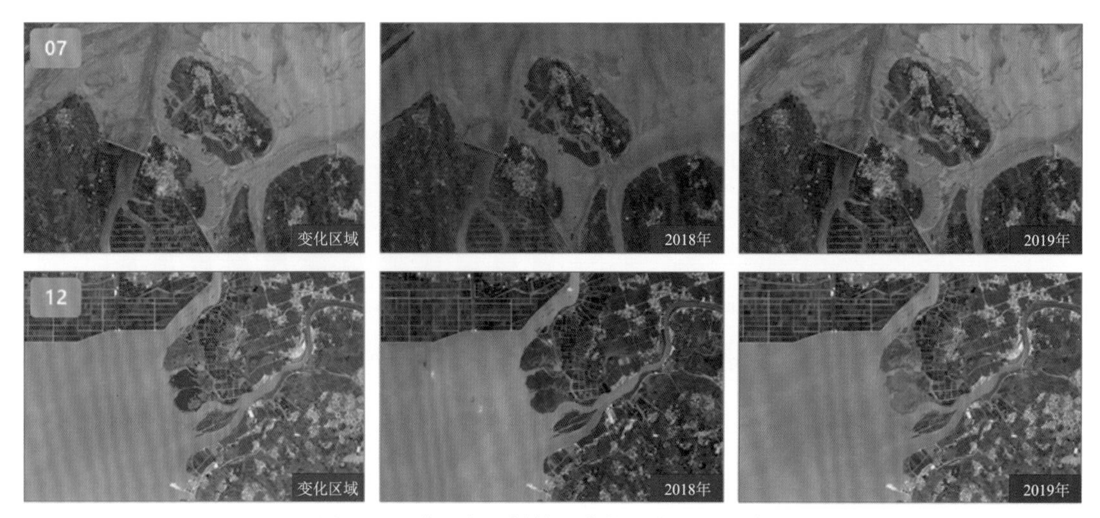

图 4.23 湛江市红树林遥感判识减少区影像图

4.4 海岸带主要生态气象灾害监测和预报

4.4.1 海岸带生态气象灾害监测

4.4.1.1 海雾边界层结构及生消物理机制

黄健等(2010)通过分析博贺基地海雾的外场观测资料,通过与英国前期的冷海雾研究进行对比,提出了华南沿海暖海雾过程与冷海雾过程的形成机制有着明显的差异(图 4.24),与冷海雾相比暖海雾过程中由于存在暖平流的作用雾层的结构和湍流热量交换机制更为复杂。在暖海雾的形成和消散阶段风切变机械湍流的热量输送起主要作用;而在发展和维持阶段,既有风切变机械湍流的热量输送作用也有雾顶长波辐射冷却热力湍流的热量输送作用。

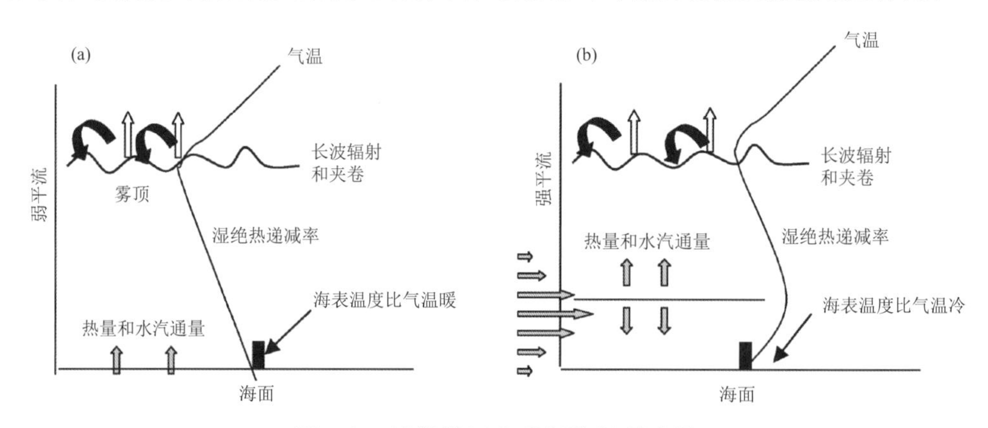

图 4.24 冷海雾(a)和暖海雾(b)示意图

Huang 等(2011)主要利用博贺基地的海雾 GPS 无线电探空资料,分析指出了海雾中存在明显的分层湍流结构特征:在热力湍流分界面以上,以雾顶长波辐射冷却引起的热力湍流交换为主;而在分界面以下,则以风切变引起的动力湍流交换为主。同时热力湍流分界面既是海雾发生发展中重要的湍流分界面，又是海雾消散抬升为层云后的主要维持因子(图4.25)。

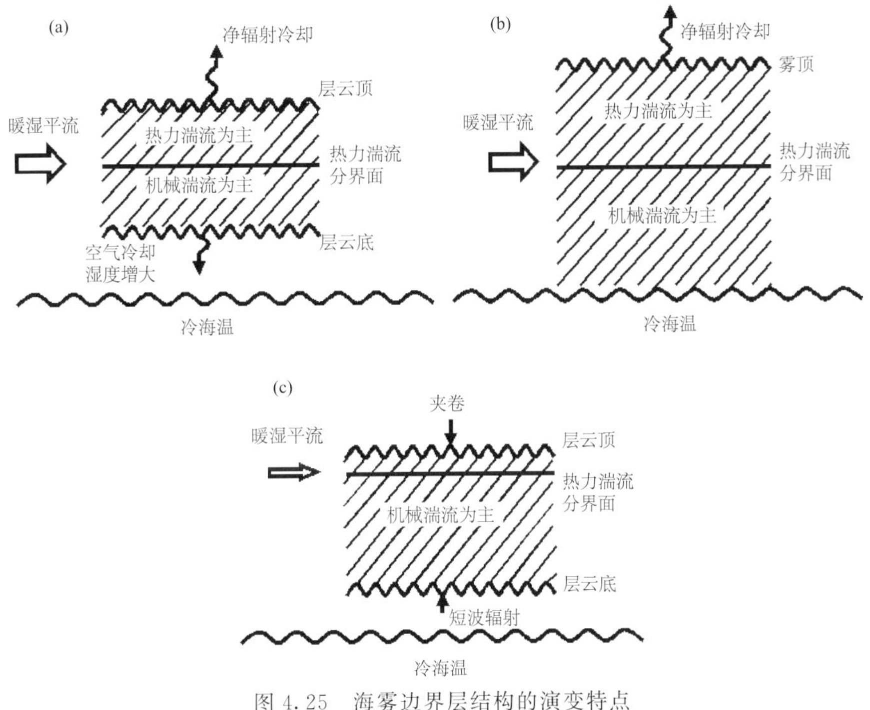

图4.25　海雾边界层结构的演变特点

(a)形成阶段；(b)发展阶段；(c)消散阶段

Huang等(2015)利用博贺基地2011年春季的海雾观测资料，分析了华南沿海海雾的边界层结构与湍流特征；在此基础上，提出华南沿海两类海雾的形成机制(图4.26)。冷平流雾发生发展的主要过程：①低层稳定层结；②云量稀少，贴海面冷湿平流导致海面首先成雾；③雾

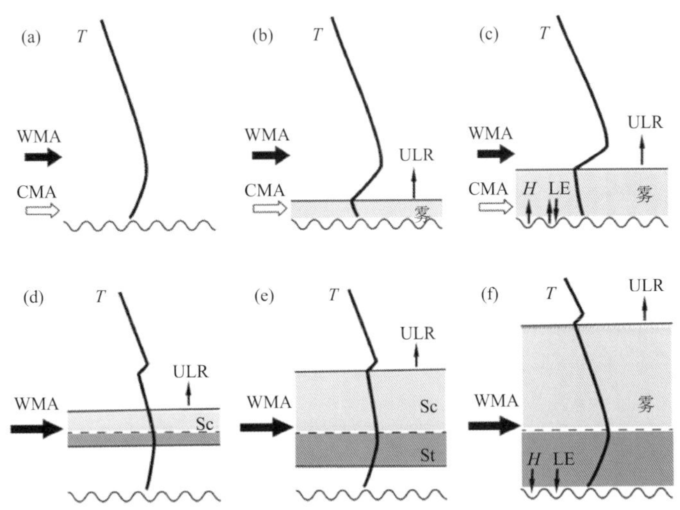

图4.26　冷平流雾(a—c)和暖平流雾(d—f)的形成机制。T：温度廓线；WMA：暖湿平流；CMA：冷湿平流；ULR：向上长波辐射；Sc：层积云；St：层云；H：感热通量；LE：潜热通量。浅灰色为热力湍流为主的区域，深灰色为机械湍流为主的区域；细实线为云或雾的边界，虚线为热力湍流分界面

顶辐射冷却主导海雾的发生发展。暖平流雾发生发展的主要过程：①低层稳定层结；②先有层积云或层云形成，层云下降成雾；③暖湿平流输送主导海雾的发生发展。

4.4.1.2 海岸带大风特征

(1)广东沿海代表站强风频率月际变化特征

从代表站的6级以上近海强风出现频率的年变化分析来看(表4.1,图4.27)，南澳、上川岛6级以上近海强风80%以上出现在10月—次年4月，与冬季强冷空气活动关系密切。其他各站近海强风主要发生在6—10月，其出现频率在70%以上，且大部分地区集中在7—9月。一般出现在5—11月的近海强风多与热带气旋和局地强对流有关。

表4.1 代表站6级以上近海强风累年各月频率 %

代表站	1月	2月	3月	4月	5月	6月	7月	8月	9月	10月	11月	12月
汕头	2.4	4.4	7.4	5.0	4.8	7.6	23.4	10.4	16.8	11.2	4.2	2.4
南澳	6.9	10.9	14.1	14.9	6.5	2.9	4.0	1.8	3.9	17.0	10.0	7.3
珠海	0	0	0	0	0	19.3	20.5	24.6	16.4	14.0	5.3	0
汕尾	0.9	0	0	0	0	5.5	11.9	24.8	25.7	12.8	11.9	6.4
湛江	0	0	0	1.8	0	9.1	41.8	40.0	7.3	0	0	0
阳江	0	0	0	0	0	11.8	15.7	35.3	27.5	5.9	3.9	0
电白	0	0	0.9	0	0.5	14.7	36.2	17.9	17.9	8.7	3.2	0
上川岛	16.3	11.9	7.0	3.2	2.1	1.5	2.9	2.7	5.2	14.3	14.9	18.1
徐闻	0.3	0.3	0	0	4.5	15.3	25.1	19.1	18.8	13.2	3.4	0

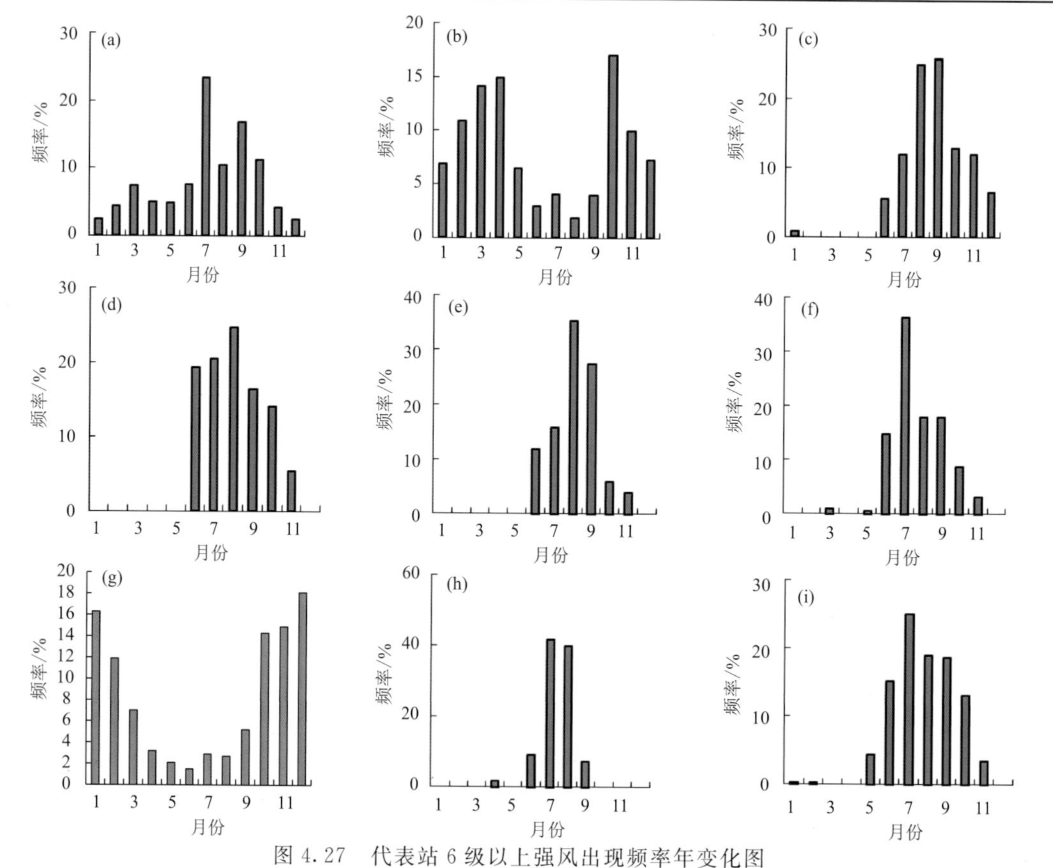

图4.27 代表站6级以上强风出现频率年变化图

(a)汕头；(b)南澳；(c)汕尾；(d)珠海；(e)阳江；(f)电白；(g)上川岛；(h)湛江；(i)徐闻

(2)广东沿海代表站强风风向频率时间分布特征

由图4.28—4.32可以看到，各代表站各月的近海强风的主导风向有很大差异，这主要与地形和天气影响系统有很大关系。夏季西太平洋副高两次北跳，西伸加强，印度洋西南暖湿气流异常活跃，也是大部分代表站6级以上强风出现比较集中的时段，强风的主导风向介于东北(NE)到南(S)之间的一个较大范围内。但是不同的测站由于地形不同、登陆台风路径不同有一定差异。南澳9月以东北风为主；7月以东南风为主；6月、8月的强风风向介于东北偏北(NNE)与东南偏南(SSE)之间，主导风向不明显。上川岛5月、10月强风的主导风向以偏北风

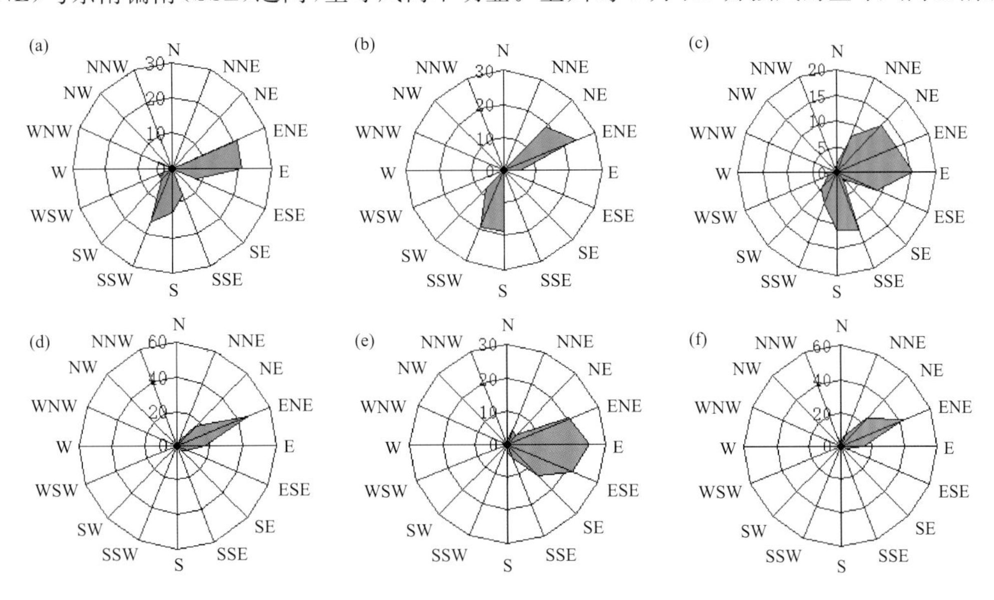

图4.28 代表站汕头6级以上强风各月风向频率(%)分布图

(a)5月；(b)6月；(c)7月；(d)8月；(e)9月；(f)10月

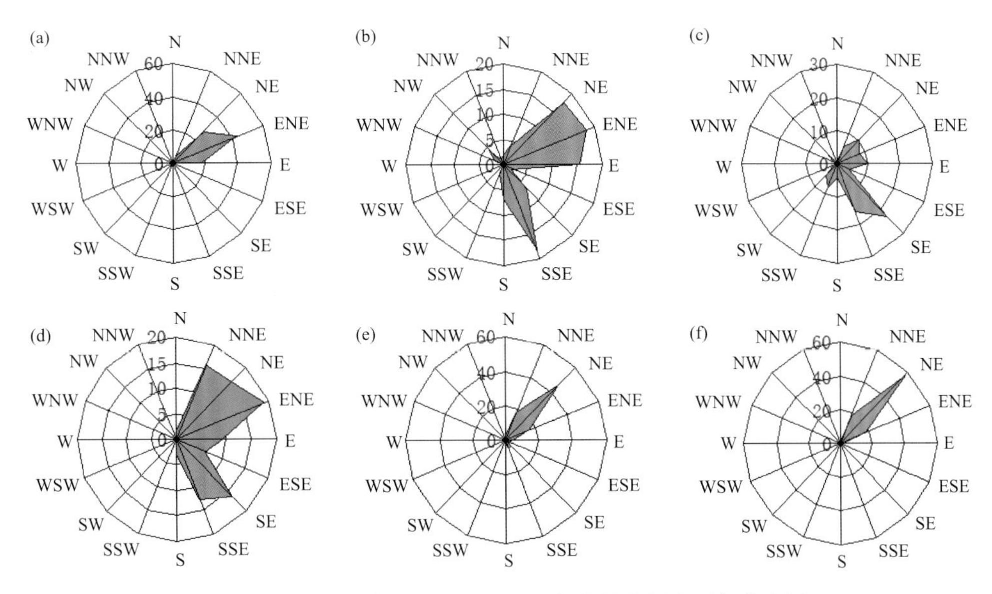

图4.29 代表站南澳6级以上强风各月风向频率(%)分布图

(a)5月；(b)6月；(c)7月；(d)8月；(e)9月；(f)10月

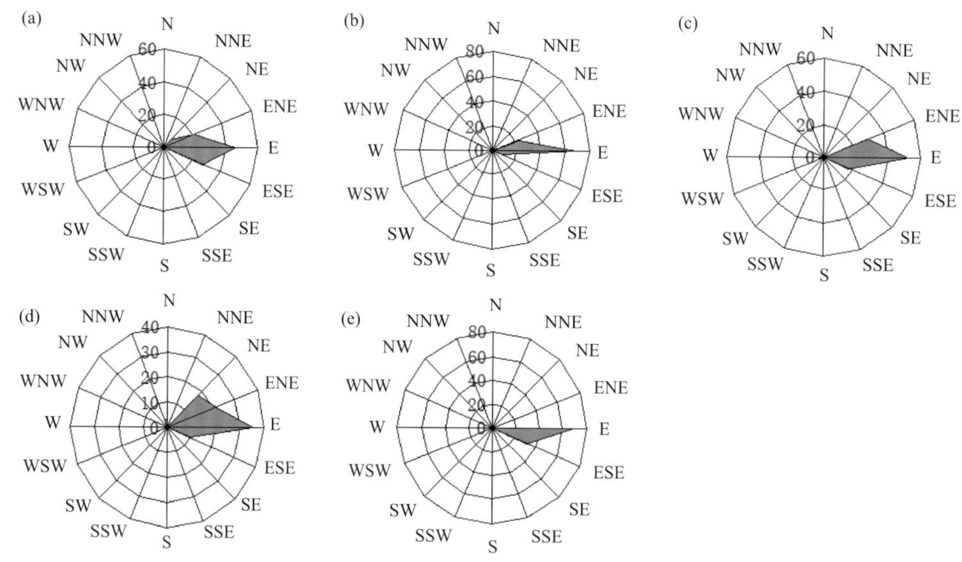

图 4.30 代表站珠海 6 级以上强风各月风向频率(%)分布图

(a)6 月;(b)7 月;(c)8 月;(d)9 月;(e)10 月

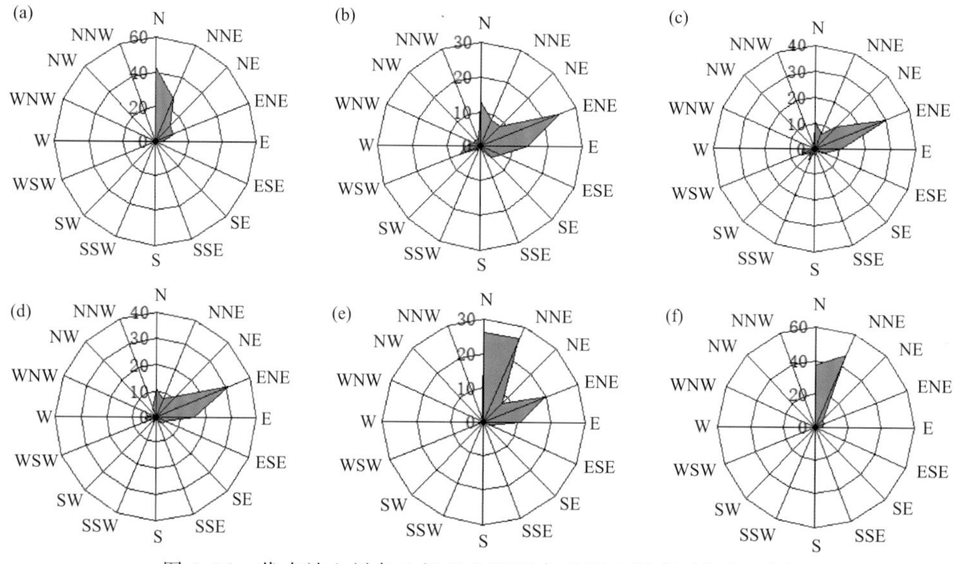

图 4.31 代表站上川岛 6 级以上强风各月风向频率(%)分布图

(a)5 月;(b)6 月;(c)7 月;(d)8 月;(e)9 月;(f)10 月

为主,介于北(N)到东北偏北(NNE)之间;6—8 月以东北偏东风为主;9 月是个过渡期,主导风向为偏北风,但存在一个东北偏东的次主导风向。湛江 7—9 月主导风向明显不一样,7 月偏东风为主,8 月西北偏西到东北偏东,9 月以西北到西北偏北为主(图略)。

图 4.33 给出了基于 2019 年逐小时风速资料的各月极端风速年变化。从汕头浮标和汕尾浮标观测的强风分布来看,1 月、11 月和 12 月的强风的 25 百分位、50 百分位(中位数)和 75 百分位的强风风速都要都要大于其他月份,说明这三个月的强风总体要大于其他月份。6 月、7 月、8 月和 9 月强风的 25 百分位、50 百分位和 75 百分位的强风风速则要小于其他月份,说

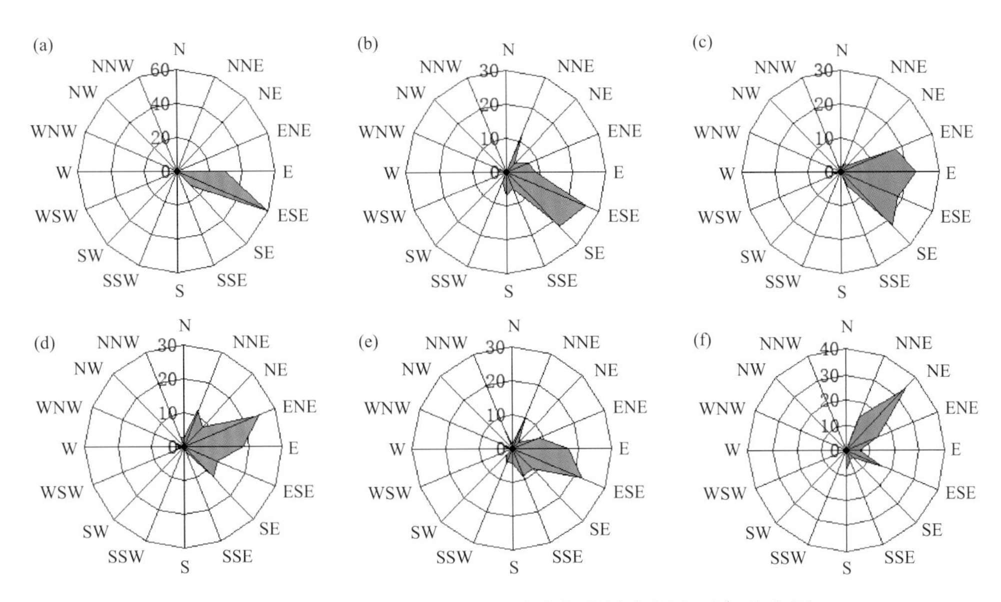

图 4.32　代表站徐闻 6 级以上强风各月风向频率(%)分布图

(a)5 月;(b)6 月;(c)7 月;(d)8 月;(e)9 月;(f)10 月

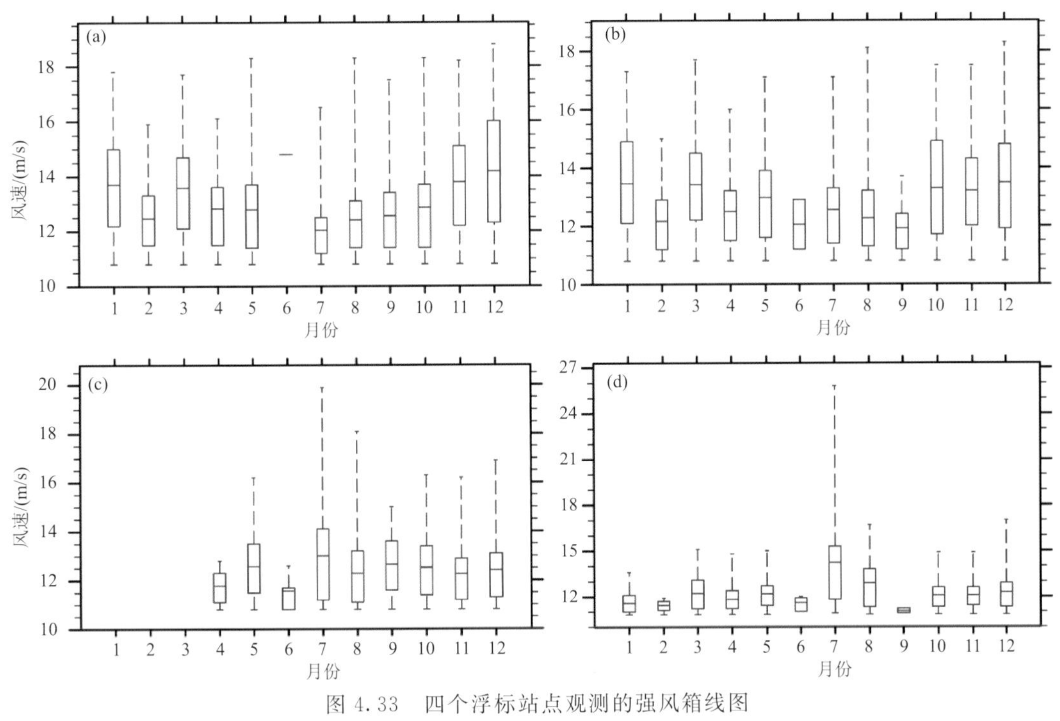

图 4.33　四个浮标站点观测的强风箱线图

(a)汕头(6 月只有一个数据);(b)汕尾;(c)东莞;(d)茂名

明这 4 个月的强风风速总体偏小。最大风速则没有明显的季节特征,最大风速基本都在 8 级以上。东莞浮标和茂名浮标观测的强风风速的分布则没有明显的季节特征,最明显的特征就是 7 月的强风的 25 百分位、50 百分位、75 百分位和最大值都要大于其他月份,这可能主要是因为台风的影响。

(3)海岸带重点领域风暴潮特征

张海燕(2019)根据历史上有实测潮位资料的南海区台风风暴潮过程，选取了南海北部沿岸25个验潮站的最大风暴增水数据，所选验潮站包括粤东岸段6个站(东溪口、妈屿、汕头、海门、汕尾、港口)、珠江口岸段8个站(赤湾、泗盛围、广州浮标厂、黄埔、南沙、横门、灯笼山、黄金)、粤西岸段6个站(黄冲、闸坡、北津、湛江、南渡、硇州)、广西岸段1个站(北海)以及海南岸段4个站(三亚、秀英、海口、东方)。这些验潮站所处位置代表性良好(图4.34)，所有验潮站资料年限均在35 a以上。

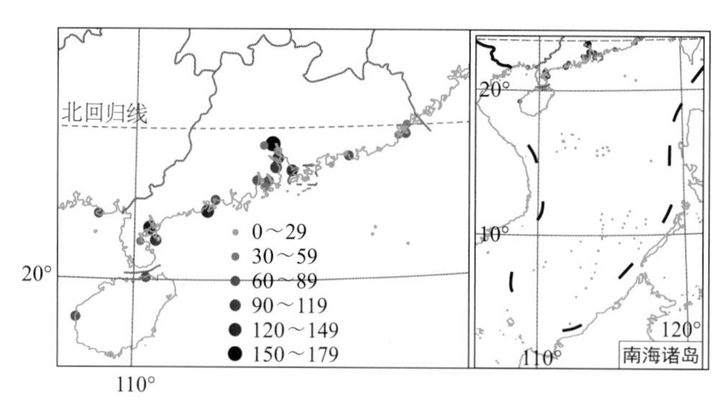

图4.34　1950—2011年华南沿岸各验潮站所录风暴潮频次示意图(单位：次)

图4.35统计了1950—2011年华南各岸段不同等级风暴潮发生频率。风暴潮发生地点以粤西和珠江口岸段最为频繁，它们的风暴潮总频次分别为198、191次，平均约为3次/a；其次是海南和粤东岸段，频次分别为133和121次，平均约为2次/a；广西岸段的风暴潮频次最少，仅有71次，平均约为1次/a。在各等级风暴潮中，除广西以外的其他岸段均以1级小风暴潮

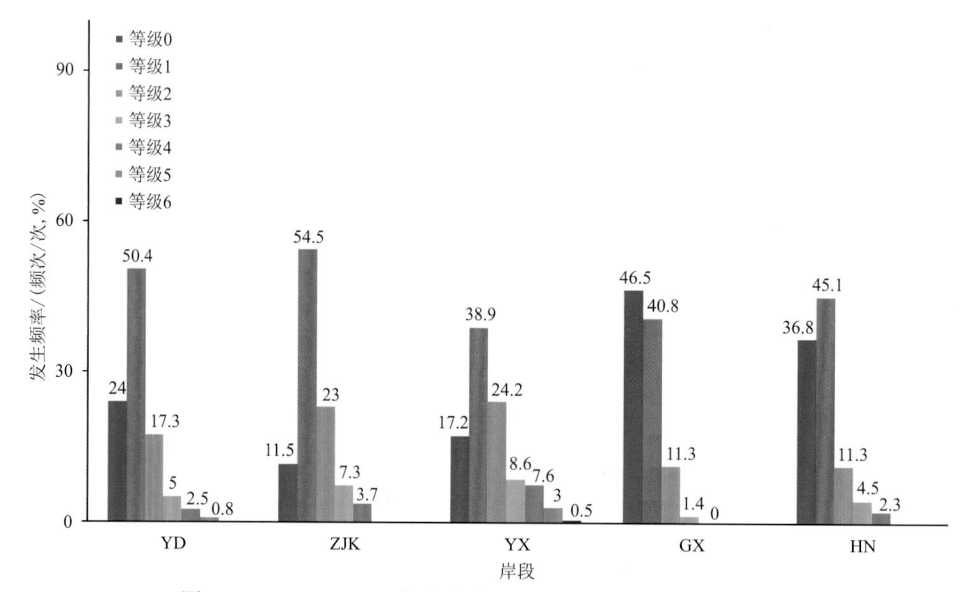

图4.35　1950—2011年华南各岸段不同等级风暴潮发生频率

(柱形图上方标记为该频次占相应岸段总频次的百分比。YD：粤东岸段，ZJK：珠江口岸段，YX：粤西岸段，GX：广西岸段，HN：海南岸段等级0～6分别对应增水值30～50 cm、51～100 cm、101～150 cm、151～200 cm、201～300 cm、301～450 cm、450 cm以上)

所占比例最高，比重分别在 39%～55%之间。且这些岸段均发生过 4 级及其以上等级的风暴潮(风暴增水超过 200 cm)，其中此类风暴潮比例最高的是粤西岸段，占该岸段风暴潮总频次的 11.1%；其次是珠江口和粤东，比重分别为 3.7%、3.3%；海南岸段的比重为 2.3%。华南各岸段历史最大风暴增水记录(表 4.2)也能从侧面反映风暴潮强度的空间分布差异。其中粤西南渡站的历史极值为 594 cm，达到 6 级罕见特大风暴潮等级；粤东妈屿站的历史极值为 314 cm，达到 5 级特大风暴潮等级；珠江口和海南岸段的最大增水启示分别为 262 cm、252 cm，达到 4 级大风暴潮等级。且由表 4.2 可见，各岸段的历史风暴增水极值主要是由台风正面登陆相应岸段所导致。

表 4.2　1950—2011 年华南各岸段历史最大增水记录及其影响热带气旋情况

岸段	历史最大增水值/cm	出现站点	出现时间(年-月-日)	热带气旋编号	登陆强度	登陆点
粤东	314	妈屿	1967-07-28	6903	台风	广东揭阳
珠江口	262	泗盛围	1964-09-05	6415	台风	广东珠海
粤西	594	南渡	1980-07-22	8007	台风	广东湛江
广西	152	北海	1954-08-30	5413	台风	广东湛江
海南	252	海口	1973-08-26	7311	强热带风暴	海南文昌

图 4.36 给出了香港鲗鱼涌测得 2010—2020 年各台风过程最大风暴潮，由图可以看出，最大风暴潮大于 1 m 的台风包括 2012 年台风“韦森特”、2014 年台风“海鸥”、2017 年台风“天鸽”和 2018 年台风“山竹”，其中 2018 年台风“山竹”引起的风暴潮极值达到 2.35 m，明显大于其他台风。2012 年台风“韦森特”、2014 年台风“海鸥”、2017 年台风“天鸽”和 2018 年台风“山竹”的风暴潮出现最大值时台风强度分别为 45 m/s、42 m/s、45 m/s 和 48 m/s，在所有的台风中 2018 年台风“山竹”尺度最大。

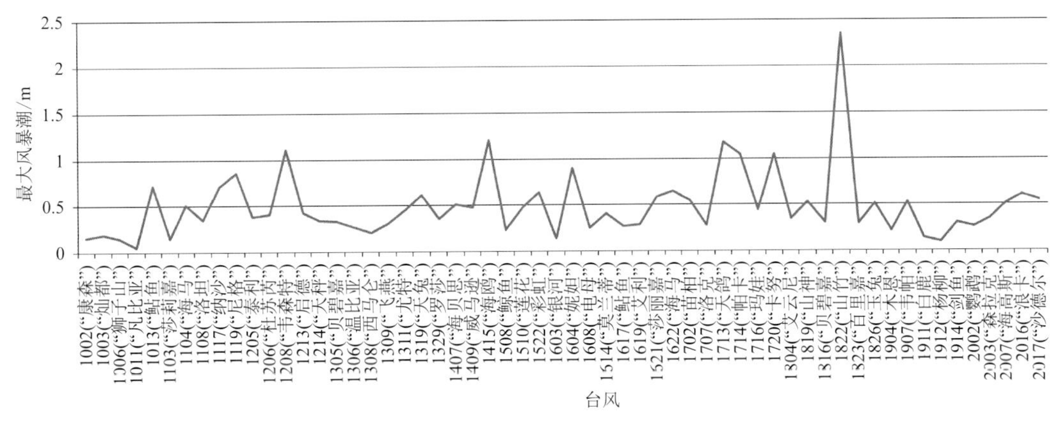

图 4.36　香港鲗鱼涌 2010—2020 年各台风最大风暴潮

(4)海岸带海浪特征

图 4.37 给出了汕尾、汕头、茂名和东莞浮标站 2015—2020 年海浪不同级别各月出现的频率，由图可知：4 个浮标站 4—9 月 5 级海浪出现的频率小于 10%，11 月和 12 月的概率明显大于其他月份，汕头、汕尾、东莞 1 月出现 5 级海浪概率仅次于 12 月，由此说明，在冬季出现 5 级海浪的概率明显大于其他季节，产生冬季的大浪主要原因是由于冷空气。除了汕头以外，汕

尾、茂名、东莞出现6级海浪概率在10月有一个峰值，这个峰值的出现主要与台风影响有关。

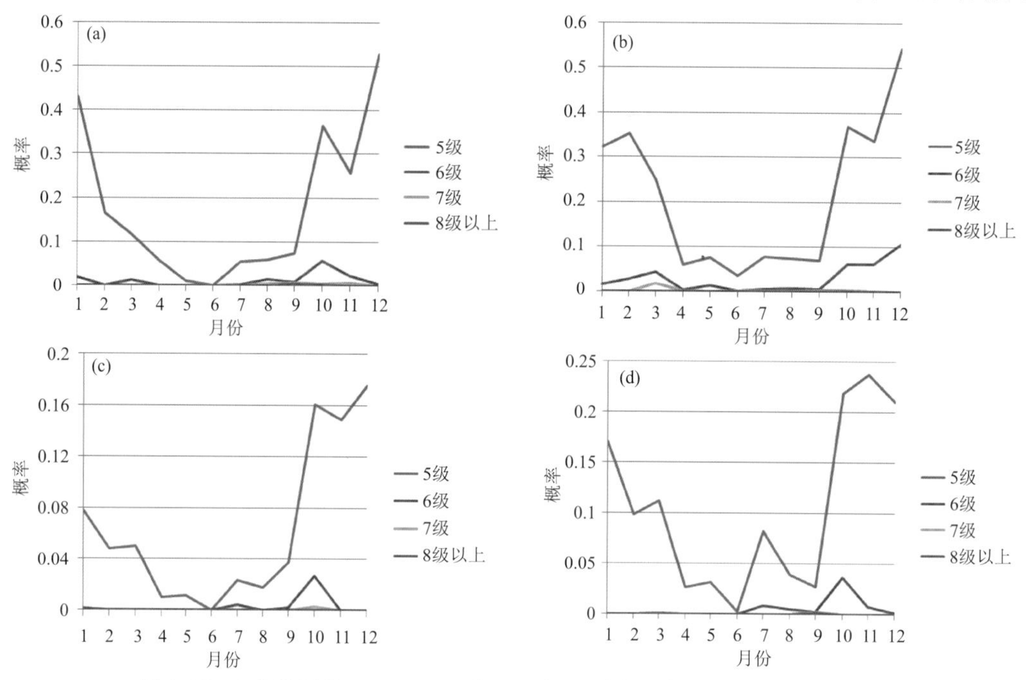

图4.37 4个浮标站2015—2020年6 a出现不同级别海浪概率的各月分布

(a)汕尾；(b)汕头；(c)茂名；(d)东莞

赵中阔等(2013)采用2010年6月—2011年5月茂名浮标数据和2011年1—12月汕尾浮标数据分析其特征。图4.38所示给出了茂名、汕尾两个浮标站点每月平均有效波高和月最大有效波高的箱形图，可以看出两个站点的波高都表现出较显著的冬半年与夏半年特征，即冬半年波高总体较大，且波高变动范围大，而夏半年则波高总体较小，且变动范围小。茂名点有效波高的中值，在冬半年为1.3～2 m，波向以东南为主；夏半年在1 m以下，波向以东为主。汕尾点有效波高的中值，在冬半年为1～1.5 m，夏半年在1 m以下；受到近岸波浪的折射效应影响，汕尾点的波向则表现出向岸的特征。

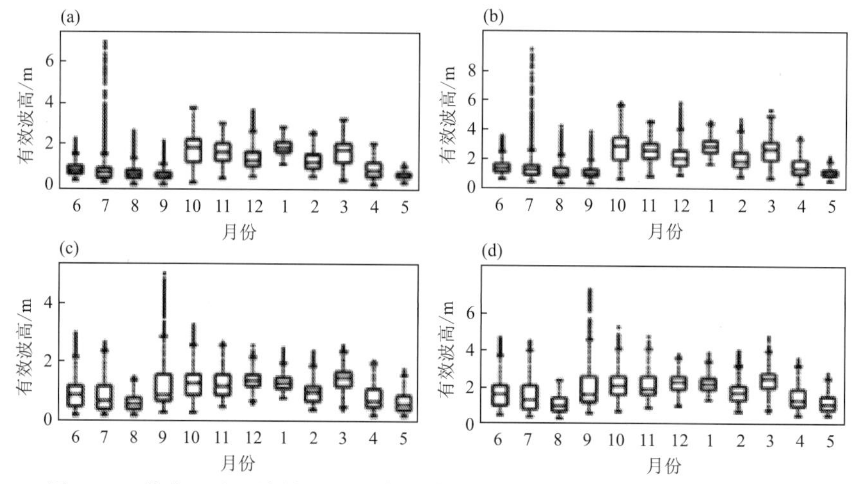

图4.38 茂名(a、b)、汕尾(c、d)浮标波高箱形图。左列：月平均；右列：月最大

图4.39和图4.40所示为样本概率分布柱状图与拟合所得参数分布的对比。对于茂名站点，由于同期有效波高和最大波高的分布情况类似，所以2个量的拟合参数分布与实际样本的符合程度类似，即2个量夏半年的拟合效果较好，都优于冬半年情况，而冬半年拟合参数分布偏离波高众值程度较大。对于汕尾点，情况较为复杂，同期有效波高和最大波高的分布情况不再类似。拟合参数分布对夏半年的有效波高和最大波高的样本分布拟合一般，而冬半年拟合参数分布与对应的样本分布符合程度较高，尤其是最大波高；但这些拟合参数分布有一个共同的缺陷即：当波高的众值概率异常大时，参数分布给出的分布概率都偏低。

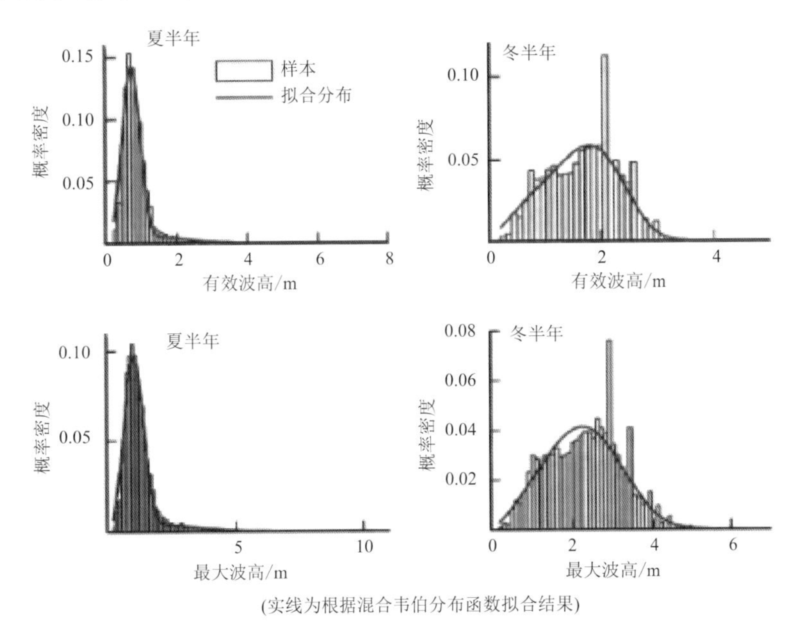

(实线为根据混合韦伯分布函数拟合结果)

图4.39　茂名点冬、夏半年有效波高，最大波高概率分布

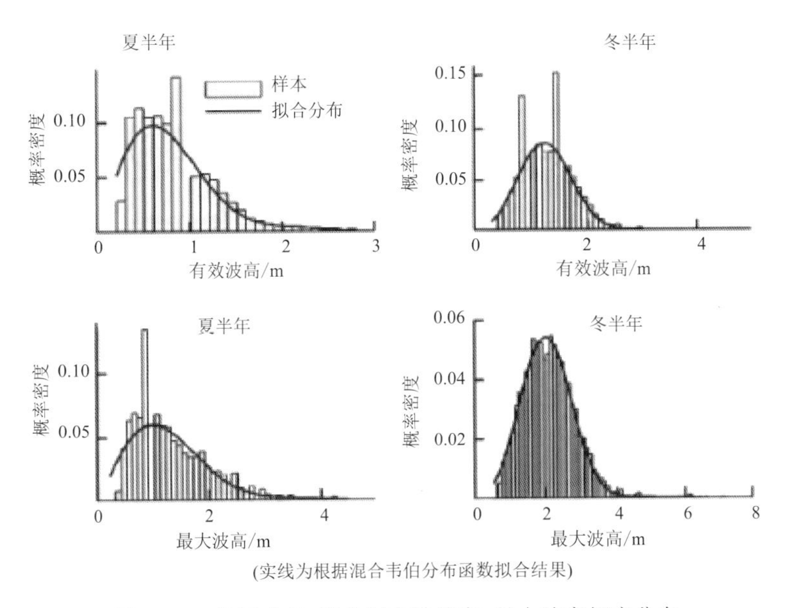

(实线为根据混合韦伯分布函数拟合结果)

图4.40　汕尾点冬、夏半年有效波高，最大波高概率分布

4.4.2 海洋带生态气象预报

4.4.2.1 华南海岸带海雾预报技术

(1)海雾 MOS 预报方法

黄辉军等(2010)在分析 NCEP 再分析资料、台站观测资料和外场观测资料的基础上,利用中国气象局广州热带海洋气象研究所 GRAPES 模式的输出变量因子,进行了广东沿海海雾区域预报的 MOS 方法研究。表 4.3 给出了变量因子取值分析与判据条件,由此可以看出影响海雾的主要因子是主要区域 850 hPa 的西南风分量,850 hPa 及以下的低层风向、风速与 1000 hPa 温度平流,低层气压场和湿度,850 hPa 涡度和 1000 hPa 的散度。这些判据条件包含必要条件和参考条件,当必要条件全部满足时,预报结果为有海雾,否则为无海雾。表 4.4 给出了海雾 MOS 区域预报评分预报准确率在 80%以上,海特克技巧得分(HSS)评分在 0.5 以上。

表 4.3 变量因子取值分析与判据条件的设定

变量因子	重要性	出现海雾的样本数	出现海雾的量值分析	选取量值判据
主要区域 850 hPa 的西南风分量	重要参考	265	当天(或 24 h 以内)850 hPa 西风急流区域指数 $W \geqslant 0.2$ 的概率≥91.3%	$W \geqslant 0.2$
850 hPa 及以下等低层风向风速组合	必要条件	265	出现有利于暖平流的风向风速组合 $W_3=1$ 的概率 100%	$W_3=1$
1000 hPa 温度平流	重要参考	265	温度平流 $A>0$ 的概率为 70.2%	$A>0$
低层气压场	必要条件	265	海平面均压场在 0～1.0 hPa 之间的概率为 98.5%	$dP \leqslant 1.0$
低层温湿度	必要条件	265	地面相对湿度 $q_0 \geqslant 80\%$ 的概率为 98.1%;1000 hPa 相对湿度 $q_{1000\ hPa} \geqslant 85\%$ 的概率为 92.5%;925 hPa 与 1000 hPa 的温度差 $\Delta t = t_{925\ hPa} - t_{1000\ hPa} \geqslant -4.0$ 的概率为 99.2%	$q_0 \geqslant 80\%$ $q_{1000\ hPa} \geqslant 85\%$ $\Delta t \geqslant -4.0$
850 hPa 涡度	必要条件	265	$\xi_{i1,j1}$ 在－4.0～0 之间的概率为 99.2%	$-4.0 \leqslant \xi_{i1,j1} \leqslant 0$
1000 hPa 散度	必要条件	265	$D_{i1,j1}$ 在－4.0～0 之间的概率为 99.2%	$-4.0 \leqslant D_{i1,j1} \leqslant 0$

表 4.4 海雾 MOS 预报评分

台站	预报时段	样本数	判断正确		判断错误		预报准确率/%	风险得分(TS)	HSS
			有海雾	无海雾	空报	漏报			
湛江	2008 年 3 月	31	5	21	2	3	84	0.50	0.56
珠海	2008 年 4 月	30	2	25	2	1	90	0.40	0.52
汕头	2008 年 3 月	31	2	24	1	2	90	0.40	0.52
平均值		31	3	23	2	2	88	0.43	0.53

黄辉军等(2013)对前述建立的 MOS 预报方法进行改进,尝试将近地层温差因子作为 GRAPES 模式的预报变量因子,改进广东沿海海雾区域预报。当台站出现海雾时,近地层温差一般处于某一时间段的高值区,近地层温差负值明显减小或转为正值。这是近地层暖湿空

气平流逐渐加强的结果，存在海雾发生发展的可能。广东沿海地区暖湿平流的输送具有阶段性和跳跃性，而且是不断增强的；同时，暖湿平流的向北推进与中国沿海海雾自南向北推进的演变过程相一致。将和实现近地层温差因子引入 MOS 预报变量因子后，海雾区域预报的准确率、TS(风险得分)和 HSS 评分都有明显的提高(见表 4.5)。

表 4.5 改进后的 2011 年 1—4 月广东沿海海雾区域预报数值产品 24 h 预报评分

台站	样本数	报对（有雾）	报对（无雾）	空报	漏报	预报准确率/%	风险得分（TS）	HSS
湛江	120	13	90	7	10	86	0.43	0.52
阳江	120	4	104	10	2	90	0.25	0.35
珠海	120	4	112	1	3	97	0.50	0.65
汕尾	120	2	117	0	1	99	0.67	0.80
汕头	120	4	109	2	5	94	0.36	0.50
平均值	120	5	106	4	4	93	0.44	0.56

(2)决策树预报方法

黄健等(2011)利用汕头、珠海和湛江地面观测站 2000—2008 年 1—5 月的海雾历史观测资料和 NCEP/NCAR FNL 再分析资料，采用分类与回归树(CART)方法对海雾及其生成前 24 h 的海洋气象条件进行分类分析，建立了海雾决策树预报模型；并根据现有的海雾理论认识，对海雾预报规则包含的物理意义进行讨论。用于 CART 的预报变量，包括海表温度、2 m 气温和露点温度、10 m 风速和风向、1000 hPa 和 850 hPa 的风向和风速、1000 hPa 和 850 hPa 气温和露点温度、2 m 气温和海表温度差、2 m 露点温度和海表温度差等 15 个变量。10 次交叉检验的结果表明：采用 CART 方法建立的海雾决策树预报模型有较好的预报性能，对广东沿岸海雾的预报准确率总体上可达到 73%以上。根据决策树预报模型建立的海雾预报判别流程，可在业务工作中直接用于有雾/无雾判别(表 4.6)。海雾预报判别流程同时也具有明确的物理意义，能够较好地反映水汽与海表冷却条件对平流冷却雾形成的重要性，CART 方法可作为海雾业务预报的有效建模工具。

表 4.6 海雾决策树方法的预报准确率检验结果

台站	类别	样本数	训练误分率/%	验证误分率/%	训练成功率/%	验证成功率/%
汕头	0	2267	31.8	32.2	68.2	67.8
	1	110	13.7	17.3	86.3	83.7
珠海	0	4480	18.9	21.4	81.1	78.6
	1	133	18.8	26.3	81.2	73.7
湛江	0	5031	26.8	28.5	74.2	71.5
	1	412	13.4	17.6	86.6	82.4

(3)海雾数值预报模式

华南沿海海雾数值预报模式基于中国气象局广州热带海洋气象研究所 GRAPES-3 km 区域数值预报模式(版本 mars_v1.0r)建立的，主要提供华南沿海区域的海雾数值预报产品，显示海上能见度信息。模式产品显示的范围是 105°～122.5°E，17°～26°N。目前模式每日运行一次（12 UTC），发布0～72 h 的逐小时预报。该海雾模式 2016 年在广东省局业务试运行，2019 年业务运行。目前 GRAPES-3 km 海雾模式已在国家气象中心台风与海洋气象中心、广东省气象台、海南省气象台等业务部门应用。由图 4.41 可见，GRAPES-3 km 海雾模式 2016—2019 年 4 a平均的海雾模式预报 24 h 的平均预报准确率为 78%，TS 评分为 0.30，HSS 评分为 0.32；海雾模式预报 48 h 的平均预报准确率为 79%，TS 评分为 0.31，HSS 评分为 0.33。对比检验还表明，GRAPES-3 km 海雾模式的预报评分优于前期的 GRAPES-MOS 海雾预报方法。

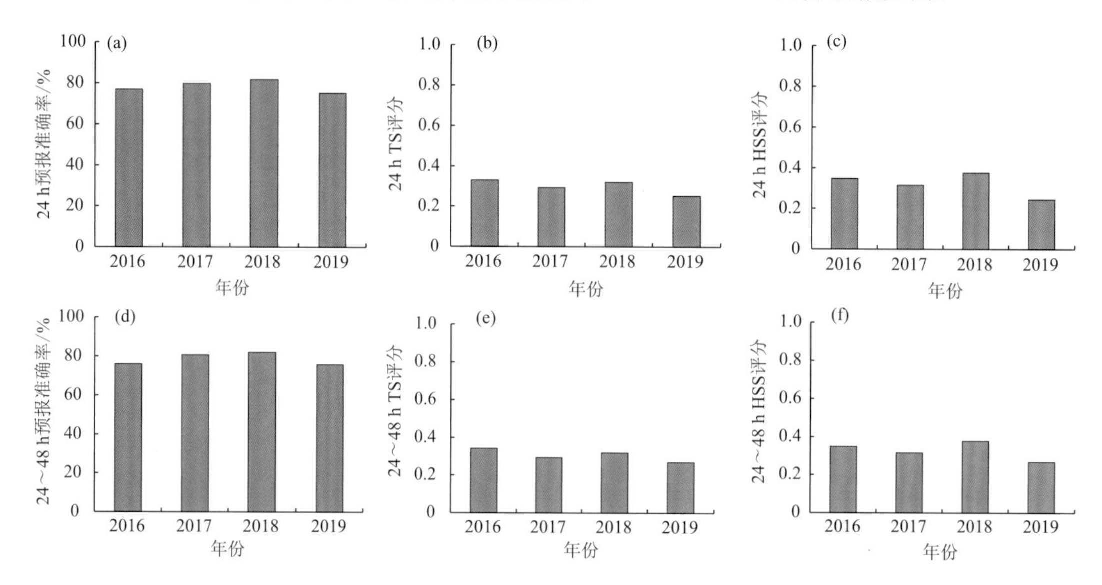

图 4.41　华南沿海海雾数值预报系统评分

4.4.2.2　华南沿海大风预报技术

（1）海上大风 MOS 预报方法

刘春霞等（2016）根据海洋气象数值预报系统的需要，基于南海代表站的观测资料和台风业务模式预报产品，建立 36 km 和 12 km 格点海面 10 m 风线性回归的 MOS 预报方法。具体方法：根据业务责任海区将南海分为 9 个区，选取南海 9 个海区中代表测站 25 个，按照 00 时和 12 时不同起报时间，以及 6、12、18、24、36、42、48、54、60、66、72 h 等不同预报时效，建立各个海区中每个代表站的模式预报和实测值之间 MOS 预报方程，并按照代表站的影响半径，针对每个海区每个格点按照距离权重进行模式预报产品订正（见下式），生成海面风 36 km 和 12 km 格点预报产品 $u(t)$。

$$U_s^f(t) = A\,U_m^f(t) + B \tag{4.5}$$

$$u(t) = W[U_s^f(t-1) - U_s^o(t-1)] + W\,U_s^f(t) \tag{4.6}$$

式中，U_s^f、U_s^o、U_m^f 分别表示代表站的预报值、观测值和模式直接输出预报值，A、B 是预报模型系数，t、$t-1$ 分别表示 t 和 $t-1$ 时刻，W 是代表站和格点之间的距离权重系数。

利用 2012—2013 年模式输出海面风和广东省近海 4 个浮标的 2 min 平均风观测值进行检验，检验结果显示新方法改进了模式直接输出的风场预报，12 km 海面风 24、48、72 h 均方根误差分别减小了 0.42 m/s、0.13 m/s、0.17 m/s，36 km 海面风 24、48、72 h 均方根误差分别减小了0.05 m/s、0.32 m/s、0.14 m/s，其中12 km海面风24 h预报均方根误差减小最大（图4.42）。MOS方法将近海各种观测资料引入，使得海面风预报误差在近海区域减小，但是在海上没有观测站点资料区域，模式预报没有得到改善。

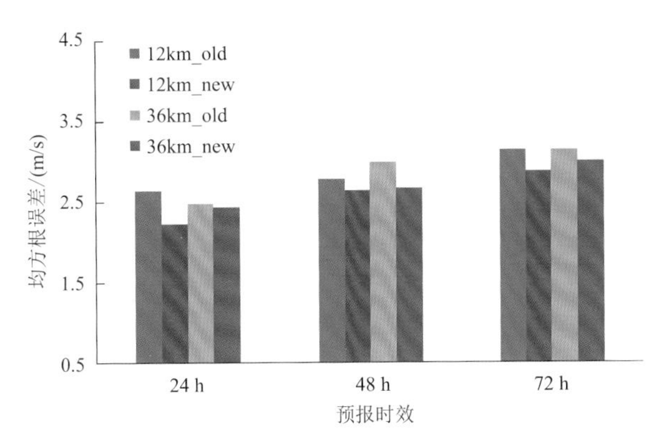

图4.42　36 km和12 km格点预报直接模式输出海面风(36km_old和12km_old)各预报时效的均方根误差，及36 km和12 km MOS方法解释应用(36km_new和12km_new)后各时效海面风预报均方根误差

（2）南海强风数值模式

南海强风模式基于中国气象局广州热带海洋气象研究所自主研发的GRAPES-3 km华南中尺度业务模式研发的，空间范围覆盖南海区域100°～130°E、0°～30°N，水平分辨率为3 km，垂直方向上为65层；采用ECMWF的0.1°× 0.1°的全球大气模式预报产品作为初始场和边界场。可提供72 h海上风的预报，输出产品的时间分辨率为1 h，输出格式为二进制格式。模式采用三维参考大气，垂直坐标高度地形追随坐标，垂直层次采用查理-菲利普（Charney-Philip）跳层设置，水平方向采用等距的经-纬格点和荒川C网格（Arakawa-C）差分格式，采用半隐式-半拉格朗日时间平流方案。垂直分层为65层。模式积云参数化方案采用改进的SAS（简单荒川-舒伯特方案）方案，包含浅对流和深对流方案，微物理过程采用WSM6（6分类简单微物理方案）方案、长短波辐射采用RRTMG（用于全球大气环流模式的快速辐射传输模式）方案，边界层方案采用改进版的MRF（美国环境预报中心中期预报模式的边界层方案MRF方案）方案，海陆面过程采用SMS（简化的陆面模式）方案。模式物理长短波辐射从原来的RRTM（快速辐射传输模式）方案升级为RRTMG方案。

由图4.43可以看出，台风在海上时ECM（欧洲中期预报中心模式预报场做初始边界条件）代表控制试验，采用边界层MRF方案，近地层采用的M-O（莫宁-奥布霍夫）相似理论；PBL1（边界层方案试验1）近地层方案同控制试验，边界层采用YSU方案（延世大学边界层方案），与控制试验效果相差不大，平均误差分别是2.14 m/s和2.01 m/s；PBL2（边界层方案试验2）采用的边界层和近地层方案为MYJ（Mellor-Yamada-Janjic 2.5阶湍流闭合模式），针对山竹台风登陆前模拟似乎更好一些。从台风强度模拟来看，近地层采用M-O方案，边界层采用YSU方案更接近观测值。

图4.44给出6级以上大风模式预报准确率检验结果。6～7级强风风速6～72 h预报的准确率都在0.5左右，平均来说6～48 h的预报准确率相对较高，普遍在0.6的水平，而54～72 h预报的准确率相对较低，在0.3～0.4的水平。6级以上强风的准确率也是在0.5左右，6～48 h预报的准确率相对较高，普遍在0.6的水平，而54～72 h预报的准确率相对较低，在0.3～0.4的水平。

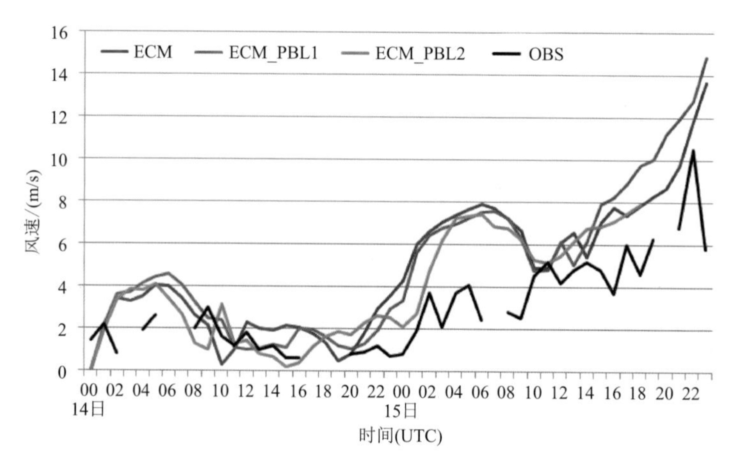

图 4.43　2018 年 9 月台风“山竹”影响期间不同参数化方案模拟深圳的风速和实测风速(OBS)

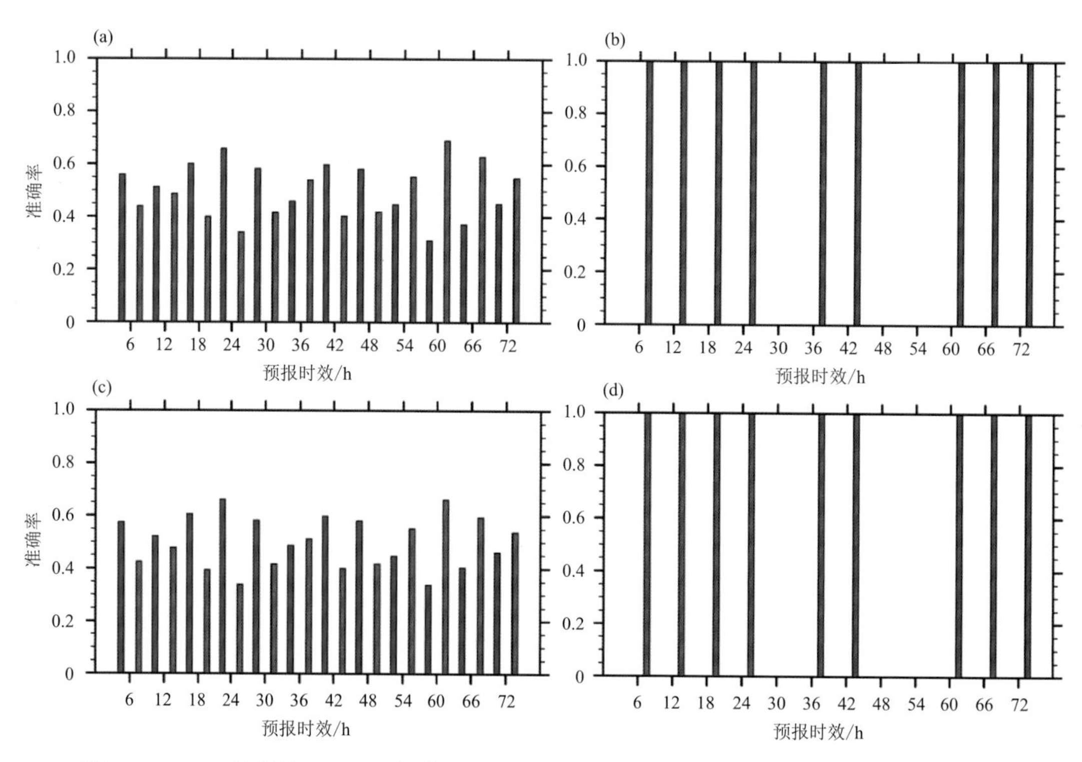

图 4.44　6～7 级强风(a)、8～9 级强风(b)风速 6～72 h 预报的准确率(蓝色)、偏弱率(红色)，以及 6 级以上强风(c)和 8 级以上强风(d)风速 6～72 h 预报的准确率(蓝色)和漏报率(红色)

4.4.2.3　华南海岸带风暴潮数值预报技术

南海区域风暴潮模式以浅水波方程作为控制方程，范围覆盖南海区域 0°～30°N，100°～130°E，水平分辨率约 3 km，水深和地形数据采用全球陆地海洋地形数据(ETOPO1)，提供南海周边国家风暴潮 0～72 h 预报。模式采用两种方法驱动风暴潮数值模式，一种是利用台风预报的路径、强度、大风半径、移动速度等台风资料，采用藤田气压模型(Fujita Model)和人造台风技术(Bogus Technology)获得台风地面风场和气压场，驱动风暴潮模式；另一种是直接将高分辨率大气模式 GRAPES 模式的地面风和气压预报值引入模式，驱动风暴潮模式。南海区域风暴潮模式是基于浅水波方程的二维线性正压模式，预报由于风搅拌和气压抽吸引起的水位增量，水平方向采用经纬度网格点。

南海风暴潮模式是基于浅水波方程的二维线性正压模式，风暴潮增水与海面风应力、海底摩擦、气压梯度抽吸有关，在模式中风应力计算如下式所示：

$$\tau(x,y) = \rho_{air} C_D W W(x,y) \tag{4.7}$$

式中，ρ_{air} 为大气密度，C_D 是海面拖曳系数，W 为 10 m 风速，$W(x,y)$ 是 x 和 y 方向风速，$\tau(x,y)$ 是 x 和 y 方向切应力。原有的风暴潮模式中 $C_D=0.0035$，不适用于南海浅水区高风速情况。Bi 等(2015)基于茂名科学试验基地观测资料分析获得了高风速条件下浅水区拖曳系数计算新方案，如下式所示。

$$C_D \times 1000 = \begin{cases} 0.073W + 0.5542 & W \leqslant 18 \text{ m/s} \\ -0.0391W + 2.5902 & 18 \text{ m/s} < W < 27 \text{ m/s} \\ 1.5 & W \geqslant 27 \text{ m/s} \end{cases} \tag{4.8}$$

图 4.45 给出了超强台风“威马逊”影响期间采用新旧方案后各测站风暴增水预报值和实测值。对比新旧方案，发现采用新方案后 8 个测站中有 6 个测站非常接近实际观测值，说明引入新的拖曳系数计算方案可以有效地改进风暴潮模式对于最大风暴增水的预报(刘春霞 等，2016)。

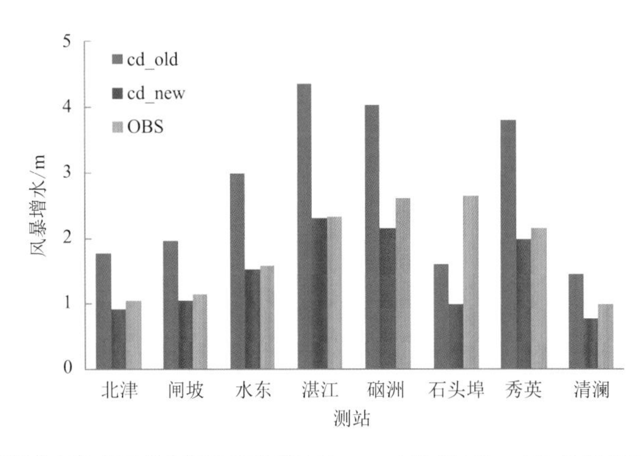

图 4.45 2014 年超强台风“威马逊”拖曳系数新(C_D_new)和旧(C_D_old)方案 2014 年 7 月 17 日 00 时(UTC)预报最大风暴增水及实测(OBS)最大风暴增水

4.4.2.4 华南海岸带海浪数值预报技术

华南近岸海浪模式是基于荷兰 Delft 大学(代尔夫特理工大学)开发的第三代波浪模式 SWAN(Simulating Waves Nearshore)。SWAN 海浪模式广泛应用于河口、近海等海浪预报和数值模拟。该模式采用球坐标系，水平模式格点为结构网格，分辨率 1/30°，大约 3 km。模式计算范围 106°～126°E，16°～25°N，采用地形数据为 NOAA 提供的 ETOPO1。波向分辨率为 15°，波浪频率的分辨范围 0.045～0.8 Hz，共分辨 26 个频率。模式输入风场采用 GRAPES 9 km 高分辨率海面风场，考虑了四组波-波相互作用、白冠效应、底摩擦耗散。SWAN 还考虑了海浪靠岸所伴随的过程如水深引起的波浪破碎、折射和频率空间的频移、三组波-波相互作用，但对衍射过程只是做近似处理，在某些条件下处理效果不佳。

图 4.46 给出了海浪模式 2016 年 1—11 月有效波高和有效周期的观测和预报。四个浮标站点 24 h 预报有效波高、波周期平均偏差分别为 0.34 m、2.69 s，均方根误差分别为 0.6 m 和 3.15 s；48 h 预报有效波高、波周期平均偏差分别为 0.01 m、2.07 s，均方根误差分别为 0.58 m、2.44 s。24 h、48 h 离散指数总体在 0.5 以下，24 h、48 h 预报有效波高的相关系数达到了 0.6 以上，超过了 $\alpha=0.01$ 显著性检验。与有效波高相比，24 h、48 h 预报平均周期预报相关系数明显偏低。总体来讲，该模式对于海浪预报具有较好的预报效果。

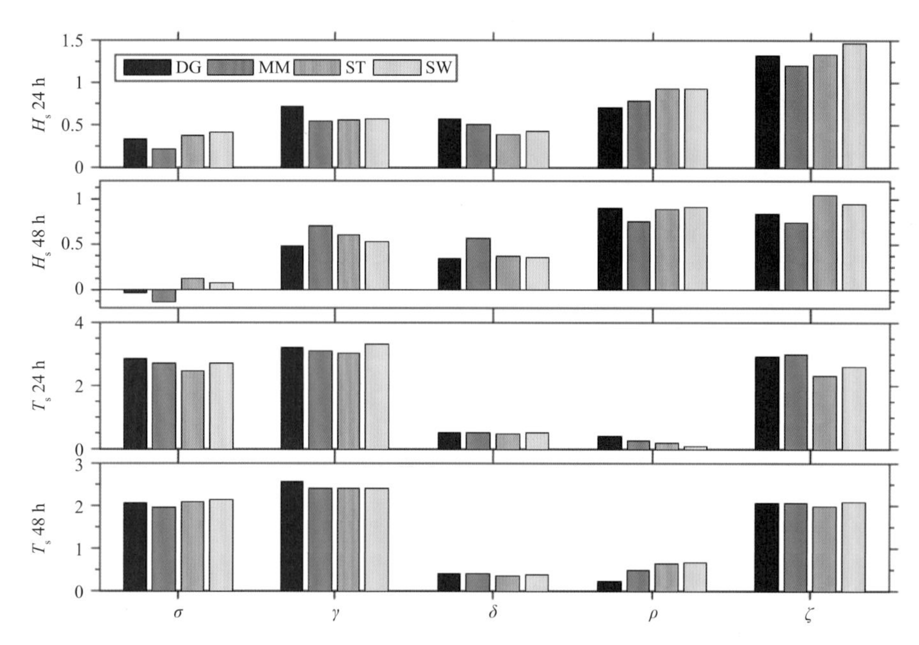

图 4.46 2016 年 1—11 月 SWAN 模式预报值与四个浮标站点（东莞(DG)、茂名(MM)、汕头(ST)和汕尾(SW)）之间的平均偏差(σ)、均方根误差(γ)、离散指数(δ)、相关系数(ρ)和系统偏斜度(ζ)柱状图，四幅子图自上而下依次对应 24 h、48 h 预报有效波高(H_s)，24 h、48 h 预报有效波周期(T_s)

4.5 本章小结

本章从华南海岸带生态气象观测、海岸带海-陆-气界面通量特征、海岸带生态遥感监测、海岸带主要生态气象灾害监测和预报等方面总结了华南海岸带生态气象的研究和业务工作，主要结论如下。

（1）华南海岸带生态气象观测网包括广东省气象业务观测网、海岸带海洋气象基地和环境气象观测系统，主要获取华南海岸带海-陆-气界面通量（动量、热量和 CO_2）、气溶胶物理化学特性和辐射特性、海洋环境要素（海温、海浪和风暴潮）和气象要素（能见度、风/温/湿/压）、气体特征分析等。

（2）基于华南海岸带海洋气象基地观测数据，研究分析了中低风速和强风速条件下湍流及海-气界面通量特征；发现华南海雾过程中拖曳系数与风速关系小于 4 m/s 和大于 4 m/s 时不同，自由对流状态（风速小于 2 m/s）时湍流发展最旺盛，整个海雾生消过程中湍流热量通量主要体现为负的热通量大气向海洋输送；春季冷空气入侵的过程中海面净辐射和净热通量从 3

月到4月有一个较大的增幅，该海域储存在海洋中的热量在4月最大；日平均海-气界面CO_2通量的变化范围$-0.5\sim0.4$ mg/($m^2\cdot s$)之间变化，海-气界面CO_2通量呈季节变化规律，在秋季11月通量绝对值出现极值，且风速增大和海洋边界层不稳对CO_2通量强度增大有明显的贡献；强风速条件下(如台风)拖曳系数在风速达到一定程度达到饱和，且达到饱和时的风速与水深有关，并建立了基于水深和风速的拖曳系数参数化方案。

(3)基于我国风云三号气象卫星 FY-3C/VIRR、FY-3D/MERSI、美国 EOS/MODIS、SNPP/VIIRS 以及欧洲 Sentinel 等卫星数据，研发了海洋悬浮物浓度、海水叶绿素a浓度和海洋表面温度等遥感反演算法以及红树林判识技术，针对珠江口悬浮物浓度、广东沿海叶绿素a浓度、南海海表温度和湛江红树林等开展实时监测。监测结果显示：广东省沿岸海域高悬浮物浓度水体主要分布在珠江入海口及其西侧近岸区域；叶绿素a高浓度区主要分布在珠江入海口西侧、粤东三江入海口附近海域及粤西湛江沿海区域；南海的年平均海面温度从北向南呈现由低到高的变化趋势，尤其在南海北部 SST 的变化梯度呈现与海岸线近似平行，南海海面温度在5、6月达到最大。

(4)通过对华南海岸带海雾边界层结构和生消物理机制，以及华南海岸带大风、海浪和风暴潮等海洋灾害特征分析研究，提出华南暖海雾与北方冷海雾过程形成机制明显不同，在暖海雾的形成和消散阶段风切变机械湍流的热量输送起主要作用，而在发展和维持阶段既有风切变机械湍流的热量输送作用也有雾顶长波辐射冷却热力湍流的热量输送作用。发现华南海岸带大风在不同的月份粤东、粤西和珠江口不同海区具有明显的差异，粤西区域主要表现为台风大风；风暴潮发生地点以珠江口区域和湛江湾最频繁，各岸段的历史风暴增水极值主要是由台风正面登陆相应岸段所导致；6级以上海浪(浪高4 m以上)主要因为登陆台风影响。

(5)建立了海雾和海上大风 MOS 预报方法和海雾决策树预报方法，构建了海雾、强风、海浪和风暴潮数值模式，并针对模式预报结果进行检验。检验结果显示2016—2019年4 a平均的海雾模式预报24 h的平均预报准确率为78%，TS评分为0.30，HSS评分为0.32；海雾模式预报48 h的平均预报准确率为79%，TS评分为0.31，HSS评分为0.33；6～7级强风风速6～48 h预报准确率为0.6，24 h预报有效波高平均偏差0.34 m，与观测相关系数达到0.6以上。

第5章 热带亚热带农业生态气象

广东自南向北跨越北热带、南亚热带、中亚热带三个气候带，农业生态气候资源丰富，适宜多种作物种植，如粮食作物、果树、蔬菜、茶叶、桑叶、南药等，同时，广东毗邻南海，季风气候典型，气象灾害种类多、范围广、频次高、危害重，是我国气象灾害最多最重的省份之一。在气候变化背景下，广东农业气候资源和气象灾害均发生了变化，作物种植适宜区域扩大或减少，极端气象灾害风险进一步加剧，开展农业气象试验、气候变化对作物影响、农业灾害风险评估及灾害风险管理研究极为重要。因此，本章重点介绍以下内容：①农业生态气象观测布局；②气候变化对作物种植适宜性影响；③农业气象观测试验及技术研究；④农业气象灾害评估；⑤气象指数保险在广东的应用。

5.1 农业生态气象观测布局

5.1.1 农业气象观测站

广东农业气象观测任务分为中国气象局管理项目和省级管理项目。

(1)中国气象局管理项目

双季稻(早稻、晚稻)严格按照《农业气象观测规范》进行观测、填报报表，并通过农业气象测报软件上报观测资料。

(2)省级管理项目

各农气站根据表5.1所列的作物观测、物候观测、特色观测等内容(国家气象局，1993)，按照《农业气象观测规范》观测、填报报表，并通过农业气象测报软件上报观测资料。

表5.1 省级管理项目——特色观测项目

省份	站点	中国气象局管理项目		各省(区、市)管理项目					
				作物观测		物候观测		特色观测	
		观测项目	合计	观测项目	合计	观测项目	合计	观测项目	合计
广东	化州	双季早稻、双季晚稻	2	花生	1	楝树	1	橘红	1
广东	高要	双季早稻、双季晚稻	2	春花生、甘薯	2	楝树、木棉	1	柑橘	1
广东	陆丰	双季早稻、双季晚稻	2	花生	1	楝树、木棉	1	荔枝	1
广东	徐闻	双季早稻、双季晚稻	2	甘蔗、蔬菜	2	苦楝、家燕、蚱蝉	2	香蕉	1

续表

省份	站点	中国气象局管理项目		各省(区、市)管理项目					
				作物观测		物候观测		特色观测	
		观测项目	合计	观测项目	合计	观测项目	合计	观测项目	合计
广东	南海	双季早稻、双季晚稻	2	花生、蔬菜	2	木棉、玉兰	1	桃花	1
广东	曲江	双季早稻、双季晚稻	2	春花生	1	楝树	1	沙田柚	1
广东	梅县	双季早稻、双季晚稻	2	蔬菜	1	楝树	1	沙田柚	1
广东	阳西	双季早稻、双季晚稻	2			楝树、木棉	1	荔枝	1
广东	中山	双季早稻、双季晚稻	2			楝树、木棉	1	龙眼	1
广东	饶平	双季早稻、双季晚稻	2			木棉、桑树、蚱蝉、青蛙	2	香蕉	1
广东	紫金	双季早稻、双季晚稻	2	蔬菜	1	楝树、家燕、蚱蝉	2	李子	1
广东	连州	双季早稻、双季晚稻	2	春花生、蔬菜	2	楝树、垂柳、家燕、青蛙	2		6
广东	龙门	双季早稻、双季晚稻	2	花生、蔬菜	2				
广东	潮阳	双季早稻、双季晚稻	2	蔬菜	1			香蕉	1
广东	封开	双季早稻、双季晚稻	2	蔬菜	1	木棉、玉兰	1	柑橘	1
广东	广宁	双季早稻、双季晚稻	2	蔬菜	1	楝树	1	砂糖橘	1
广东	五华	双季早稻、双季晚稻	2	蔬菜	1	楝树、木棉	1	沙田柚	1
广东	罗定	双季早稻、双季晚稻	2	春花生、蔬菜	2	楝树、木棉	1	荔枝	1
广东	普宁	双季早稻、双季晚稻	2			木棉	1	蕉柑、水产	2
广东	南雄	双季早稻、双季晚稻	2	花生	1	楝树、玉兰	1	烟草	1
广东	台山	双季早稻、双季晚稻	2	蔬菜	1	木棉、垂柳	1	杂交松树	1
广东	连平	双季早稻、双季晚稻	2	春花生、蔬菜	2	楝树、家燕	2		
广东	从化	双季早稻、双季晚稻	2	蔬菜	1	木棉、楝树、垂柳	1	荔枝	1
广东	信宜	双季早稻、双季晚稻	2			楝树	1	龙眼	1
广东	东莞					木棉	1	荔枝、香蕉、水产	3
广东	番禺			蔬菜	1	木棉	1	香蕉、兰花、水产	3

5.1.2 现代农业物候观测布局

为夯实广东省农业气象观测基础，推进广东省气象为农服务工作，根据特色农业气象服务业务和科研需求，分别在广东北部、中部、南部选择有代表性的县(区)，以及具有一定观赏性、代表性的花卉和岭南特色佳果，开展现代农业物候观测。目前，已确定在广东省建立18套特色农业气象观测站，包括水稻、特色水果和花卉观测站，设备主要包括实景监测系统和气象观测系统(详见表5.2)，示例见图5.1。

表 5.2　广东省现代农业物候观测网选址

序号	地市	县(区)	观测作物	套数/套
1	茂名	信宜	三华李	1
		高州	荔枝	1
2	江门	新会	新会柑	1
		新会	新会柑	1
3	梅州	丰顺	高山茶	2
		大埔	蜜柚	2
4	清远	英德	英红茶	1
		佛冈	水稻	1
5	河源	连平	鹰嘴桃	1
6	汕尾	海丰	水稻	2
7	佛山	南海	桃花	1
8	惠州	博罗	荔枝	1
9	韶关	仁化	长坝沙田柚	1
		乳源	桃花	1
10	湛江	雷州	水稻	1
合计				18

图 5.1　江门新会柑物候观测站

5.1.3　设施农业观测布局

随着我国现代化进程的发展,资源开发与生态环境保护的矛盾日益显现,农业生产的可持续发展面临严峻的挑战。如何在资源利用与保护之间获取最优的平衡,保障农产品质量安全,以合理经济的少投入获得高回报,避免资源浪费和环境污染,成为现代生态农业生产迫切需要解决的关键问题,设施农业应运而生。

5.1.3.1 广东设施农业面积和分布

近年，设施农业作为新型产业在我国获得突飞猛进的发展，2014 年我国温室设施面积高达 410.9 万 hm^2，占全世界温室设施面积的 85%以上，总面积和总产量均居世界首列。设施农业作为解决我国耕地问题以及保障农产品质量安全的重要现代农业生产模式，改变了传统农业“靠天吃饭”的局面，使现代农业向环境友好型、安全农业生产以及现代化农业发展，是我国未来农业现代化发展的一个重要方向。广东热量气候资源丰富，因此，设施农业起步较晚。近年随着我国农业工程技术的快速发展和城乡居民生活需求的增加，广东省设施农业发展加快，设施农业面积迅速扩大。第三次全国农业普查显示，2016 年末，广东省温室占地面积 3.40 千公顷，较 10 a 前增长了 180.3%；大棚占地面积 10.67 千公顷，较 10 a 前增长了 78.7%。珠江三角洲地区的设施农业面积占比最大，温室和大棚占地面积分别占全省总数的一半以上。

5.1.3.2 蔬菜生产设施类型

设施类型主要有大型连栋玻璃温室、塑料薄膜大棚、遮阴棚、小拱棚和地膜覆盖。早年广东的蔬菜设施栽培形式主要是以保温防寒为目的的塑料薄膜小拱棚和起遮阳降温作用的凉爽纱覆盖(刘士哲 等，2002)。早期的温室主要是玻璃角钢构造，后来发展为以装配式拱型镀锌管和锯齿形大棚为主。连栋薄膜大棚由于比玻璃角钢温室造价低，较坚固，且通风性能好，利用面积大，因而近期发展很快。近年来广东省大力发展设施种植装备，特别以广东省农业产业园建设发展为契机涌现出一批基于物联网的智能温室，智能化监控系统基于温室内的空气温度、湿度、二氧化碳浓度、光照强度、水肥浓度、pH 值等环境因子和作物生长的实时监测，通过数据分析判断作物长势，预测环境变化，预警病虫害发展，实现农业生产的智能化和自动化，提高农业生产效率的同时保证农产品质量，是现代农业发展的新方向。

5.1.3.3 广东蔬菜生产设施的气象调控能力

设施在蔬菜生产中的应用在一定程度上抵御了影响蔬菜生长的不良环境，不仅使得蔬菜的生长得以较为正常地进行，提高了产量和质量，而且可以提早上市甚至进行反季节生产，使得种植者取得较好的经济效益。这是近十多年来广东省蔬菜设施栽培应用越来越普遍的根本原因。影响广东省蔬菜生产的不良环境在一年中主要是出现在两个时段：一个是伴以低温、寡照和连阴雨的冬季和早春时期；一个是以高温伴随暴雨和台风为特点的夏季和初秋时节，这是造成广东蔬菜供应出现“春淡”和“秋淡”的主要原因(涂悦贤，1990)。为抵御不良生产环境，常用农用塑料薄膜和遮阳网等保护材料覆盖栽培实现蔬菜的全年优质生产。

塑料薄膜大棚集塑料薄膜、遮阳网等多种设施生产资料于一身，是目前综合性能和性价比较高的设施农业形式。它在一定程度上能在低温的冬季和早春季节进行保温，当冷空气来临前关闭大棚薄膜进行保温，棚内气温可比外界高 4～5 ℃，其中白天的温差为 5～6 ℃，夜间温差为 3～4 ℃。大棚安装加温装置更可提高棚温至作物较适宜的温度。薄膜的覆盖还能使蔬菜抵住北风的吹袭，少受冷害或冻害的危害。在夏季，薄膜大棚可以完全抵御暴风雨对作物的袭击，棚内外安装了降温装置如遮阳网、水帘、风机降温等，可以更好地抵御高温对作物的危害。拱型锯齿形薄膜温室大棚是针对广东省气候特征设计的生产型薄膜温室大棚，见图 5.2。其主要特点是具有向南的锯齿形开口，增大了大棚的通风面积，夏季的时候可接受凉爽的南风，冬季的时候可抵御北风的侵袭，在外遮阳的配合下，自然通风效果可达室内外温差 2～5 ℃。温室大棚主体采用非国际碳素结构钢，表面经热镀防锈处理的材料，使用寿命达 10～15 a，可抵御11级以下大风的侵袭。顶部覆盖塑料薄膜，可以避免蔬菜遭受暴雨、酸雨等灾害性天气袭击。四周及锯齿形开口包围两层结构，一层是高密度聚乙烯防虫网，可有效防止外界昆虫的进入，40～60目的防虫网能有效预防白粉虱、蛹虫等小型害虫进入；二层是薄膜卷帘，寒冷时将薄膜卷帘放下，保温效果达到室内外温差5～10 ℃。

图5.2　增城迟菜心锯齿形薄膜温室大棚

5.2　气候变化对作物种植适宜性影响

5.2.1　水稻

根据双季稻生长、产量形成与气候的关系，以日平均气温≥10 ℃的活动积温、安全生育期(早稻安全播种期至晚稻成熟期的持续日数，即日平均气温稳定≥10 ℃初日至≥22 ℃终日的间隔日数)和稳定通过10～15 ℃的天数的主要影响因子作为双季稻气候区划的指标，将双季稻种植气候区划分为四级(何燕 等，2013；杜尧东 等，2018)，详见表5.3和图5.3。

表5.3　广东双季稻种植的气候适宜性区划指标

种植适宜性	≥10 ℃积温/(℃·d)	安全生育期/d	10～15 ℃的天数/d	综合指标
最适宜区	≥8000	≥245	≥285	<−1
适宜区	[6500,8000)	[230,245)	[260,285)	[−1,0.5)
次适宜区	[6000,6500)	[200,230)	[245,260)	[0.5,1.5)
不适宜区	<6000	<200	<245	≥1.5

5.2.1.1　最适宜区

最适宜种植区主要分布在西南部的湛江、茂名、阳江、江门、珠海、中山，东南部的潮州、汕

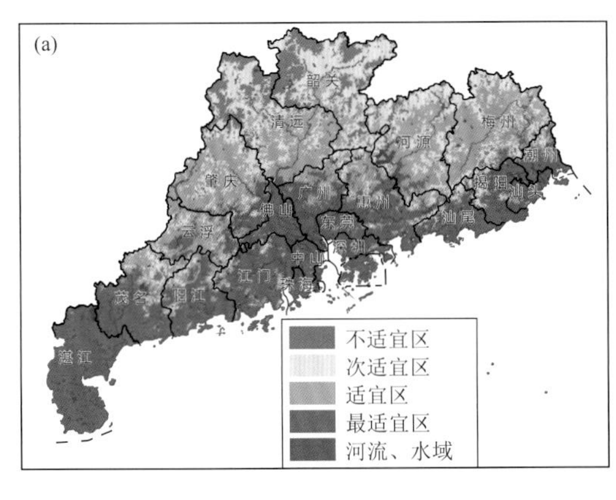

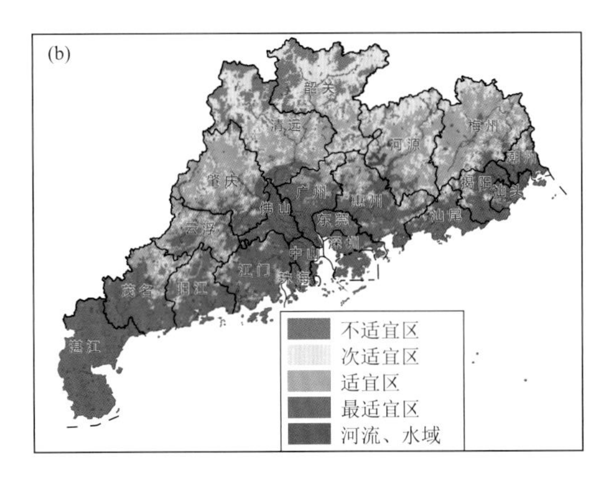

图5.3 广东省双季稻气候区划图

(a)1961—1990年;(b)1981—2010年

头、潮阳、汕尾、惠州,以及中部的广州、佛山、云浮大部地区。该区域≥10 ℃积温在8000 ℃·d左右,安全生育期>245 d,日平均气温稳定通过10 ℃始现期至≥15 ℃终现期的间隔天数>285 d。该区域是广东水稻主要种植区,热量、光照充足,要充分发挥安全生育期长的特点,早晚稻均可选育晚熟的优质、丰产品种,利于高产稳产。

5.2.1.2 适宜区

较适宜种植区主要分布在肇庆、清远、韶关、河源、梅州的南部,以及广州、佛山、云浮北部部分地区。该区≥10 ℃年积温基本在6500~8000 ℃·d,安全生育期230~245 d,稳定通过10~15 ℃的天数260~285 d。该区域热量和光照仍较为充足,所以本区适宜种植发展中晚熟品种双季水稻,品种选择搭配以中熟+中熟、中熟+晚熟、晚熟+中熟为主。

5.2.1.3 次适宜区

该区≥10 ℃年积温基本在6000~6500 ℃·d,安全生育期200~230 d,稳定通过10~15 ℃的天数245~260 d。该区域热量和光资源条件稍显不足,安全生育期较短,适宜种植发展早熟品种双季水稻,品种选择搭配以早熟+早熟为主。

5.2.1.4 不适宜区

该区≥10 ℃年积温基本<6000 ℃·d,安全生育期<200 d,稳定通过10~15 ℃的天数<245 d。本区热量条件明显不足,易受春季低温、秋季寒露风的影响,不宜种植双季稻,建议种植发展单季稻再生稻为主。为了提高温度、光照和水的有效性,应将水稻主要发育期安排在温度和光照相对集中的时间内,利于高产和稳产。

5.2.1.5 定量评估

对比气候变化前后水稻区划变化情况,1961年—20世纪90年代:最适宜区面积7.45万km^2,占41.46%;适宜区面积4.97万km^2,占27.62%;次适宜区面积4.03万km^2,占22.39%;不适宜区面积1.53万km^2,仅占8.53%,且大部分地区为高山地区。1981年—21世纪10年代:最适宜区面积8.11万km^2,占45.10%;适宜区面积4.70万km^2,占26.13%;次适宜区面积3.76万km^2,占20.90%;不适宜区面积1.42万km^2,仅占7.87%。在气候变暖背景下,最适宜区进一步增加,有利于水稻种植。

5.2.2 荔枝

广东年降水量和日照时数基本符合荔枝生长需要，限制广东荔枝地理分布的主要因子有年平均气温、极端最低气温、花芽形态分化关键期气温和开花坐果期的降水条件。通过分析广东荔枝生育与气象条件的关系，以年平均气温、累年极端最低气温、荔枝花芽形态分化关键期(1 月)的平均气温及开花坐果期(3 月)的降水量(丁丽佳 等，2011)作为荔枝气候区划指标，将荔枝种植气候区划分为三级，具体见表 5.4 和图 5.4。

表 5.4 荔枝气候适宜性区划指标

种植适宜性	年平均气温/℃	极端最低气温/℃	花芽分化期气温/℃	开花坐果期降水/mm
适宜区	[21,23]	[−3,−1]	[12,15.5]	[65,100]
次适宜区	[20,21),>23	(−2,−1),≥3	[10,12),>15.5	<65,(100,150]
不适宜区	<20	(−1,3)	<10	>150

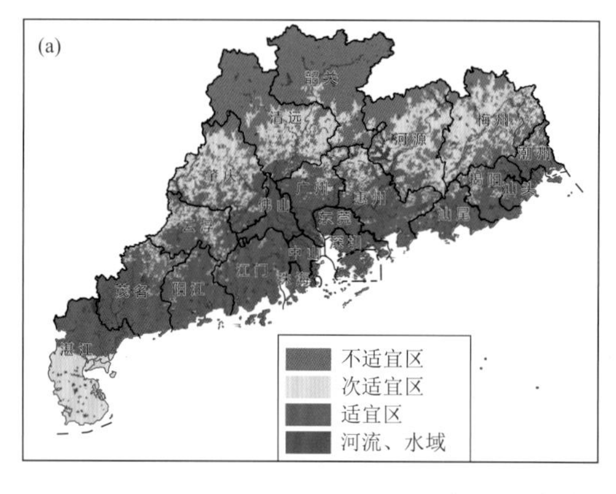

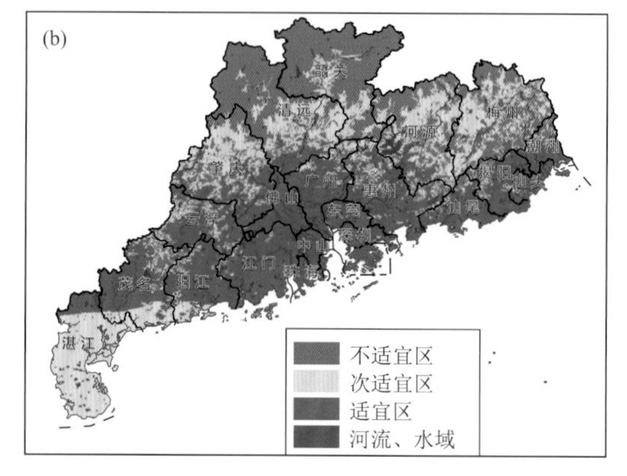

图 5.4 广东省荔枝气候区划图

(a)1961—1990 年；(b)1981—2010 年

5.2.2.1 适宜区

适宜种植区主要分布在广东中片纬度的江门、中山、佛山、广州、惠州、东莞、深圳、揭阳、汕尾、汕头，及阳江、茂名的中部和北部的非高山地区，湛江的西北角，云浮和揭阳大部，潮州和肇庆南部，清远和河源的南沿。该区年平均气温介于 21～23 ℃，极端最低气温在−3～−1 ℃之间，热量资源丰富，适宜荔枝整个生长期对于温度的要求；花芽分化期气温介于 12～15.5 ℃，能够满足荔枝安全花芽分化的条件；开花坐果期降水介于 65～150 mm，满足荔枝坐果期的水分需求。该区域温光水资源充足，雨热同季，冬季气温适宜荔枝花芽形态分化，春雨量适宜、低温阴雨结束早，有利于荔枝开花坐果，是广东荔枝种植的重点发展地区，在本区域充分利用气候资源和自然资源的基础上，可以选用优良品种，有计划、有步骤、有组织地进行荔枝生产基地的规划，进行批量生产，以提高该区域荔枝种植的经济效益。

5.2.2.2 次适宜区

次适宜区主要分布在广东北部的肇庆中北部大部分地区，清远中南部，韶关中南部的少部分地区，河源、梅州的部分地区，及南部地区的湛江，茂名和阳江南部。位于北部的次适宜区，冬季平均气温较低，年平均气温介于 20～21 ℃，极端最低气温在－2～－1 ℃之间，有利于荔枝花芽形态分化，但也易遭受冻害，不利于安全越冬，且春季低温阴雨结束较迟年份，对荔枝花期有一定影响。位于南部的次适宜区，春季低温阴雨轻，年平均气温大于 23 ℃，极端最低气温在 3 ℃以上，开花分化期气温大于 15.5 ℃；夏秋多雨、开花坐果期降水介于 100～150 mm；遇到冬季气温偏高的年份，荔枝花芽形态分化不能顺利进行。所以该区不适宜大面积发展荔枝，但可以选择适宜品种进行局部种植，避免受到低温阴雨和不适量水分影响而产生损失或造成低产。

5.2.2.3 不适宜区

不适宜种植区主要分布在韶关的大部分地区、清远的中北部、河源、梅州和肇庆的部分地区，潮州的西北角。该年平均气温小于 20 ℃，极端最低气温在－1～3 ℃之间，花芽分化期气温小于 10 ℃，开花坐果期降水大于 150 mm。本区绝大部分地区失去荔枝经济栽培意义，不适宜荔枝种植。

5.2.2.4 定量评估

对比气候变化前后荔枝区划变化情况，1961 年—20 世纪 90 年代：适宜区面积 8.59 万 km^2，占 47.76%；次适宜区面积 4.29 万 km^2，占 23.84%；不适宜区面积 5.11 万 km^2，占 28.41%。1981 年—21 世纪 10 年代：适宜区面积 8.22 万 km^2，占 45.73%；次适宜区面积 5.10 万 km^2，占 28.35%；不适宜区面积 4.66 万 km^2，占 25.93%。在气候变暖背景下，最适宜区面积减少，生产上应引起重视。

5.2.3 龙眼

龙眼对温度特别敏感，也是限制龙眼地理分布不广的主要因素。根据相关的实地考察和调查分析：①年平均气温和日平均气温≥10 ℃的年积温可以反映龙眼生长的热量状况；②年极端最低气温是反映龙眼能否安全越冬的重要气候因子；③开花坐果期是龙眼产量形成的最关键时期之一，该时期要求适宜的温度、充足的光照和湿润、微风的环境，而 4 月中旬—5 月上旬即为龙眼生殖生长关键时期，期间的日照时数影响龙眼产量，是其关键的气候区划因子（薛丽芳 等，2011）。因此，以年平均气温、≥10 ℃的年积温、年极端最低气温、4 月中旬—5 月上旬日照时数作为龙眼气候区划指标，将龙眼种植气候区划分为四级，具体见表 5.5 和图 5.5。

表 5.5 龙眼种植的气候适宜性区划指标

种植适宜性	年平均气温/℃	≥10 ℃积温/(℃·d)	年极端最低气温/℃	4 月中旬—5 月上旬日照时数/h
不适宜区	<19	<6500	<－4	<120
次适宜区	[19,20)	[6500,6800)	[－4,－2)	[120,130)
适宜区	[20,21)	[6800,7200),>8200	[－2,0)	[130,140)
最适宜区	≥21	[7200,8200]	≥0	≥140

5.2.3.1 最适宜区

广东龙眼最适宜种植区主要分布在惠东县、茂名市、揭阳市、化州市、廉江市、湛江市、遂溪

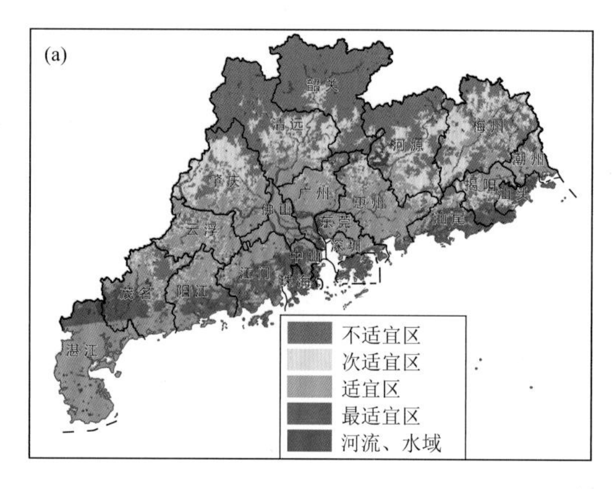

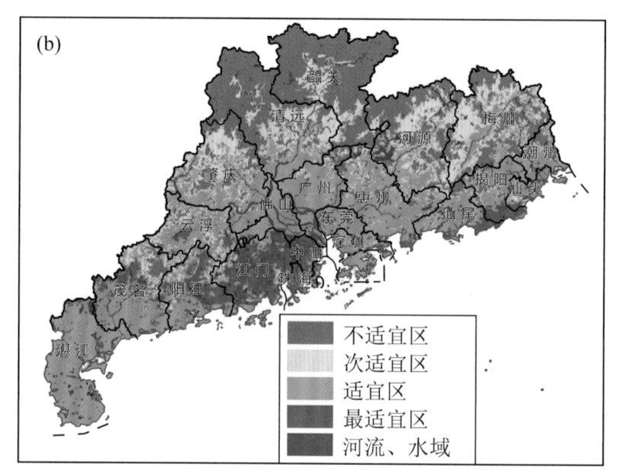

图 5.5 广东省龙眼气候区划图

(a)1961—1990 年;(b)1981—2010 年

县、徐闻县以及雷州市等地区。该区年平均气温大于 21 ℃,极端最低气温大于 0 ℃,同时日平均气温≥10 ℃年积温基本在 7200～8200 ℃・d 左右,热量资源丰富,适宜龙眼整个生长期对于温度的要求,其中 4 月中旬—5 月上旬的日照时数大都在 140 h 左右,日照条件充足,利于龙眼在生殖生长期间的生长发育。该区域是广东龙眼种植的重点发展对象,适宜在此大范围进行种植,以此提高广东省龙眼的经济效益。

5.2.3.2 适宜区

广东龙眼适宜种植区主要分布在广州市、阳江市、惠州市、罗定市及高州市部分区域。该区年平均气温基本在 20～21 ℃,极端最低气温处于－2～0 ℃,日平均气温≥10 ℃年积温基本都在 6800～7200 ℃・d,整体的热量条件基本能满足龙眼需求,只是偶尔出现年极端最低气温低于 0 ℃时才会对龙眼幼苗产生冻害。因此,应该选择耐寒的优良品种,趋利避害,以提高该区龙眼的产量和质量。

5.2.3.3 次适宜区

广东龙眼次适宜种植区主要分布在英德市、封开县、怀集县、龙川县、五华县、兴宁县等地区。该区年平均气温基本在 18 ℃左右,年极端最低气温在－4 ℃左右,光照条件一般,4 月中旬到 5 月上旬的日照时数基本小于 120 h。该区由于年极端最低气温较低,对于幼苗期和大树期都会产生冻害影响。因此,在进行龙眼品种选取时,除选择耐寒品种外,还应在冬季对幼苗采取保暖措施。该区的龙眼种植应因地适宜,选取合适的区域分区种植,不适宜大面积种植,以免发生冻害,影响龙眼产量和质量。

5.2.3.4 不适宜区

广东龙眼不适宜种植区主要分布在连南瑶族自治县、连州市、乐昌市、仁化县、南雄市、始兴县等广东最北部地区。该区年平均气温基本低于 18 ℃,极端气温低于－4 ℃,越冬气候条件不适宜龙眼生长,同时由于日平均气温≥10 ℃年积温小于 6500 ℃・d,热量条件基本不能满足龙眼生长需求,所以该区是龙眼的不适宜种植区域,应避免种植龙眼。

5.2.3.5 定量评估

对比气候变化前后龙眼区划变化情况,1961 年—20 世纪 90 年代:适宜区面积 2.30 万 km^2,

占12.79%；适宜区面积6.01万km^2，占33.42%；次适宜区面积3.66万km^2，占20.33%；不适宜区面积6.01万km^2，占33.45%。1981年—21世纪10年代：适宜区面积1.92万km^2，占10.69%；适宜区面积7.21万km^2，占40.11%；次适宜区面积3.54万km^2，占19.68%；不适宜区面积5.31万km^2，占29.53%。在气候变暖背景下，最适宜区面积减少，生产上应引起重视。

5.2.4 香蕉

香蕉原产热带地区，适应于热带和亚热带的气候条件，对热量条件要求较高，表现为喜湿热，怕寒害和霜冻。年平均气温和≥10 ℃积温可以反映香蕉全年的热量条件；1月平均最低气温和年极端最低气温是反映冬季低温水平的重要指标，其与香蕉能否安全越冬有较密切的关系；香蕉在日最低气温≤5 ℃时植株各部分受冻害，若持续时间较长，地上部分会冻死即受寒害，即日最低气温≤5 ℃的天数反映香蕉受冻的程度（郑璟 等，2015）。因此，以年平均气温、≥10 ℃的年积温、1月平均最低气温、年极端最低气温、日最低气温≤5 ℃的天数作为香蕉气候区划指标，将龙眼种植气候区划分为四级，具体见表5.6和图5.6。

表5.6 香蕉种植的气候适宜性区划指标

种植适宜性	年平均气温/℃	≥10 ℃积温/(℃·d)	1月平均最低气温/℃	年极端最低气温/℃	日最低气温≤5 ℃天数/d
不适宜区	<20	<6500	<0	<−2	>25
次适宜区	[20,21)	[6500,7500)	[0,3)	[−2,2)	(15,25]
适宜区	[21,22)	[7500,8000)	[3,5)	[2,3.5)	(5,15]
最适宜区	≥22	≥8000	≥5	≥3.5	≤5

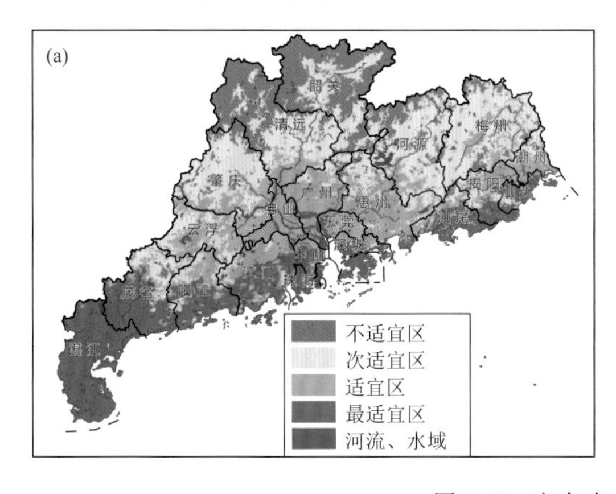

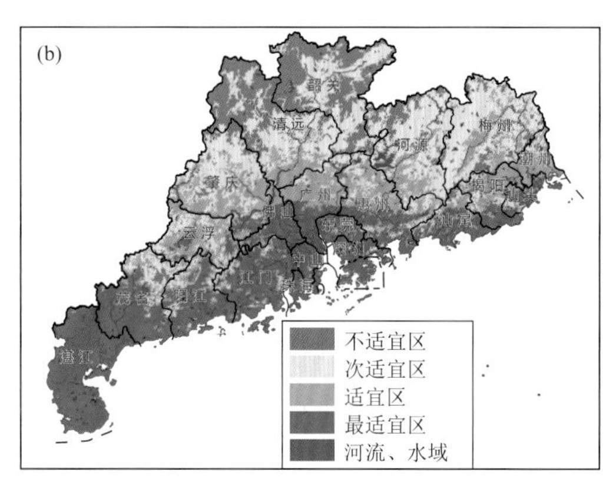

图5.6 广东省香蕉气候区划图
(a)1961—1990年；(b)1981—2010年

5.2.4.1 最适宜区

最适宜种植区主要分布在西南部的湛江、茂名、阳江、江门、中山，中部地区的佛山、广州，东南部的东莞、深圳、惠州、汕尾和揭阳的偏南地区。该区年平均气温大于22 ℃，≥10 ℃积温基本在8000 ℃·d左右，热量资源丰富，适宜香蕉整个生长期对于温度的要求；极端最低气温和1月份平均最低气温分别大于3.5 ℃和5 ℃，能够满足香蕉安全越冬的条件；同时日最低气温≤5 ℃的天数≤5 d，香蕉整个生长期不会产生冻害。该区域是广东香蕉种植的重点发展地区，在本区域充分利用气候资源和自然资源的基础上，可以选用优良品种，有计划、有步骤、有组织地进行香蕉生产基地的规划，进行批量生产，以提高该区域香蕉种植的经济效益。

5.2.4.2 适宜区

适宜种植区主要分布在中部的云浮、肇庆、佛山、广州，东南部的惠州、汕尾、揭阳的偏北地区。该区年平均气温基本在21～22 ℃，≥10 ℃年积温基本在7500～8000 ℃·d，热量条件基本能满足香蕉的生长；极端最低气温和1月平均最低气温分别在2.0～3.5 ℃和3～5 ℃；同时日最低气温≤5 ℃的天数为5～15 d，越冬期低温寒害较轻，对香蕉生长不会产生较大影响。该区域是本省香蕉的主要生产基地，土地肥沃，气候资源丰富，香蕉可以四季种栽，周年生长，果实饱满，果品优良。

5.2.4.3 次适宜区

次适宜种植区主要分布在中部的云浮、肇庆的山区，以及北部清远、韶关、河源、梅州的南部小部分地区。该区年平均气温基本在20～21 ℃，≥10 ℃年积温基本处于6500～7500 ℃·d；极端最低气温和1月平均最低气温分别在−2～2 ℃和7～10 ℃；同时日最低气温≤5 ℃的天数为15～25 d。该区冬季寒害较重，所以不适宜大面积发展香蕉，但可以选择避风避寒的区域进行局部种植，并选取耐寒早熟的品种，实行春暖栽培，当年秋冬季节成熟收果，避免受到冬季寒害，或者采用生育期短、产量高的试管焦苗，以提高种植的效率，避免受冻害而产生损失。

5.2.4.4 不适宜区

不适宜种植区主要分布在北部清远、韶关、河源、梅州的偏北大部地区。该区年平均气温基本小于20 ℃，≥ 10 ℃年积温基本小于6500 ℃·d；极端最低气温和1月平均最低气温分别小于− 2 ℃和7 ℃；同时日最低气温≤5 ℃的天数大于25 d。该区域热量条件较差，绝大部分地区失去经济栽培意义，不能满足香蕉整个生长期的热量条需要，低温寒害较严重，香蕉植株无法安全越冬，不适宜香蕉种植，应避免在此区域种植。

5.2.4.5 定量评估

对比气候变化前后水稻区划变化情况，1961年—20世纪90年代：最适宜区面积3.84万km^2，占21.37%；适宜区面积4.56万km^2，占25.38%；次适宜区面积6.49万km^2，占36.07%；不适宜区面积3.09万km^2，占17.18%。1981年—21世纪10年代：最适宜区面积5.61万km^2，占31.20%；适宜区面积3.59万km^2，占19.96%；次适宜区面积6.02万km^2，占33.49%；不适宜区面积2.76万km^2，占15.35%。

5.3 农业气象观测试验及技术研究

5.3.1 南海农业气象试验站

南海农业气象试验站为国家一级农业气象试验站，1961年4月成立于广州市从化县旗杆镇，1963年迁至广东省佛山市南海区桂城镇，2016年3月迁至广东省佛山市南海区狮山镇，占地59.5622亩。

南海农业气象试验站立足于农业气象科研试验，跟踪农业生产热点，长期关注和深入调研农业生产中的气象问题，做到科研立项来源于生产实际，科研成果服务于生产。目前已建成包括水生态试验区、水稻试验田、旱地作物试验田、现代设施农业和林果等多种生态类型的定位观测站，通过开展不同农业生态类型的生态观测，成为广东省农业生态观测的重要示范基地。同时，还开展了大气污染防治、臭氧及温室气体观测等生态环境气象服务。

5.3.2 淡水鱼水生态监测试验

5.3.2.1 水体不同层次温度观测

在广东省农业气象试验站建设鱼塘气象观测平台开展观测试验。平台布设在距离鱼塘塘基 3 m 以上的水体中，利用槽钢、镀锌圆钢、钢板、角钢、连接扣件组装搭建。通过完善电力、通信、外场监测终端、数据光端机、路由器等安装及数据传输保障等，实现观测要素的在线监测和数据收集。

试验设计采集要素包括：①鱼塘水体不同层次温度、溶解氧等要素；②鱼塘水面上空气温、湿度、气压、降雨、辐射(日照)、风速等气象要素。

5.3.2.2 水体温度垂直变化规律及其与气象要素的关系

基于观测数据，采用统计与分析方法，研究鱼塘水体温度垂直变化规律，探索影响鱼塘淡水养殖的关键气象指标，构建鱼塘水体不同层次温度变化与天气条件之间的关系模型；结合现有气象设备和技术，提出淡水养殖气象预报预警服务合理意见和建议并尝试开展技术服务，在实际应用中不断提高和完善，为构建淡水养殖气象灾害风险评估模型、搭建淡水养殖气象技术服务体系提供技术支持和前期研究基础。

5.3.2.3 鱼塘水体温度预测模型构建

水温的变化不仅直接影响鱼类自身的生长、繁殖、越冬、喂食，以及对疾病的抵抗等，同时也影响到水中的溶解氧含量、池塘的物质循环速度等其他环境因子。以水温与气温、气压、风速等之间的关系作为主要研究对象，遴选当日、前 1～3 d 的相关气象因子为预报因子，采用多元回归、逐步回归、模糊聚类等统计方法建立低温寡照型、急剧降温降压型、高温闷热型天气下的小时水温预报模型。

5.3.3 双季水稻区域联合试验

5.3.3.1 试验地段要求

(1)试验田的选择：试验田需平整，周围无明显遮挡，土壤质地与当地水稻田一致，常年耕作方式和栽培条件与当地一致，土壤肥力保持与当地水稻田一致等；

(2)试验田灌溉条件：有较好的排灌能力，能满足旱涝保收和水稻病虫害防治的要求；

(3)试验田面积：试验地面积不少于 1000 m^2，其周边均为水稻种植区；

(4)试验田稳定性：试验地要求为自有土地或长期租赁土地，无外界纠纷与干扰。

5.3.3.2 试验方案

采取分期播种方式开展试验，播种量与当地稻田播种量保持一致。

(1)播种期确定：每季水稻按 4 期进行播种。以当地常年大田普遍播种期为界，双季早稻提前 15 d 播种为第 1 期，双季晚稻和一季稻提前 10 d 播种为第 1 期；正常播种期为第 2 期；比正常播种期晚 10 d 播种为第 3 期；晚 20 d 播种为第 4 期。以移栽方式种植的水稻，双季稻各播期均按照 30 d 的秧田期进行移栽；一季水稻各播期均按照 35 d 的秧田期进行移栽。对于秧田期不足 25 d 的地区，可根据当地多年平均秧田期而定。

(2)试验小区重复数：各播期分别进行 5 个重复。其中，1～4 重复小区用于试验观测；第 5 重复小区是两个小区的面积，用于产量结构分析、实际产量测定和稻米品质测定，不进行观测活动。

(3)小区面积：各重复小区面积不小于 20 m^2；试验区与区之间保留 0.5 m 保护间隔，各重复小区之间留 0.3 m 的间隔。对于承担常规水稻气象观测业务的农业气象试验站，常规业务观测和试验中正常播种处理区的试验观测合并，并要求正常播种处理区观测田块面积不低于 1.5 亩。

(4)栽插密度与种植方式：在调查的基础上，根据当地近年来主要的种植方式进行水稻种植试验。试验种植密度应与当地大田保持一致。一般移栽规格为 20 cm×18 cm，每平方米基本苗为 70～110 株，或杂交稻每亩栽 1.2 万～1.5 万窝，每窝插 2 粒谷秧苗。对于抛秧方式种植的水稻试验田，一般要求每平方米约抛 30 蔸。对于直播方式的水稻试验田，一般每亩需播种子 8 斤[①]左右。

(5)种植品种：采用当地主栽品种或新推广的品种，不同播期种子需一次性足量购买，保证种子属同一批次。

5.3.3.3 试验布局

为保证相同播期稻田间小气候的一致性，同一播期水稻种植应集中成片，详见表 5.7。另外，为便于观测，各播期需设置田埂。

表 5.7 双季稻区域联合试验布局

<table>
<tr><th>试验处理区</th><th colspan="2">试验重复小区</th></tr>
<tr><td rowspan="3">A 区：播期 1</td><td>A1</td><td>A2</td></tr>
<tr><td>A3</td><td>A4</td></tr>
<tr><td colspan="2">A5</td></tr>
<tr><td rowspan="3">B 区：播期 2</td><td>B1</td><td>B2</td></tr>
<tr><td>B3</td><td>B4</td></tr>
<tr><td colspan="2">B5</td></tr>
<tr><td rowspan="3">C 区：播期 3</td><td>C1</td><td>C2</td></tr>
<tr><td>C3</td><td>C4</td></tr>
<tr><td colspan="2">C5</td></tr>
<tr><td rowspan="3">D 区：播期 4</td><td>D1</td><td>D2</td></tr>
<tr><td>D3</td><td>D4</td></tr>
<tr><td colspan="2">D5</td></tr>
</table>

注：A、B、C、D 分别为 4 个播期试验处理区，Ai、Bi、Ci、Di 为不同播期的重复小区(i=1、2、3、4、5)。

① 1 斤=500 g，下同。

5.3.4 大棚水耕蔬菜试验

围绕水耕大棚常规种植蔬菜品种生菜、快菜、苋菜、珍珠菜、上海青、菜心、小白菜、油麦菜、空心菜、芹菜、茼蒿等多个品种进行周年的观测对比试验。在不同气象条件下开展不同蔬菜的田间试验，以确立广东水耕蔬菜的生长阈值，优化作物气象灾害指标库，为作物生长模型和大棚小气候预测模型的研究做好数据准备，最终为建立最优的设施农业生产管理服务方案，为设施农业的防灾减灾工作做好数据积累，打好理论基础。生菜是水耕蔬菜种植最广泛的蔬菜之一。周年的浓度和光照组合对比观测试验显示意大利生菜在移栽到采收期间适宜生长的平均气温在 18.8～20.2 ℃之间，当气温大于 29 ℃时生菜不能正常发芽生长；相对较高水肥浓度 C2 比 C1 更利于生菜生长；夏天遮阳措施（C2-SS）对生菜的生长没有促进作用（图 5.7）。

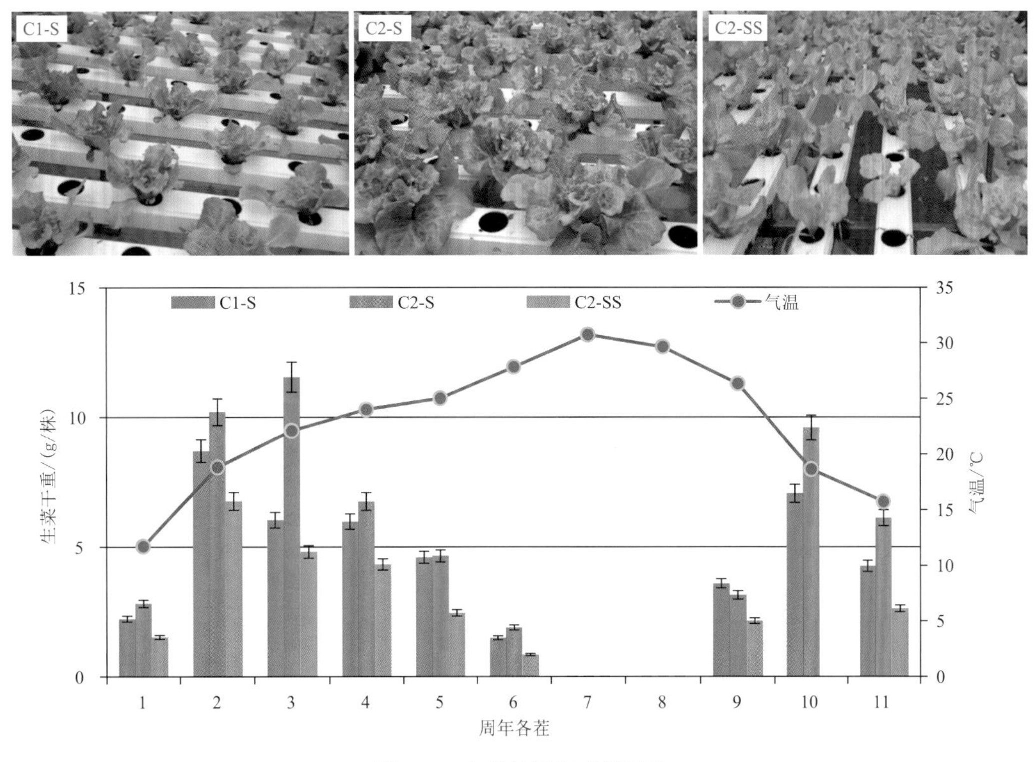

图 5.7 生菜的周年观测试验

（C1-S、C2-S 和 C2-SS 分别为不同的光照和水肥浓度处理，其中 C1 为水肥电导率，为 1400～1500 μs/cm，C2 为水肥电导率，为 1800～1900 μs/cm，S 为不遮光，SS 为遮光处理。上图为各处理生菜长势对比图；下图为不同处理下不同岔口生菜的单株生物量）

开展不同气象要素-不同水肥浓度-不同品种的对比控制试验。在大棚内或借助人工气候箱，在光照、温度等关键气象因子的不同控制水平下，开展水耕种植的水肥浓度梯度试验，分析不同气象因子对蔬菜生长的影响，获取蔬菜的生长阈值，确立蔬菜在不同气象条件下的最优水肥控制水平。不同的光温水肥浓度组合控制试验发现在光照足够的情况下，温度可能是限制生菜产量的首要因素，在适宜的温度和光照强度下，施用相对较低浓度的水肥可获得最优的产量（图 5.8）。

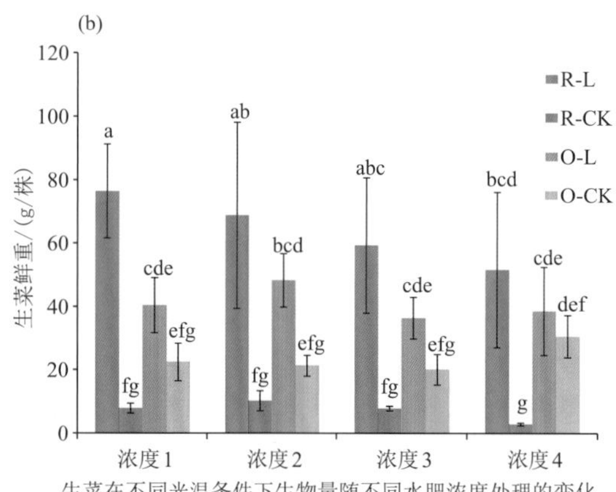

图 5.8　生菜的温光和水肥控制试验

(R-L、R-CK、O-L 和 O-CK 分别指 4 种温光环境，其中 R-L 指南方冬季气温相对较高的室内环境加人工光照处理种植，R-CK 指室温但无人工光源处理，O-L 指气温相对较低的室外环境增加人工光照处理，O-CK 指室外自然温光环境种植处理。浓度 1—4 分别指不同的水肥浓度，其中浓度 1 为 1.5～1.6 ms/cm、浓度 2 为 1.8～1.9 ms/cm、浓度 3 为 2.2～2.3 ms/cm、浓度 4 为 2.5～2.6 ms/cm)

(a)不同处理下生菜的长势；(b)不同处理下单株生菜的鲜重

5.3.5　桃花气象综合适应技术研究

2002—2004 年开展了“桃花气象综合适应技术研究”，摘叶期与盛花期的变化曲线比较接近幂函数曲线，经幂函数拟合可得摘叶期与桃花盛花期的关系式：

$$Y = 49.93X^{0.1707} \tag{5.1}$$

随着摘叶期推迟，盛花期延迟的步伐逐渐减慢，直到不再延迟。这种现象是由桃树的生物学特性所决定的。2 月 6 日之后，是珠江三角洲地区桃树开花的自然物候期，因此，无论前期摘叶与否，到了这段时间都会进入盛花阶段，不会受摘叶期推迟的影响。

根据对影响桃花花期迟早的关键气象因子的分析统计，运用逐步回归分析建立春节应节桃花适宜摘叶期的预测模式为：

$$X = 1.5286Y + 2.7030\overline{T} + 0.0504S - 154.17 \tag{5.2}$$

式中，Y 为盛花期日序(即春节日序)，X 为摘叶期日序，日序从 11 月 1 日计起；$\overline{T}$ 为 11 月 1 日至盛花期平均气温(℃)，S 为盛花期前 50 d 总日照时数(h)。

为使用方便，制作了桃花适宜摘叶期查算表(表 5.8)。

表 5.8　桃花适宜摘叶期查算表

春节日期	T/℃										
	13.0	13.5	14.0	14.5	15.0	15.5	16.0	16.5	17.0	17.5	18.0
01-10	10-31	11-01	11-03	11-04	11-05	11-07	11-08	11-10	11-11	11-12	11-14
01-11	11-02	11-03	11-04	11-06	11-07	11-08	11-10	11-11	11-12	11-14	11-15
01-12	11-03	11-04	11-06	11-07	11-09	11-10	11-11	11-13	11-14	11-15	11-17
01-13	11-05	11-06	11-07	11-09	11-10	11-11	11-13	11-14	11-15	11-17	11-18

续表

春节日期	T/℃										
	13.0	13.5	14.0	14.5	15.0	15.5	16.0	16.5	17.0	17.5	18.0
01-14	11-06	11-08	11-09	11-10	11-12	11-13	11-14	11-16	11-17	11-18	11-20
01-15	11-08	11-09	11-10	11-12	11-13	11-14	11-16	11-17	11-19	11-20	11-21
01-16	11-09	11-11	11-12	11-13	11-15	11-16	11-17	11-19	11-20	11-21	11-23
01-17	11-11	11-12	11-13	11-15	11-16	11-18	11-19	11-20	11-22	11-23	11-24
01-18	11-12	11-14	11-15	11-16	11-18	11-19	11-20	11-22	11-23	11-24	11-26
01-19	11-14	11-15	11-17	11-18	11-19	11-21	11-22	11-23	11-25	11-26	11-27
01-20	11-15	11-17	11-18	11-19	11-21	11-22	11-23	11-25	11-26	11-28	11-29
01-21	11-17	11-18	11-20	11-21	11-22	11-24	11-25	11-26	11-28	11-29	11-30
01-22	11-18	11-20	11-21	11-22	11-24	11-25	11-27	11-28	11-29	12-01	12-02
01-23	11-20	11-21	11-23	11-24	11-25	11-27	11-28	11-29	12-01	12-02	12-03
01-24	11-21	11-23	11-24	11-26	11-27	11-28	11-30	12-01	12-02	12-04	12-05
01-25	11-23	11-24	11-26	11-27	11-28	11-30	12-01	12-02	12-04	12-05	12-07
01-26	11-25	11-26	11-27	11-29	11-30	12-01	12-03	12-04	12-05	12-07	12-08
01-27	11-26	11-27	11-29	11-30	12-01	12-03	12-04	12-06	12-07	12-08	12-10
01-28	11-28	11-29	11-30	12-02	12-03	12-04	12-06	12-07	12-08	12-10	12-11
01-29	11-29	11-30	12-02	12-03	12-05	12-06	12-07	12-09	12-10	12-11	12-13
01-30	12-01	12-02	12-03	12-05	12-06	12-07	12-09	12-10	12-11	12-13	12-14
01-31	12-02	12-04	12-05	12-06	12-08	12-09	12-10	12-12	12-13	12-14	12-16
02-01	12-04	12-05	12-06	12-08	12-09	12-10	12-12	12-13	12-15	12-16	12-17
02-02	12-05	12-07	12-08	12-09	12-11	12-12	12-13	12-15	12-16	12-17	12-19
02-03	12-07	12-08	12-09	12-11	12-12	12-14	12-15	12-16	12-18	12-19	12-20
02-04	12-08	12-10	12-11	12-12	12-14	12-15	12-16	12-18	12-19	12-20	12-22
02-05	12-10	12-11	12-13	12-14	12-15	12-17	12-18	12-19	12-21	12-22	12-23
02-06	12-11	12-13	12-14	12-15	12-17	12-18	12-19	12-21	12-22	12-23	12-25
02-07	12-13	12-14	12-16	12-17	12-18	12-20	12-21	12-22	12-24	12-25	12-26
02-08	12-14	12-16	12-17	12-18	12-20	12-21	12-22	12-24	12-25	12-27	12-28
02-09	12-16	12-17	12-19	12-20	12-21	12-23	12-24	12-25	12-27	12-28	12-29
02-10	12-17	12-19	12-20	12-22	12-23	12-24	12-26	12-27	12-28	12-30	12-31
02-11	12-19	12-20	12-22	12-23	12-24	12-26	12-27	12-28	12-30	12-31	01-01
02-12	12-21	12-22	12-23	12-25	12-26	12-27	12-29	12-30	12-31	01-02	01-03
02-13	12-22	12-23	12-25	12-26	12-27	12-29	12-30	12-31	01-02	01-03	01-05
02-14	12-24	12-25	12-26	12-28	12-29	12-30	01-01	01-02	01-03	01-05	01-06
02-15	12-25	12-26	12-28	12-29	12-30	01-01	01-02	01-04	01-05	01-06	01-08
02-16	12-27	12-28	12-29	12-31	01-01	01-02	01-04	01-05	01-06	01-08	01-09
02-17	12-28	12-29	12-31	01-01	01-03	01-04	01-05	01-07	01-08	01-09	01-11
02-18	12-30	12-31	01-01	01-03	01-04	01-05	01-07	01-08	01-09	01-11	01-12
02-19	12-31	01-02	01-03	01-04	01-06	01-07	01-08	01-10	01-11	01-12	01-14
02-20	01-02	01-03	01-04	01-06	01-07	01-08	01-10	01-11	01-13	01-14	01-15
S/h	120	140	160	180	200	220	240	260	280	300	320
订正日/d	−5	−4	−3	−2	−1	0	1	2	3	4	5

注：日期格式为月-日，T 和 S 分别为 11 月中旬至春节日期间的平均气温(℃)和春节前 50 d 总日照时数(h)(常年平均取 220 h)。查算方法：①查出春节公历日期，如 1 月 20 日(01-20)；②获取 T 预测值，如 15.5 ℃；③由春节日和 T 对应的行和列即可查出适宜摘叶期的初步日期，本例为 11-22；④获取预测值 S，查得订正值，再对初步日期进行订正。如 S 为 180 h，订正值为−2 d，本例订正后摘叶期为 11 月 20 日。

根据研究成果，每年发布“应节桃花适宜摘叶期”专题气象服务，为广大花农特别是珠三角地区的观赏桃花生产提供了科学的实用技术支持，取得了明显的应用效益。

5.3.6 物候观测和自动化技术研究

珠三角地区气候条件优越，盛产多种水果和花卉。特别是近年生态农业旅游的日益兴起对农业气象服务提出了新的需求，如农作物生长期预测，特别是瓜果采摘期、赏花期的预报预测，而这些都必须以具备高质量的物候期观测数据为前提。物候观测是农用气象预测预报技术的重要手段，对物候模型、植物物候期预测技术研发至关重要。目前农业气象观测现代化建设水平相对滞后，观测手段落后，自动化和信息化程度低。作物生长参数观测主要依靠人力，难以满足精准、实时、连续观测的要求，农业气象的自动化观测能力亟待提高。因此，研究自动化物候观测技术，对于农业气象观测技术和观测数据质量的提升具有非常重要的意义。

(1)物候观测园的观测设备

小气候自动观测站：小气候自动观测站设在观花物候观测园的中心开阔的位置，观测要素包括气温、空气湿度、风向风速、降雨、植物光合有效辐射、多层土壤湿度和温度等。

植物物候实景观测设备：植物物候实景观测仪配备高性能、智能化、低功耗的高清晰远程图像自动监测系统。

(2)基于人工智能的物候自动观测系统

针对观测树种，采集并分类标记物候期图像，建立物候期图像数据库。采用在机器视觉领域兴起的对二维图像识别具有独特优势的卷积神经网络对采集的物候观测图像进行自动分类识别，建立基于机器学习的植物种类和生长期自动识别系统。

树种物候期自动观测系统包含实景观测系统、负载均衡识别模型、数据清洗模块、图像裁剪拆分模块、图像识别模块即物候期自动识别模型模块、图像分类模块、周期分析模块和显示模块的作用和配合(图 5.9)。树种物候期自动识别技术的一大核心部分是树种物候期自动识别模型。树种物候期自动识别模型主要通过人工将大量的代表物种各生长过程的图片进行分类、分组、特征标注和建模，从而实现对物种物候期的图像识别。该技术方法通过将目标树种图像样本集分类成主要物候期样本集和特殊物候期样本集，针对训练样本图像的特征和模型训练的目标，通过不同的图像物候期特征标注方式和模型训练方法建立了主要物候期识别模型和特殊物候期识别模型，其后将待识别图片按照一定的规则先后通过主要物候期识别模型和特殊物候期识别模型对图像物候期特征进行识别，最后根据一定的规则对图像识别结果进行判定，最终可获得可靠的植物图像物候期特征识别结果。在识别模型样本量足够的情况下，物候周期识别模型对输入的实景图像的各物候周期识别准确率可达 0.85 以上，配合图像分类模块和周期分析模块，可大大提高

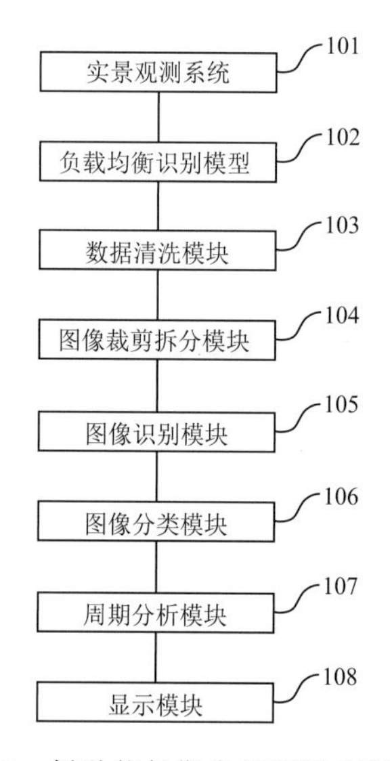

图 5.9　树种物候期自动观测系统结构

物候期识别模型的应用效果。图像分类模块用于对物候期识别模型的图片物候期特征检索结果进行整理。若输出的物候期特征检测结果包含多个不同类型的物候期特征名称则根据该植物的物候周期的时序特征进行排列,统计检测到的各类物候期特征的数量。图片物候期识别结果经图像分类模块输出后调用周期分析模块,周期分析模块通过一系列严谨的判定规则对植物物候期的时序性和周期性进行分析,最终判定植物的物候期,大大提高了图像物候期自动识别结果的正确率。图 5.10 为系统对荔枝和龙眼果树在果实成熟期的自动识别情况。

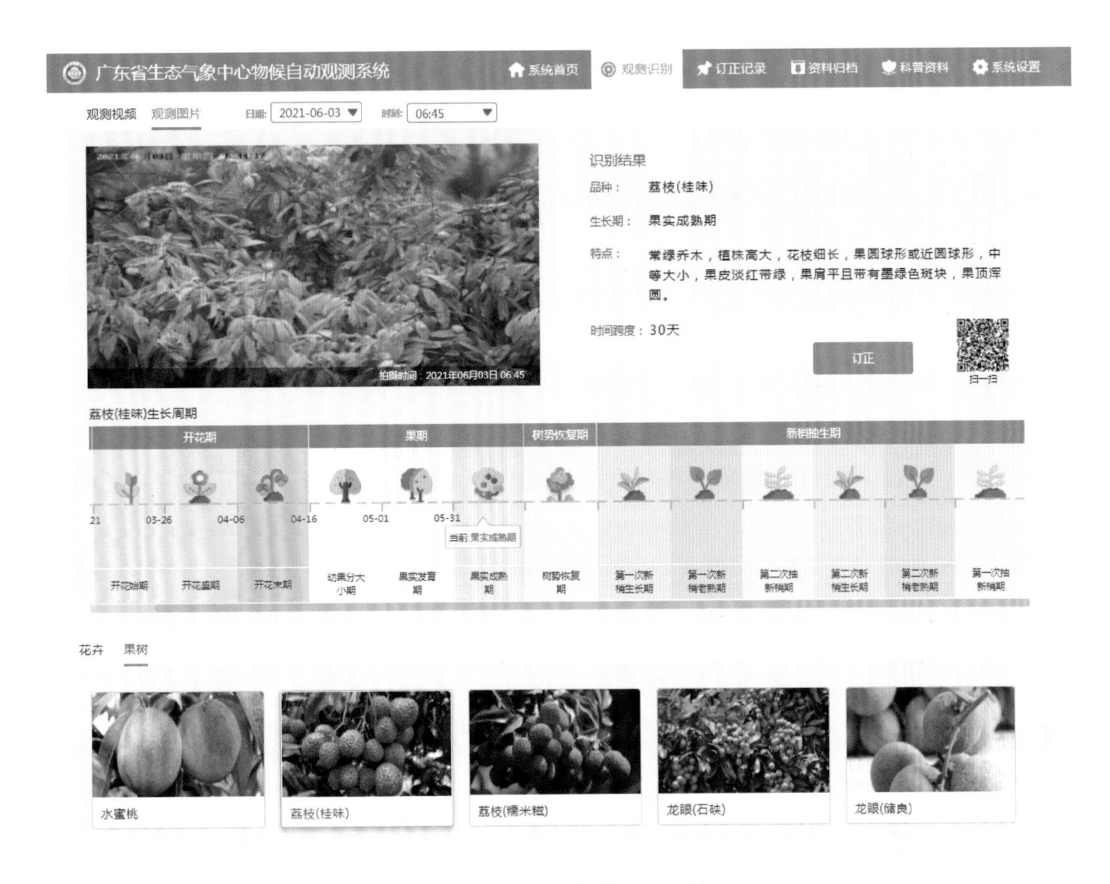

图 5.10　物候自动观测系统

5.4　农业气象灾害评估

5.4.1　台风评估

广东濒临南海,有着漫长的大陆海岸线,极易遭受热带气旋(Tropical Cyclone,TC)的袭击,是全国受 TC 影响最严重的省份。据统计,年均登陆及严重影响广东的 TC 有 5.3 个,登陆广东的 TC 有 3.8 个。据《广东省防灾减灾年鉴》统计,2013 年受强台风"天兔"影响,广东农作物受灾面积 23.92 万 hm^2,直接经济损失 230.82 亿元;2018 年 9 月受台风"山竹"影响,广东农作物受灾面积 26.55 万 hm^2,直接经济总损失 144.74 亿元。如何准确、定量评估登陆广东的 TC 对水稻产量的影响，对广东省粮食安全、农业可持续发展、农业防灾减灾对策和措施的制定意义重大（黄珍珠 等，2014）。

从热带气旋登陆广东的初台（每年第一个登陆的热带气旋）和终台（每年最后一个登陆的热带气旋）来看，1961—2009 年初台呈推后趋势、终台呈提早趋势（图 5.11）（王华 等，2011）。1997—2009 年初台较 1961—1996 年同期推后，从 7 月 8 日推后到 7 月 16 日；终台较 1961—1996 年同期提早，从 9 月 20 日提早到 8 月 28 日。

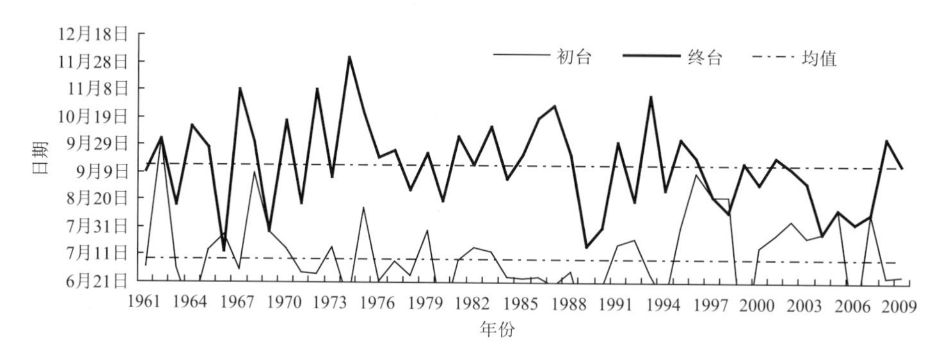

图 5.11　1961—2009 登陆广东的初台与终台日期

从登陆广东的热带气旋个数来看，1961—2009 年热带气旋个数呈减少趋势。1997—2009 年登陆个数为 2.9 个/a，较 1961—1996 年减少了 0.8 个/a，其中，9—10 月登陆个数较 1961—1996 年减少较多，主要是 10 月明显减少，减少了 0.34 个/a。从登陆广东的台风（风力≥12 级的热带气旋）个数来看，1961—2009 年登陆台风个数呈增多趋势（图 5.12），与联合国政府间气候变化专门委员会（IPCC）第 4 次报告结果相同。1997—2009 年登陆广东的台风个数较 1961—1996 年增加，从 2.0 个/a 增加到 2.6 个/a。但是，9—10 月达到台风级别的热带气旋登陆个数较 1961—1996 年略有减少，从 0.4 个/a 减少为 0.3 个/a，且 10 月无台风登陆。由此说明，1997 年以来，热带气旋或台风对广东的不利影响趋于减轻。

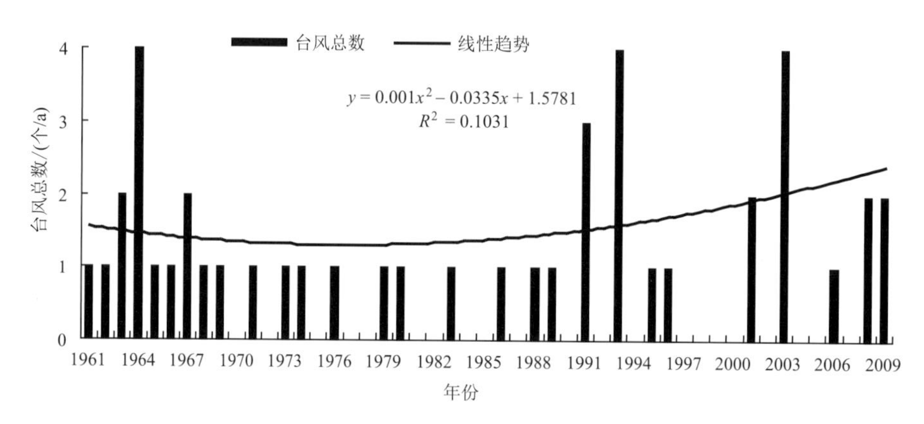

图 5.12　1961—2009 年登陆广东的台风个数

晚稻抽穗扬花的成熟期，如果遭遇台风袭击，会使作物的叶片受损，谷粒脱落、霉烂，甚至彻底损毁，造成严重的减产或绝收。2013 年受台风“天兔”影响，广东省晚稻每亩减产 20 多千克。从晚稻生长季热带气旋登陆广东的地点来看，1961—2009 年以登陆西南沿海为主，登陆概率达到70%。1997—2009年登陆西南沿海的热带气旋的概率较1961—1996年无明显变化趋势。从台风登陆广东的地点来看,1961—1996年登陆总数为33个,其中有22个在西南沿海登陆,达67%;1997—2009年登陆的11个台风中有9个在西南沿海登陆,达82%。由此可见,1997年以来,热带气旋或台风登陆广东的地点明显偏西南方向,对西南沿海地区晚稻生产的不利影响仍然存在。

5.4.2 暴雨洪涝评估

暴雨洪涝灾害是低纬度地区最常见的自然灾害,暴雨洪涝灾害损失占全球各种自然灾害损失的40%(景垠娜,2010)。广东地处低纬,北面多山,南面临海,地形复杂,水汽资源丰富,是我国最典型的季风气候区之一,也是我国内陆降水最多的地区(王坚红 等,2014;蔡景就 等,2019;伍红雨 等,2019)。在汛期,广东是易受暴雨影响的重灾区,可以说,暴雨是导致广东洪涝灾害的主要原因(王春林 等,2008)。据《广东省防灾减灾年鉴》统计,2000—2009年间和2010—2018年间,暴雨洪涝灾害分别造成广东直接经济总损失233.40亿元和494.82亿元,年均损失分别为23.34亿元和54.98亿元,总损失和年均损失分别增加了1.12和1.36倍,给广东经济社会的可持续发展带来严重影响。因此,有必要对广东不同强度的暴雨过程造成何种程度的灾害损失进行合理评估,这有助于为采取更加有效的灾害风险管理策略以减轻灾害损失提供依据(吴吉东 等,2009),在气象灾害风险管理理论研究和实践中意义重大。

5.4.2.1 评估方法

基于灾情指数模型和暴雨过程综合强度评估模型,采用百分位数法分别对灾情和暴雨强度进行等级划分,并给出各等级暴雨强度造成的人口、农作物、房屋、经济等各类承灾体损失标准(张柳红 等,2021)。

(1)指标选取

根据《自然灾害情况统计制度》(民发〔2016〕23号)和《自然灾害灾情统计(第1部分):基本指标》(GB/T 24438.1—2009),人口和农作物的受灾情况以及房屋和经济的损失程度是灾情的基本表现形式,也是自然灾害灾情统计的核心内容。因此,选择受灾人口和死亡人数表征人口受灾程度;选择农作物受灾面积、倒塌房屋数、直接经济损失分别表征农作物、房屋和经济的损失程度。这5项指标也是目前灾情评估和灾害应急救助工作中最关注的指标,可客观、综合揭示灾害对地区经济社会实际造成的影响和损失。

(2)灾情数据预处理

为消除通货膨胀造成的经济损失货币值变化,便于比较灾害对社会经济的影响程度,将直接经济损失换算成可比价格(张鹏 等,2015),换算公式如下:

$$E = E_0/\mathrm{CPI}_i \tag{5.3}$$

式(5.3)中,E为换算后的直接经济损失,E_0为第i年的暴雨洪涝灾害直接经济损失,CPI_i为当年的累积CPI指数(以1993年为基准)。

(3)灾情指数模型

为剔除不同承灾体灾情指标分级标准不同的影响,便于比较暴雨洪涝灾害各项损失,参考相关研究引入转换函数(于庆东 等,1997;王秀荣 等,2010;巩在武 等,2015),对不同灾情指标进行无量纲化和灾情指数的计算。

$$U(v)=\begin{cases}1 & v>10^8\\ 0.2\lg\frac{v}{1000} & 10^3<v\leqslant 10^8\\ 0 & v\leqslant 10^3\end{cases}\tag{5.4}$$

$$U(w)=\begin{cases}1 & w>10^7\\ 0.2\lg\frac{w}{100} & 10^2<w\leqslant 10^7\\ 0 & w\leqslant 10^2\end{cases}\tag{5.5}$$

$$U(x)=\begin{cases}1 & x>10^{10}\\ 0.2\lg\frac{x}{100000} & 10^5<x\leqslant 10^{10}\\ 0 & x\leqslant 10^5\end{cases}\tag{5.6}$$

$$U(y)=\begin{cases}1 & y>1000\\ 0.8+\frac{1}{10}\lg\frac{y}{10} & 100<y\leqslant 1000\\ 0.6+\frac{1}{350}(y-30) & 30<y\leqslant 100\\ 0.4+\frac{1}{100}(y-10) & 10<y\leqslant 30\\ 0.2+\frac{1}{35}(y-3) & 3<y\leqslant 10\\ 0.1(y-1) & 1<y\leqslant 3\\ 0 & y\leqslant 1\end{cases}\tag{5.7}$$

$$U(z)=\begin{cases}1 & z>1000000\\ 0.8+\frac{1}{4\times 10000000}(z-2\times 100000) & 200000<z\leqslant 1000000\\ 0.6+\frac{1}{5\times 100000}(z-100000) & 100000<z\leqslant 200000\\ 0.4+\frac{1}{350000}(z-30000) & 30000<z\leqslant 100000\\ 0.2+0.2\lg\frac{z}{3000} & 3000<z\leqslant 30000\\ 0.2\frac{z}{3000} & 1<z\leqslant 3000\\ 0 & z\leqslant 1\end{cases}\tag{5.8}$$

式(5.4)—(5.8)中,$U(v)$、$U(w)$、$U(x)$、$U(y)$和$U(z)$分别为受灾人口、农作物受灾面积、直接经济损失、死亡人口和倒塌房屋数的转换函数值;v、w、x、y和z分别表示受灾人口(人)、农作物受灾面积(hm^2)、直接经济损失(元)、死亡人口(人)和倒塌房屋数(间)。

(4)暴雨过程综合强度评估模型

基于《广东省防灾减灾年鉴》中记录的1994—2018年的暴雨洪涝灾害过程,结合广东和福建已有研究基础(邹燕 等,2014;伍红雨 等,2019),采用暴雨过程综合强度模型评估各个暴雨过程的强度,公式如下:

$$I_R = AG_P R_P + BG_d R_d + CG_c R_c + DG_t R_t \tag{5.9}$$

式(5.9)中，I_R 为某次暴雨过程综合强度指数；A、B、C 和 D 分别为最大过程降水量、最大日降水量、暴雨站数和暴雨持续时间的权重系数，以某一指标序列与其余 3 个指标序列之间相关系数的平均值占所有指标间相关系数平均值总和的比值进行表征（吕晓男 等，1999；邹燕 等，2014）；G_P、G_d、G_c、G_t 分别为 4 个指标的评估等级，采用 Hyndman 经验公式对各个评估等级进行划定和计算（Hyndman et al.，1996）；R_P、R_d、R_c、R_t 分别为 4 个指标的标准化值，标准化公式如下：

$$R_i = \frac{Y_i - \overline{Y}}{\delta} \tag{5.10}$$

式(5.10)中，R_i 和 Y_i 分别为第 i 个样本标准化值和样本值；$\overline{Y}$ 和 δ 分别为样本序列的气候平均值和标准差。

5.4.2.2　灾害评估

1995—2019 年《广东省防灾减灾年鉴》中，有灾情记录的暴雨洪涝灾害过程共计 129 次。对这 129 次暴雨过程进行综合强度指数的计算，采用百分位数法计算第 60、第 80、第 90 和第 95 百分位数作为临界阈值将暴雨过程划分为 1、2、3、4 和 5 等级（伍红雨 等，2019），分别对应暴雨强度等级的弱、较弱、中等、较强和强，从而得到 1994—2018 年广东致灾暴雨过程综合强度等级，并对综合强度在强和较强等级的致灾暴雨过程进行呈列（表 5.9）。从《广东省防灾减灾年鉴》中获取上述各个暴雨过程人口、农作物、房屋、经济等各类承灾体的灾害损失情况，并采用灾情指数模型对不同承灾体损失进行无量纲化转换，详见表 5.9。

表 5.9　1994—2018 年广东强和较强等级暴雨过程与灾害损失函数转换值

序号	暴雨发生时间	综合强度指数	综合强度等级	受灾人口	死亡人数	农作物受灾面积	倒塌房屋数	直接经济损失
1	2005 年 6 月 12—24 日	29.9	5	0.73	0.70	0.67	0.48	0.90
2	2001 年 6 月 2—13 日	29.3	5	0.66	0.49	0.60	0.30	0.76
3	2003 年 6 月 6—16 日	24.8	5	0.45	0.31	0.33	0.05	0.53
4	1994 年 7 月 18—28 日	24.5	5	0.79	0.90	0.70	0.81	0.95
5	1994 年 6 月 8—20 日	24.4	5	0.73	0.92	0.68	0.62	0.98
6	1998 年 6 月 19—26 日	20.9	5	0.70	0.78	0.64	0.36	0.91
7	2017 年 6 月 13—22 日	20.8	5	0.51	0.00	0.51	0.00	0.72
8	2015 年 5 月 16—24 日	19.6	5	0.60	0.10	0.56	0.05	0.77
9	2008 年 5 月 29 日—6 月 7 日	19.1	5	0.79	0.61	0.72	0.31	0.92
10	1997 年 7 月 1—11 日	18.6	5	0.73	0.68	0.67	0.37	0.83
11	2006 年 5 月 21—29 日	16.5	5	0.52	0.26	0.56	0.07	0.73
12	2014 年 5 月 15—23 日	16.5	5	0.64	0.49	0.60	0.37	0.89
13	1995 年 6 月 5—9 日	16.1	4	0.63	0.00	0.53	0.12	0.67
14	2013 年 8 月 14—18 日	15.2	4	0.75	0.65	0.68	0.37	0.97
15	2007 年 6 月 7—17 日	14.6	4	0.67	0.55	0.62	0.37	0.80
16	2010 年 6 月 8—16 日	14.6	4	0.58	0.20	0.52	0.24	0.74

续表

序号	暴雨发生时间	综合强度指数	综合强度等级	受灾人口	死亡人数	农作物受灾面积	倒塌房屋数	直接经济损失
17	2000 年 4 月 13—14 日	14.5	4	0.47	0.44	0.00	0.00	0.62
18	1995 年 7 月 31—8 月 7 日	13.1	4	0.68	0.41	0.60	0.35	0.71
19	2011 年 7 月 14—19 日	12.7	4	0.39	0.00	0.39	0.03	0.59
20	2018 年 8 月 27 日—9 月 1 日	12.6	4	0.66	0.10	0.59	0.02	0.90
21	1996 年 6 月 21—27 日	12.3	4	0.33	0.20	0.00	0.14	0.64
22	2016 年 8 月 10—18 日	12.0	4	0.43	0.00	0.39	0.01	0.62
23	2008 年 7 月 7—12 日	11.7	4	0.73	0.20	0.61	0.18	0.81
24	2006 年 6 月 8—15 日	11.4	4	0.55	0.42	0.50	0.25	0.78
25	2010 年 6 月 24—28 日	10.9	4	0.58	0.20	0.57	0.23	0.76
26	2016 年 5 月 20—21 日	10.8	4	0.56	0.42	0.47	0.07	0.76
27	2011 年 6 月 26—30 日	10.2	4	0.46	0.00	0.38	0.02	0.59
28	2016 年 6 月 9—16 日	10.2	4	0.49	0.10	0.44	0.02	0.63
29	2006 年 5 月 2—5 日	10.0	4	0.51	0.20	0.43	0.03	0.61
30	2014 年 5 月 7—12 日	9.6	4	0.51	0.31	0.51	0.02	0.81
31	2013 年 5 月 19—22 日	9.5	4	0.58	0.23	0.55	0.19	0.81
32	2012 年 4 月 23—29 日	8.5	4	0.47	0.10	0.45	0.02	0.66
33	2010 年 5 月 6—10 日	8.4	4	0.62	0.53	0.59	0.32	0.85
34	1997 年 5 月 5—9 日	8.2	4	0.51	0.90	0.52	0.36	0.79
35	2016 年 1 月 28—29 日	8.2	4	0.48	0.31	0.44	0.01	0.62

广东 1994—2018 年间的 129 次暴雨洪涝灾害过程中(图 5.13)，强等级暴雨过程均出现在 5、6 和 7 月，分别出现 4、6 和 2 次；较强等级和中等等级主要出现在 4—8 月；较弱等级主要出现在 5 月(19 次)，其次是 6 月(6 次)；弱等级出现在 3—10 月，主要集中在 4—9 月。因此，致灾暴雨过程主要集中在广东汛期期间，5、6 和 7 月尤其多，各个等级致灾暴雨过程都有出现，要特别注意 5、6 月“龙舟水”和 7、8 月台风高发期的暴雨洪涝灾害防御。

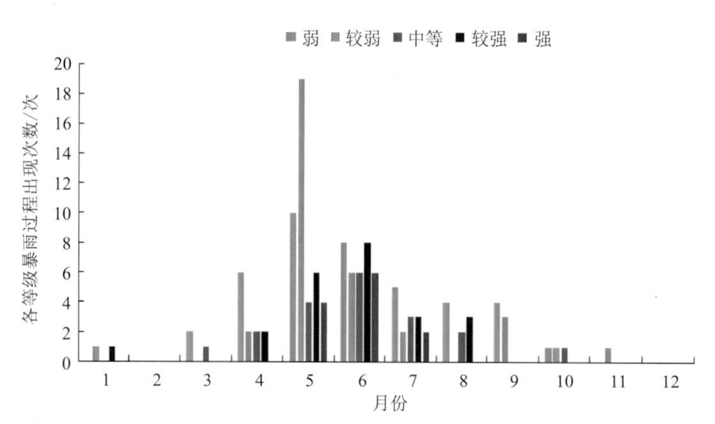

图 5.13 1994—2018 年广东致灾暴雨过程综合强度各等级出现次数

参考第60、80、90和95百分位数为临界阈值的划分方法(张柳红 等，2021)，将受灾人口、死亡人数、农作物受灾面积、倒塌房屋数和直接经济损失转换函数值进行微灾、小灾、中灾、大灾和巨灾的灾情等级划分(表5.10)，得出处于巨灾等级的受灾人口、死亡人数、农作物受灾面积、倒塌房屋数和直接经济损失5个灾情指标的转换函数值分别为≥0.73、≥0.65、≥0.64、≥0.37和≥0.90。结合表5.9分析可知，1994—2018年间发生的12次强等级暴雨过程造成不同承灾体损失达到巨灾等级的有7次(占总次数的58.3%)：2005年6月12—24日、1994年6月8—20日和1994年7月18—28日的暴雨过程造成上述5个灾情指标都处于巨灾等级；1997年7月1—11日的暴雨过程造成受灾人口、死亡人数、农作物受灾面积和倒塌房屋数4个灾情指标达到巨灾等级；2008年5月29日—6月7日暴雨过程造成受灾人口、农作物受灾面积和直接经济损失3个灾情指标达到巨灾等级；1998年6月19—26日暴雨过程导致死亡人数、农作物受灾面积和直接经济损失3个灾情指标达到巨灾等级；2014年5月15—23日暴雨过程造成倒塌房屋数1个灾情指标达到巨灾等级。根据《广东省防灾减灾年鉴》的灾情记录，受灾人口≥424万人、死亡人数≥46人、倒塌房屋数≥2.0080万间和直接经济损失≥31.62亿元(对应函数转换值分别为≥0.73、≥0.65、≥0.37和≥0.90，巨灾等级)的致灾暴雨过程均出现7次，其中均有5次是强等级(占71.43%)、2次是较强等级(占28.57%)；农作物受灾面积≥15.69万 hm^2(对应函数转换值为≥0.64，巨灾等级)的致灾暴雨过程出现7次，其中有6次是强等级(占85.71%)、1次是较强等级(占14.29%)；即各类承灾体灾害损失达到巨灾等级时，致灾暴雨过程的综合强度至少有71.43%达到强等级，其余暴雨过程强度也达到了较强等级。因此，暴雨过程综合强度等级和灾害损失的双向验证结果表明暴雨过程综合强度等级与各类承灾体灾害损失情况较为一致，表明暴雨过程综合强度评估模型和灾情指数模型能够较为客观、全面地反映广东暴雨过程和灾情情况。

表5.10　1994—2018年广东暴雨洪涝灾害损失函数转换值等级划分

百分位数(P)	灾情等级	受灾人口	死亡人数	农作物受灾面积	倒塌房屋数	直接经济损失
$0<P<60$	微灾	<0.46	<0.10	<0.40	<0.03	<0.62
$60\leqslant P<80$	小灾	[0.46,0.56)	[0.10,0.31)	[0.40,0.52)	[0.03,0.15)	[0.62,0.72)
$80\leqslant P<90$	中灾	[0.56,0.64)	[0.31,0.49)	[0.52,0.59)	[0.15,0.30)	[0.72,0.81)
$90\leqslant P<95$	大灾	[0.64,0.73)	[0.49,0.65)	[0.59,0.64)	[0.30,0.37)	[0.81,0.90)
$95\leqslant P\leqslant 100$	巨灾	≥0.73	≥0.65	≥0.64	≥0.37	≥0.90

分别计算各个暴雨综合强度等级的灾害损失转换函数值平均值，再根据式(5.4)—(5.10)分别将人口、农作物、房屋、经济等各类承灾体的灾害损失转换函数值转换成损失值，以此作为暴雨洪涝灾害受灾人口、死亡人数、农作物受灾面积、倒塌房屋数和直接经济损失的损失标准(表5.11)。由此可知，暴雨综合强度为弱等级时，各类承灾体灾害损失均处于低水平，随着强度等级的增加，损失程度也越来越大。其中，当暴雨强度在较强级别以下时，农作物受灾面积随暴雨强度等级的增长最快，直接经济损失次之，接着是受灾人口，死亡人数增长较慢，倒塌房屋数增长最慢；当暴雨强度达到较强级别时，倒塌房屋数急剧增加，其次是农作物受灾面积，接着是死亡人口和受灾人口，直接经济损失增幅最小。

表 5.11 广东暴雨洪涝灾害损失标准

综合强度等级	综合强度指数	受灾人口/(万人)	死亡人数/人	农作物受灾面积/(万 hm^2)	倒塌房屋/(万间)	直接经济损失/(亿元)
1(弱)	0～2.0	1.06	1	0.0605	0.0329	0.09
2(较弱)	2.1～5.0	4.68	2	0.2581	0.0600	0.39
3(中等)	5.1～8.0	7.62	4	0.8125	0.0927	0.93
4(较强)	8.1～16.1	56.11	6	2.2201	0.2202	4.34
5(强)	≥16.2	187.19	22	10.5155	1.1155	13.07

5.4.3 寒害评估

广东作为全国最大的露天冬种生产基地，冬种生产是农业生产中最具特色、最具潜力的环节，是广东省提高土地资源利用率和产出率，促进农业增效、农民增收的重要途径。随着农业产业结构的调整、冬季农业开发力度的加大、冬菜北运生产基地的扩展、新品种的引进等，极端气象灾害的频繁发生给广东冬种生产造成了严重的影响和损失，其中最突出的为寒害，如1999年、2016年2次寒害分别给广东农业生产造成108亿元和61亿元的巨大损失。分析1961—1996年和1997—2015年气候变暖前后的冬种生产时段气候资源和气象灾害的变化特征，并在此基础上分析极端寒害和干旱的变化规律，以期为广东的冬种生产趋利避害、合理利用气候资源，为各级政府和有关部门指导农业生产和制定应对气候变化对策提供科学参考。

5.4.3.1 评估方法

(1)指标选取

引用一个简明实用且能较好反映广东典型热带、亚热带作物冬季寒害特点的寒害指标(冯颖竹 等，2005；杜尧东 等，2006)，公式如下：

$$X_i = \frac{1}{4}\sum_{d=1}^{m}(T_C - T_{min})^2/(T_m - T_{min}) \quad (T_{min} \leqslant T_C) \tag{5.11}$$

$$X = \sum_{i=1}^{n} X_i \tag{5.12}$$

式(5.11)中，X_i 为过程有害积寒(℃·d)，$d=1,2,\cdots,m$ 为过程持续日数，T_{min} 为日最低气温(℃)；T_m 为日平均气温(℃)；在广东出现5 ℃以下低温，种养业就可能就会遭受寒害，本研究临界值 T_C 取5 ℃。式(5.12)中，$i=1,2,\cdots,n$ 指每年发生寒害的次数，X 为每年 n 次寒害过程积寒指数的累积值。

(2)灾害等级划分

以世界气象组织规定的30 a平均值为标准气候平均值，按灾害发生的总日数，将灾害分为三级：$Y<-30\%$，偏轻年份；$-30\%\leqslant Y\leqslant30\%$，正常年份；$Y>30\%$，偏重年份，其中：

$$Y=(X-\overline{X})/\overline{X} \tag{5.13}$$

式(5.13)中，X 为当年灾害发生的总日数，$\overline{X}$ 为全省气候平均值。文中标准气候平均值为1981—2010年平均值。

(3)极端阈值的确定

对于极端阈值的确定，国际上常采用某个百分位值，如果超过这个阈值则成为极端值，确定方法为：某个气象要素有 n 个值按升序排列，$X_1, X_2, \cdots, X_m, \cdots, X_n$，则某个值小于或等于 X_m 的概率为 P。P 的计算公式为：

$$P = \frac{m - 0.31}{n + 0.38} \tag{5.14}$$

式(5.14)中，m 为 n 个值排序后的序号；n 为某个气象要素值的个数。

5.4.3.2　灾害评估

由图 5.14 可知，1991—2015 年广东冬种生产季积寒指数显著减少，通过 0.05 显著性水平的相关检验，寒害呈减少趋势。分析气候变化背景下冬种生产季 1995 年(1996 年 2 月 17—28 日)、1999 年(12 月 20—28 日)、2008 年(1 月 13 日—2 月 16 日)、2015 年(2016 年 1 月 22—27 日)4 次极端寒害过程(表 5.12)，从积寒数据来看，北部的值远高于中部、南部，韶关＞梅州＞惠州＞广州＞茂名＞湛江；从受害地点来看，4 次寒害过程中，茂名有 3 次超过了极端阈值，湛江、惠州和梅州有 2 次超过极端阈值，韶关和广州仅有 1 次超过极端阈值。由此可知，南部沿海的茂名、湛江和惠州、北部的梅州发生极端寒害的风险较高，韶关和广州次之，并非积寒值越大风险越高。从农业生产经济数据和影响持续时间来看，1999 年(108 亿元)＞2015 年(61 亿元)＞1995 年(46 亿元)＞2008 年(30 亿元)，均给农业生产带来了严重的损失，其中 1999 年、2015 年寒害对冬种生产的影响尤为突出，说明寒害的影响并非持续时间越长影响越大，如 1995 年、1999 年、2015 年冬种生产季的寒害过程持续时间均不及 2008 年长，但影响却非常严重，对冬种生产的影响远远超过 2008 年。据《广东省防灾减灾年鉴》记载，1999 年严重受灾的作物主要有蔬菜和冬种旱粮等作物，其中北运菜(叶菜、豇豆、茄子、辣椒和萝卜等)、玉米几乎“全军覆灭”，薯类大部分冻死。冬种及越冬作物面积较大的湛江、茂名、梅州、惠州、韶关等市受灾尤为严重；2015 年广东东部、西南部的蔬菜、薯类、玉米等作物遭受寒害，部分作物绝收。

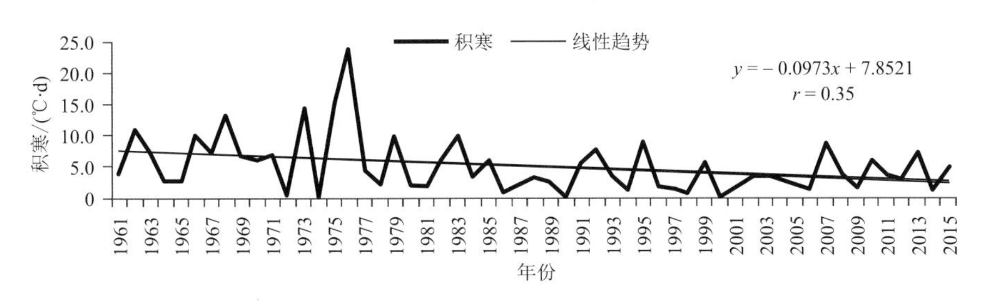

图 5.14　1961—2015 年冬种生产季积寒指数变化

另外，寒害的影响还跟发生时段有关，或者说是与冬种作物所处的发育期有关，1999 年的积寒指数值小于 1996 年，且湛江、韶关和广州均未达到极端阈值标准，但灾损远远超过 1996 年。分析原因，1999 年的寒害发生在 12 月 19—24 日，冬种作物处于生长早期，1996 年发生在 2 月 17—28 日，冬种作物处于生长中后期。因此认为，寒害对处在早期生长的冬种作物的影响较处在中后期生长的大。处在生长早期的作物可能直接绝收，处在生长中后期的作物可能会有部分收成。

综合认为，极端寒害对冬种主产区的影响不仅与灾害强度、发生地点、持续时间等有关，还与发生寒害时作物所处的发育期有关，南部沿海的湛江、茂名和惠州、北部的梅州发生极端寒害的风险较高，韶关和广州次之。

表 5.12　冬种主产区寒害极端性分析

地市		湛江						茂名					惠州			
气象站站名		遂溪	廉江	吴川	湛江	雷州	徐闻	信宜	高州	化州	茂名	电白	龙门	博罗	惠阳	惠东
极端阈值		1.7	0.9	0.3	0.4	0.6	0.2	3.1	1.1	0.7	0.4	0.3	10.5	4.0	3.7	2.6
个例	1995 年	1.6	1.8	0.2	0.4	0.6	0	3.1	1.1	0.6	0.5	0.1	5.9	2.1	3.5	3.1
	1999 年	1.1	0	0.1	0	0.5	0.1	0.2	1.5	1.3	0	0.7	10.5	2.6	0.9	2.6
	2007 年	0	0	0	0	0	0	1	0	0	0	0	2.3	0	0.1	0
	2015 年	1.3	0.8	0.9	1.4	1.5	0.3	3.1	1.0	0.9	1.2	0.7	2.1	2.8	3.6	2.5

地市		韶关						梅州					广州			
气象站站名		乐昌	仁化	南雄	乳源	曲江	始兴	平远	兴宁	大埔	梅县	五华	花都	从化	广州	增城
极端阈值		26.7	37	39.9	33.7	27.5	40.5	16.0	13.4	10.2	9.4	10.8	4.1	4.9	4.0	2.7
个例	1995 年	18.9	23.1	28.6	26.3	24.3	24.9	13.6	12.1	6.4	4.4	10.8	4.1	4.2	5.0	1.8
	1999 年	8.6	12.5	9.2	8.7	9.9	15.8	8.3	9.6	10.5	7.0	7.1	0.4	4.0	0.4	1.5
	2007 年	39.1	34.1	61.8	35.6	18.3	40.5	9.3	7.3	1.9	1.4	5.4	0.2	2.1	0.1	0.2
	2015 年	6.2	7.3	10.8	5.9	7.0	10.4	6.8	6.5	3.6	5.7	6.2	2.2	3.0	3.1	2.3

5.4.4　气象干旱评估

广东虽然降水丰沛，是中国种植双季稻的中、高适宜区域，但区域性春旱、秋旱比较突出，部分年份因严重干旱导致水稻受旱、成灾（袁文平 等，2004；张强 等，2011）。随着气候变暖，极端干旱事件频发，水稻干旱灾害评估已成为气候变化科学的一个重点。基于前期降水指数的气象干旱指标（王春林 等，2012，2015），构建广东省晚稻分生育期和全生育期的干旱灾害评估模型，并基于模型结果分析晚稻干旱灾害的时空特征，为广东晚稻生产发展提供决策依据，对广东粮食生产的可持续发展战略的制定有重要的指导意义。

5.4.4.1　评估方法

（1）指标选取

单站逐日气象干旱指数 DI（Daily Dry Index）定义为：

$$\mathrm{DI}_i = \mathrm{SAPI}_i + \overline{M_i} \tag{5.15}$$

式（5.15）中，SAPI_i是第 i 日前期降水指数 API（Antecedent Precipitation Index）的标准化变量 SAPI（Standard Antecedent Precipitation Index），SAPI 标准化计算方法参见《气象干旱等级》国家标准（GB/T 20481—2006）的附录 C 标准化降水指数 SPI，历史样本为各站近 30 a（1981—2010 年）逐日 API。API 计算公式为：

$$\mathrm{API}_i = P_i + k\,\mathrm{API}_{i-1} \tag{5.16}$$

式（5.16）中，API_i 为第 i 日 API，P_i 为当日降水量（mm），API_{i-1} 为前一日的 API，k 为衰减系数，取经验值 0.955。每个站从建站开始逐日滚动计算 API，初始 API 设为 0。建站开始后的前 4 个月 API 受边界效应影响舍弃不用。

式(5.15)中，$\overline{M_i}$ 为常年平均相对湿润度指数，表征某地常年平均干湿程度及其年变化。$\overline{M_i}$ 由历史同期 30 a(1981—2010 年)逐日平均降水和可能蒸散量计算：

$$\overline{M_i} = \frac{\overline{P_i}}{\overline{\mathrm{PE}_i}} - 1 \tag{5.17}$$

式(5.17)中，$\overline{P_i}$ 为第 i 日 30 a(1981—2010 年) 平均降水量(mm)，$\overline{\mathrm{PE}_i}$ 为第 i 日 30 a(1981—2010 年) 平均可能蒸散量(mm)，采用联合国粮农组织(FAO) Penman-Monteith 方法计算。

(2)模型构建

按农业上划分干旱类型的标准，把减产率小于 5%、5%～10%、10%～20%及大于 20%划分为轻等、中等、重等及特等 4 个等级。如此，便可确定用干旱指数表示的不同程度的干旱指标，即晚稻全生育期及抽穗—乳熟期、乳熟—成熟期干旱指数的干旱致灾等级标准，见表 5.13。

表 5.13　水稻干旱等级标准

干旱等级		轻等	中等	重等	特等
气象产量 Y/%		$-5<Y<0$	$-10<Y\leqslant-5$	$-20<Y\leqslant-10$	$Y\leqslant-20$
早稻干旱指数(X)	全生育期	$-0.85<X\leqslant-0.34$	$-1.70<X\leqslant-0.85$	$-3.40<X\leqslant-1.70$	$X\leqslant-3.40$
	分蘖	$-1.19<X\leqslant-0.47$	$-2.37<X\leqslant-1.19$	$-4.75<X\leqslant-2.37$	$X\leqslant-4.75$
晚稻干旱指数(X)	全生育期	$-1.19<X\leqslant-0.48$	$-2.38<X\leqslant-1.19$	$-4.77<X\leqslant-2.38$	$X\leqslant-4.77$
	抽穗	$-1.14<X\leqslant-0.46$	$-2.29<X\leqslant-1.14$	$-4.58<X\leqslant-2.29$	$X\leqslant-4.58$
	乳熟	$-1.51<X\leqslant-0.60$	$-3.02<X\leqslant-1.51$	$-6.04<X\leqslant-3.02$	$X\leqslant-6.04$

5.4.4.2　灾害评估

(1)早稻评估

根据早稻干旱致灾等级标准(表 5.13)，计算得到广东省早稻干旱灾害发生频率为 13.8%(7 a 一遇)，以轻旱(11.2%，9 a 一遇)为主，表明广东早稻总体上受干旱的影响比较轻。广东早稻干旱灾害主要发生在分蘖期，分蘖期干旱灾害发生频率为 10%(10 a 一遇)，也以轻旱(7.8%，13 a 一遇)为主。广东雷州半岛为早稻干旱灾害频率较高的区域，主要是因为其地理位置偏南，北方的干冷空气难以与来自海洋的暖湿空气在此交汇。在早稻分蘖期(4 月下旬—5 月上旬)，冷空气过来时已成强弩之末，加上雷州半岛降水主要靠台风，前汛期降水不明显，所以雷州半岛的早稻干旱灾害频率比广东省其他地区高。在广东大部分地区，由于干旱导致早稻减产的风险有增加的趋势，尤其是在粤西的雷州半岛、茂名、云浮、肇庆和粤东的潮州和汕头。

(2)晚稻评估

根据晚稻干旱致灾等级标准(表 5.13)，统计得到 1981—2010 年广东省晚稻干旱灾害发生频率为 6.9%(14 a 一遇)，以轻旱为主，中旱及以上等级的干旱没有发生，即大概每 14 a 就会出现一次导致晚稻产量减少 2%～5%的旱灾。这说明广东晚稻受干旱的影响比较轻，因为在晚稻生长前、中期，广东处于降水充沛的后汛期(7—9 月)，干旱出现概率比较小。抽穗—乳熟期和乳熟—成熟期的干旱灾害发生频率分别为 13.5%(7 a 一遇)、12.9%(8 a 一遇)，发生频率高于全生育期，说明影响晚稻产量的干旱灾害主要发生在抽穗—成熟期。1981—2010 年广东晚稻全生育期和抽穗—乳熟期由干旱引起的减产率有略微下降的趋势，乳熟—成熟期干旱减产率有增加趋势。从空间分布来看，晚稻全生育期东南部地区干旱趋于增强，抽穗—乳熟期干旱趋于增强的区域北扩，乳熟—成熟期基本上整个东部和北部地区的干旱减产率均趋于增加。

5.4.5 “龙舟水”评估

广东每年5月下旬至6月中旬，正值端午龙舟竞渡之时，也是前汛期降水量最多最集中的时期，常出现连续几天大雨或暴雨的天气，易形成水患，人们称这期间的降水为”龙舟水”(广东省农业厅 等，2000)。在各种农业气象灾害中，“龙舟水”是影响广东早稻产量的主要农业气象灾害。因此，以1997年作为气候明显变暖为分界线，分析气候变暖前后“龙舟水”的变化规律及其对早稻产量的影响，为早稻生产应对气候变化、趋利避害，更好发挥区域气候优势提供科学依据，也为提高早稻产量、增加农民收入提供参考。

5.4.5.1 评估方法

5月21日—6月20日期间，凡过程降水量≥100 mm，且有日雨量≥50 mm记为1次“龙舟水”过程，所有过程雨量之和记为当年“龙舟水”过程雨量。在“龙舟水”期间，当过程降水日数≤8 d为轻；过程降水日数9～14 d为中；过程降水日数≥15 d为重。1 a中出现2次轻级且2次累积降水天数≥10 d则上升为中级；1 a中出现2次中级则上升为重级；1 a中出现1次中级1次轻级且累积降水天数≥17 d则为重级，<17 d为中级。时段分1961—1996年与1997—2010年2个时段。“龙舟水”期间的降水集中期是按“龙舟水”时段的广东省逐日降水量平均值作3 d滑动平均处理，挑选逐年日雨量≥10 mm连续最长时间段作为当年“龙舟水”期间的降水集中期，统计结果见表5.14。

表5.14 “龙舟水”期间各区域各时段平均雨量(mm)与平均过程天数(d)

区域	1961—1996年						1997—2010年					
	过程雨量	过程天数	中度天数	严重天数	6月上旬雨量	6月中旬雨量	过程雨量	过程天数	中度天数	严重天数	6月上旬雨量	6月中旬雨量
西北	138.3	5.5	2.6	1.2	96.9	102.0	156.9	6.6	3.5	1.7	107.0	117.6
东北	146.6	6.1	2.8	1.6	102.0	97.9	175.2	7.1	2.8	2.7	112.8	126.6
中部	122.6	5.2	2.2	1.1	100.0	90.0	165.8	6.7	2.5	2.2	114.3	103.4
东南	203.1	6.6	2.9	1.1	123.8	114.7	236.9	7.4	3.2	2.0	126.9	156.0
西南	169.3	5.9	2.8	0.9	126.1	96.2	212.6	6.5	2.5	1.8	140.6	100.2
全省	157.5	5.8	2.6	1.1	109.8	100.1	192.4	6.8	2.9	2.0	120.3	120.8

5.4.5.2 “龙舟水”对早稻产量的影响

气候变化背景下，广东省和各区域“龙舟水”发生程度略有增强，即1997—2010年与1961—1996年相比，广东省和各区域“龙舟水”过程总雨量、过程天数和严重过程天数都增加，其中严重过程天数增加尤为明显。气候变化后，6月中旬雨量与6月上旬雨量相比有增加的趋势。1997—2010年，“龙舟水”期间的降水集中期平均出现日期在6月6日以后，比1961—1996年平均值推迟了5 d。

(1)过程雨量及天数对产量的影响

“龙舟水”过程雨量、过程天数和严重过程天数与早稻产量有明显的负相关。1996年以后这种负相关更明显，1996—2000 年“龙舟水”过程天数较短(1998 年除外)，实际产量较高；2006—2008 年“龙舟水”比较严重，过程天数较长，实际产量较低。

(2)降雨强度对产量的影响

“龙舟水”期间降水强度对早稻产量影响很大，“龙舟水”严重过程天数越长，产量越低；反之，产量越高。1996—2000 年“龙舟水”严重过程天数 1998 年(168 d)和 1997 年(35 d)除外，其余 3 a 为 0，气象产量都比较高，实际产量较高；2006—2008 年“龙舟水”比较严重，严重过程天数较长，尤其是 2006 年，广东省严重过程天数 1008 d，实际产量是 1997—2010 年当中最低的；2009 和 2010 年“龙舟水”严重过程天数为 0，气象产量较高。

(3)早稻抽穗期雨量对产量的影响

早稻抽穗普遍期前后 5 d 雨量对早稻产量影响最大，即抽穗普遍期前后 5 d 雨量越小，早稻出现“雨打禾花”的概率就少，早稻产量越高；反之，早稻产量就低。

5.5 气象指数保险在广东的应用

气象指数保险，是指把一个或几个气象要素(如气温、降水、光照等)对保险标的物的损害程度指数化，并以这种客观的指数作为保险理赔依据的一类保险。基于天气指数的农业保险的优势主要表现在以下几个方面：①信息透明度高，评价指标可观，大大降低或杜绝承保理赔中出现的道德风险和逆选择。②消除传统农业保险查勘理赔难度大、损失确定不标准、工作流程多、定损理赔费用高等问题，降低保险经营成本，加快赔付速度，利于投保方恢复生产。③降低农业保险进入门槛。保险公司无需实地定损理赔人员，依照天气指数标准就可以开展业务。

5.5.1 台风强降雨巨灾指数保险

人口稠密、经济发达、社会财富高度集中的广东，毗邻南海，季风气候典型，气象灾害种类多、范围广、频次高、危害重，是我国气象灾害最多最重的省份之一，其中台风、暴雨灾害尤为突出。在气象巨灾面前，有限的政府救灾资金和社会捐赠远远不足以应对灾害带来的损失，而具备风险分散转移和补偿效应的巨灾保险，是破解政府灾前防御、灾中救助和灾后重建资金难题的一剂良方。

2013 年，党中央在十八届三中全会上提出“完善保险经济补偿机制，建立巨灾保险制度”。为落实中央要求，2015 年 12 月广东省印发方案，并以瑞士再保险公司巨灾气象指数模型为支撑编制了广东省巨灾指数保险试点方案；2016 年 7—11 月，湛江、韶关、梅州、汕尾、茂名、汕头、河源、云浮、阳江、清远 10 个试点地市的巨灾指数保险陆续落地，保费 2.63 亿元，赔付 0.89 亿元，赔付率 34%，其中超强台风“海马”造成广东省直接经济损失 46.2 亿元，赔付仅 1000 万元。在试点工作中，该模型体现出对本土情况考量的精细化程度不够，反映广东实际情况时显得“水土不服”，赔付与实际灾损不甚相符。针对这一情况，2016 年和 2017 年，省政府均将巨灾保险工作列入广东“十件民生实事”。2017 年广东省财政厅委托省气象局作为第三方机构，承担指数计算机构职能，主导完成广东省巨灾保险技术方案，突破了国外技术壁垒，把巨灾指数模型核心技术掌握在自己手里，为各省各地市用好现代保险基础提供了技术支撑。

一是首创全国气象巨灾指数保险模型。在深入研究各地市气象巨灾特点，参考和学习国内外先进巨灾保险技术的基础上，通过多学科交叉、多源数据融合、多部门协作、模型多重验证等途径，全面改进了受灾因子和受灾阈值，完善了成灾指数计算公式，调整了保险赔付结构，创造性地推出了全国首个、技术原创的气象巨灾指数保险模型，并以气象巨灾指数保险模型为核心，建成了融合灾害监测预警、灾害事件、成灾指数计算和赔付查询的广东省巨灾保险平台。

二是首创全国“阈值触发，指数定级，精准快速”机制。省气象局作为灾害指数报告机构，对外发布科学严谨权威的灾害指数报告，实现了从现场定损到阈值触赔的转变，气象指数阈值触发，成灾指数定级，巨灾赔付气象指数“说了算”；弹性赔付克服了财政刚性预算的缺陷，发挥了财政资金“四两拨千斤”的作用；过去 6 个月才能拿到的赔付，现在 1 d 即可获得，资金的快速到位，有力支撑了救灾复产，产生了良好的社会效益，做到了让政府、群众满意和企业认同。

三是因地制宜，精心打造“一市一方案”。广东地形地势复杂，濒临南海，台风、暴雨灾害频发，但各地气象灾害特点不一致，例如，沿海地区台风和暴雨灾害更为典型，而粤北山区受台风影响相对较小。因此，广东省气候中心气象巨灾指数技术团队结合广东各地区气象灾害特点，因地制宜，以气象巨灾指数保险模型为核心为广东 17 个地市量身定制了符合各地市气象灾害特点的“一市一方案”。

四是形成应对巨灾“广东模式”。广东的巨灾保险模式可以总结为“财政＋巨灾＋指数＋保险”：确定指数保险作为广东巨灾保险制度的初级保险模式，选择台风、暴雨作为灾害因子，由广东省气象局和广东省气候中心承担指数计算机构职能并采取“一市一方案”因地制宜设计巨灾保险方案，在广东省财政厅的支持下，由地方政府与保险公司签订巨灾保险合同，赔款也是给到政府，由政府统筹安排资金进行复产以应对巨灾。这种巨灾保险制度成为广东新时代防灾减灾救灾体制机制改革的重要组成部分，助力政府运用现代金融手段分散和转移了巨灾风险，提升了民生综合保障。

2016 年以来，共出具气象巨灾报告 128 份，协助政府获赔约 13.36 亿元。2018 年气候年景差，以 1.85 亿元保费获得 4.93 亿元赔付，其中，“18・8”强降水过程赔付 7520 万元；台风“山竹”(强台风级)灾害过程赔付 1.7 亿元。

5.5.2 农业气象指数保险

气象指数保险是气象参与政策性农业保险的重要内容。2014 年中央一号文件用专门段落提出“加大农业保险支持力度”，在继续要求提高保费补贴比例、保险覆盖面和风险保障水平的同时，首次提出了“鼓励开展多种形式的互助合作保险，规范农业保险大灾风险准备金管理”。2014 年 8 月，国务院印发了《关于加快发展现代保险服务业的若干意见》，明确提出“按照中央支持保大宗、保成本，地方支持保特色、保产量，有条件的保价格、保收入的原则，鼓励农民自愿参保，扩大农业保险覆盖面，提高农特保险保障程度，探索气象指数保险等新兴产品和服务，丰富农业保险风险管理工具；健全保险经营机构与灾害预报部门、农业主管部门的合作机制”。2016 年《中共中央国务院关于落实发展新理念加快农业现代化实现全面小康目标的若干意见》(中发〔2016〕1 号)中，提出“探索开展重要农产品目标价格保险，以及收入保险、气象指数保险试点”。中国气象局气发〔2015〕12 号、气发〔2016〕11 号、气发〔2017〕1 号均提出，推进气象指数农业保险服务的工作任务。这些文件为气象参与农业保险尤其是气象指数政策性农业保险服务指引了明确的方向。2018 年 4 月，广东省委常委叶贞琴给广东省气象局的文件批示“请农业厅加强与气象局沟通与合作，力争在保险理赔、名优农产品气候标志评定等方面取得更大进展。”

广东以中山市为试点，开展了花木种植和水产养殖气象指数保险技术服务，推动中山市政策性花木种植气象指数保险和水产养殖气象指数保险的顺利实施。2021年，广东省气候中心多次与中山市农业局、保险公司开展协商，并开展实地调查，制定了《2021—2023年中山市政策性花木种植天气指数保险实施方案(试行)》及《2021—2023年中山市政策性水产养殖天气指数保险实施方案(试行)》。中山市花木、水产政策性气象指数农业保险落地，探索建立了一套可复制、可持续的农业气象指数保险工作机制，开辟了省内气象指数保险的新模式"政府+气象+保险"，通过气象指数保险承保模式，很好地为政府分担了区域气象灾害造成的农业设施、农作物受灾等带来的经济损失，提升了政府抗风险能力，也为农户、农企增强了抵御自然灾害风险能力，有效解决了政府、农户、农企防范自然风险的后顾之忧。受2021年第17号台风"狮子山"环流影响，中山市从10月8日起普降暴雨，多个镇街农业受灾。据悉，中山市首笔花木、水产政策性气象指数农业保险于10月11日上午完成赔付，两种保险首笔赔付额度超67万元。其中，首笔花木政策性气象指数农业保险，从获取气象数据确认触发理赔到结案仅用18 h，赔付额度超24万元。随着中山市政策性气象指数农业保险的推广与普及，广大水产养殖户、花木种植户的风险将有效转移，让中山市的水产养殖业、花木产业朝着稳定持续之路健康发展。2022年2月22日，中山首次因低温触发的政策性水产养殖气象指数保险理赔，投保仅自付7080元的吴××因此获赔26550元。中山首笔低温指数农业保险理赔仅用19 h。2021年，中山农业保险取得"跨越式"发展，全年农业保险保费收入达到8991.47万元，增速居全省第二；农业保险提供风险保障12.7亿元，是2020年的11倍。

5.6 本章小结

本章介绍热带亚热带农业生态气象的研究内容，以农业生态气象服务为目标，阐述了农业物候观测技术、农业气候适宜性评价技术、农业气象试验技术、农业气象灾害评估技术以及气象灾害风险量化评估技术在气象指数保险中的应用。

(1)农业物候观测技术。根据特色农业气象服务业务和科研需求，分别在广东北部、中部、南部选择有代表性的市县，以及具有一定观赏性、代表性的花卉和岭南特色佳果，开展现代农业物候观测，有效完善和补充了广东省的农业气象观测基础。目前，已在全省建立18套特色农业气象观测站，包括水稻、特色水果和花卉观测站，设备主要包括实景监测系统和气象观测系统。另一方面，建立了蔬菜温室大棚，开展蔬菜设施农业试验，进行生产季节延长的农业气象适用技术研究，以补充广东蔬菜供应出现"春淡"和"秋淡"。

(2)农业气候适应性评价技术。结合广东冬季气候条件，重点从气候资源和灾害风险角度考虑，构建了水稻、荔枝、龙眼、香蕉等气候适应性评价指标，采用统计方法建立区划指标的地理模型，应用ArcGIS的空间分析和多层复合方法，制作广东水稻、荔枝、龙眼、香蕉气候区划专题图，研究成果可为广东水稻、荔枝、龙眼、香蕉的种植区域规划和产业的持续发展提供科学依据。

(3)以国家级南海农业气象试验站为试验基地，开展了双季稻、蔬菜、水产、花卉、热带果树等观测试验，为农业气象服务提供了一手资料。同时，研发了基于人工智能的物候自动观测系统，系统包含实景观测系统、负载均衡识别模型、数据清洗模块、图像裁剪拆分模块、图像识别模块即物候期自动识别模型模块、图像分类模块、周期分析模块和显示模块，丰富了农业气象试验技术成果。

(4)针对广东农业影响的主要灾害台风、暴雨、寒害、干旱、“龙舟水”等，构建气象灾害对农业的影响评估指标，开展气象灾害对不同作物的量化评估，系统揭示灾害的变化规律以及对农业生产的影响，为农业生产应对气候变化、趋利避害，更好地发挥区域气候优势提供科学依据，也为各级政府和有关部门指导农业生产和制定应对气候变化对策提供参考。

(5)气象灾害风险量化评估技术在气象指数保险中的应用。针对广东省乡村振兴金融服务中存在的主要问题：传统损失补偿型保险查勘理赔难度大、理赔周期长，耽搁救灾复产；灾害损失确定不客观，容易出现道德风险和逆选择；农业保险农户参保意愿不高，保险渗透率低，保险深度不足等。广东省气象指数保险团队将气象灾害风险量化评估技术应用于保险金融领域，并建立了“政府+气象+保险”模式，在广东实施巨灾气象指数保险和农业气象指数保险。2016年以来，巨灾指数保险承保了18亿元，已在广东18地市落地。2018年气候年景差，以1.85亿元保费获得4.93亿元赔付，体现了“大灾大赔”特点，发挥了财政资金“四两拨千斤”的作用；农业气象指数保险以中山市为试点，落地了花木种植和水产养殖气象指数保险产品。2021年，中山农业保险取得“跨越式”发展，全年农业保险保费收入达到8991.47万元，增速居全省第二；农业保险提供风险保障12.7亿元，是2020年的11倍。

第6章
生态修复和人工影响天气

广东的降水量虽然丰富，但由于降水的时空分配不均，干、湿季变化比较分明，局部性、季节性干旱时有发生，常有季节性的春旱、秋旱和冬春连旱。粤北地区受地形和气候的影响，当地干旱已对水土流失、森林植被以及生态平衡造成严重的影响，成为严重影响广东省经济社会发展和全面建设小康社会的重大问题。雷州半岛是广东省干旱最为严重的地区，水资源短缺和农业干旱对当地经济和社会发展产生严重影响，制约着全省经济社会的协调发展。同时，随着广东省人口的不断增长、城市化进程的加快和经济社会的快速发展，雾/霾天气对人体健康、交通运输、城市环境造成巨大威胁，尤其在雾/霾天气多发的珠三角城市群，严重影响社会生产和人们的日常生活。应用现代人工影响天气技术，合理配置人工影响天气业务布局和业务平台，通过空中水资源的开发利用，可缓解广东省水资源短缺、改善流域的生态环境、提高生态服务功能和促进流域经济；能够有效保护粤北重点生态区、生态脆弱区域，改善地表植被，加强森林、湿地、河湖等自然生态系统保护与修复；可增加粤西地表径流，增加水库蓄水量，提高地下水位，优化水资源配置，遏制雷州半岛干旱，改善生态环境。同时，通过人工增雨可以净化珠三角城市群上空的大气，有利于大气环境的保护，对建设绿色广东，加强环境保护与生态建设，促进人与自然和谐将产生积极而深远的影响。

6.1 广东省人工影响天气布局及业务平台

6.1.1 布局

6.1.1.1 布局原则

布局能满足项目建设目标和功能，注重科学性、合理性，根据实际业务的现状和发展，配合广东省人工影响天气重点任务，合理确定系统布局，注重业务运行的连续性，要与现有人工影响天气和其他气象业务系统保持衔接，本着资源共享原则，避免布局重复。飞机、地面作业系统布局应能满足区域的降水气候背景、天气系统类型和范围要求，以覆盖空中云水资源开发重点区域为原则。地面作业装备集中于重点作业区，飞机增雨作业起降点要兼顾全省。作业决策指挥系统的布局要依托现有的人工影响天气业务系统进行建设，在层级建设上，重点加强省级建设，兼顾市级和县级建设；信息网络的布局应考虑其他各系统的布局、业务组织形式和现有信息传输条件，要充分利用广东省现有的气象现代化资源。

6.1.1.2　总体布局

为满足全省防灾减灾和地方经济建设对人工影响天气服务的需求，人工影响天气工作要依托气象基本业务，建设成全省统一协调、上下联动、区域联防、现代化水平较高的人工影响天气业务技术体系（游积平 等，2016），实行省、市、县三级业务布局，并在全省建设12个重点作业区（包括3个生态增雨保障区，5个经济作物生产防雹、增雨保障区，1个环境保护重点作业区，3个粮食生产防雹、增雨保障区）；1个飞机人工增雨作业基地；1个消暖雾试验示范基地；1个关键技术研究实验室。广东省人工影响天气（简称人影）业务总体布局见图6.1。

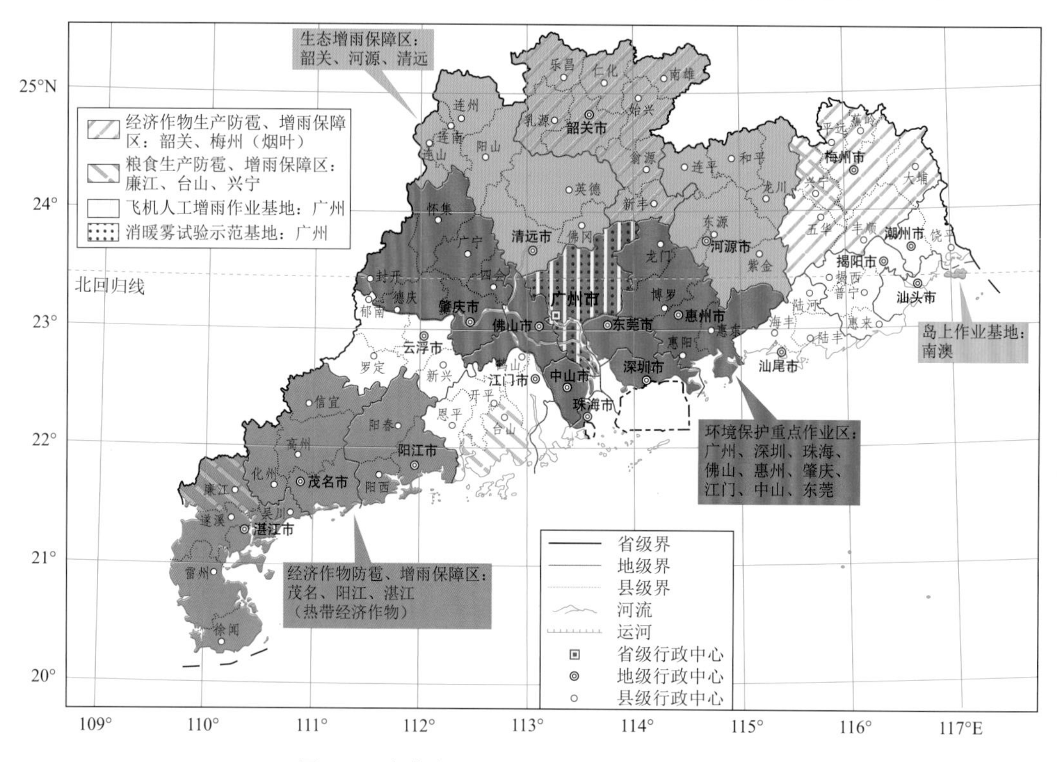

图6.1　广东省人工影响天气业务总体布局图

6.1.2　业务平台

6.1.2.1　平台功能

业务平台建立省、市、县三级共用平台，主要实现人工影响天气资料采集与处理、信息传输、产品制作与发布、作业需求分析、作业潜力识别、作业条件预报、指挥高度、空域申报、移动应急指挥及保障调查等功能。提供在一定时段和范围内适宜开展飞机、火箭人工增雨的气象信息和天气预报，实时监控飞机、火箭在作业区域动态信息，科学指挥和高度广东全省人工增雨作业。

6.1.2.2　平台结构

广东省人工影响天气业务平台纵向由省、市、县、作业点四级组成，横向包括作业指挥系统、信息网络系统、视频会商系统和地面移动通信系统四个组成部分，每级系统通过上下一体化的应用软件系统综合成为统一的业务平台。广东省人工影响天气业务平台结构见图6.2。

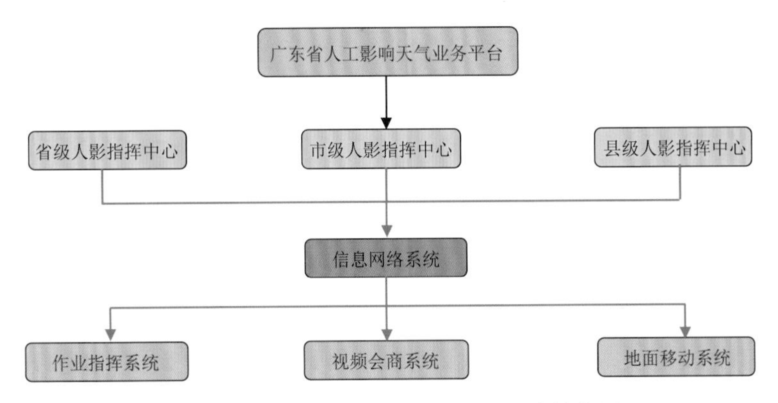

图6.2 广东省人工影响天气业务平台结构图

6.1.2.3 信息流程

(1)数据流程

本业务平台的资料流经省、市、县三级人工影响天气指挥中心,为考虑集约化和利旧原则,需要广东省气象信息中心与各地市气象局进行资料的传输,平台数据流程见图6.3。

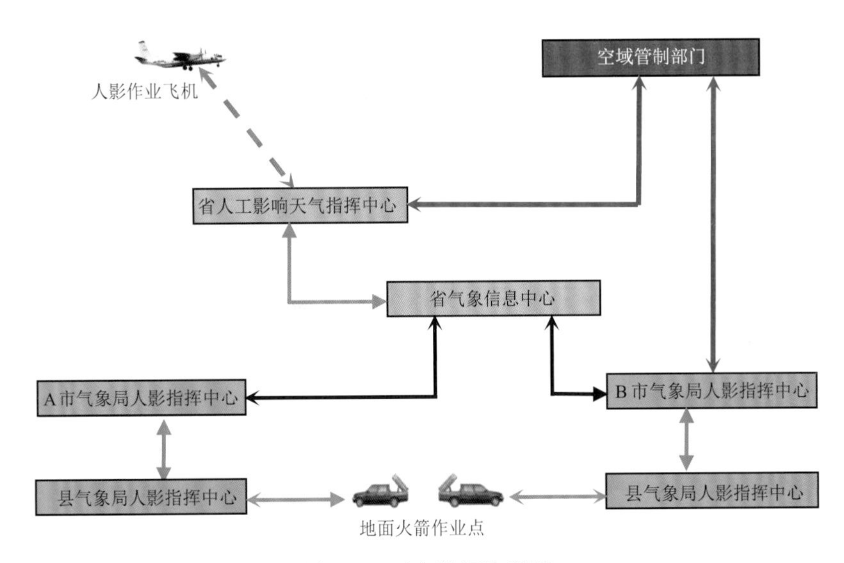

图6.3 平台数据流程图

上行流程:作业点作业信息经由县级人工影响天气指挥中心上传至地市局人工影响天气指挥中心,地市局人工影响天气指挥中心将下级上传的资料上传至省级人工影响天气指挥中心,飞机作业信息、探测信息直接上传到省级人工影响天气指挥中心,省级人工影响天气指挥中心负责将所有信息上传至国家级人工影响天气指挥中心。

下行流程:国家级人工影响天气指挥中心的指导产品连同其他业务中心(如国家气象中心)的预报指导产品通过国家气象信息中心广播下发省级人工影响天气指挥中心;省级中心将上级指导产品和本省生成的指导产品下发至地市级人工影响天气指挥中心;地市级人工影响

天气指挥中心将上级下发和本地市生成的指导产品一并下发至县级人工影响天气指挥中心。

(2)业务流程

广东人影综合业务系统(游积平 等,2006,2010,2013,2019),将人工影响天气观测系统、飞机探测系统等所得到的资料,依托信息传输网络,汇集到广东省人工影响天气作业决策指挥中心,并对资料进行存储、分析和质量控制处理。借助于人影综合业务系统各功能模块,结合国家级的云降水精细处理分析系统(CPAS),形成人工影响天气作业条件的分析、诊断、预报业务产品和人工影响天气决策方案,并将指导产品和决策方案下发,实现对作业目标云系的科学作业,提高人工影响天气作业决策指挥业务化、规范化水平。

广东省人工影响天气业务管理体制,实行省-地市-县-作业点四级管理。省级的飞机保障由省人影中心负责。地面人工增雨作业点以地市、县管理为主,省对市、市对县、县对作业点具有管理职能,人工增雨作业以省统一协调为主,实行省-地市-县-作业点指令流程,决策指挥系统业务流程见图 6.4。

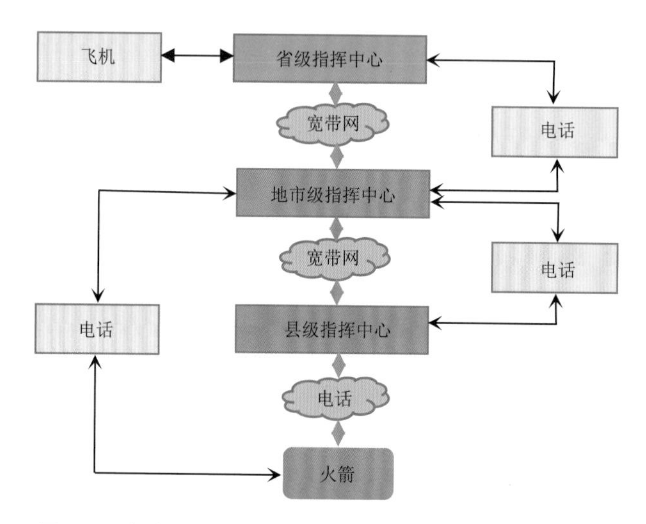

图 6.4 广东省人工影响天气作业决策指挥系统业务流程

6.1.2.4 主要技术性能要求

广东省业务平台能力建设,对于气象信息网络、气象信息管理与共享服务等基础支撑系统具有很强的依赖性。一方面在综合气象观测资料,特别是人工影响天气特种观测资料的收集传输、存储管理、共享服务以及资料应用上,另一方面在人工影响天气作业的指挥管理和调度,特别是飞机作业等工作的开展上,对于气象信息网络系统、气象数据收集管理及共享服务系统等,都提出了更高的要求。

不同层级的指挥系统,其复杂程度随任务量而增加。为了节省大量的人力物力消耗、提高指挥效率、保障指挥的科学准确,需要开发一套高效合理的指挥软件,将信息采集、分析判断、指令生成、运行监控、协调调度等过程自动完成。

指挥系统软件的设计,需要以实际的管理体制和指挥流程为前提,考虑软件的通用性,按照省、市、县、作业点四级指挥的不同职能和不同需求进行有针对性的开发。

6.2 粤北森林植被恢复人工增雨

粤北是广东省重要的自然资源保护区、水资源涵养区以及湿地生态系统，重点保护和加强建设南岭湿地、森林植被等自然保护区和饮用水源，急需加强在广东省粤北地区开展人工增雨作业。在韶关、河源、清远设防雹、抗旱、森林防火以及增蓄型的人工增雨保障重点作业区，服务于当地生态建设。改扩建人工增雨标准化作业点，有利于大幅度提高作业覆盖面积，保护南岭水源涵养生态区，提高人工干预粤北生态修复的能力。

6.2.1 地面作业点布设及增雨作业

6.2.1.1 粤北地面作业点的布设

粤北地面作业点主要布设在韶关、清远和河源三地，韶关一共布设了24个地面火箭作业点，其中新丰2个、乐昌3个、南雄4个、仁化2个、始兴4个、乳源2个、翁源3个、曲江3个以及武江1个。清远一共布设11个地面火箭作业点，其中佛冈1个、英德3个、阳山3个、连州2个、连南2个。河源一共布设了9个地面火箭作业点，连平、和平、东源、龙川、龙门、博罗、惠东、惠城以及惠阳各布设1个，粤北地面作业点的布设见图6.5。

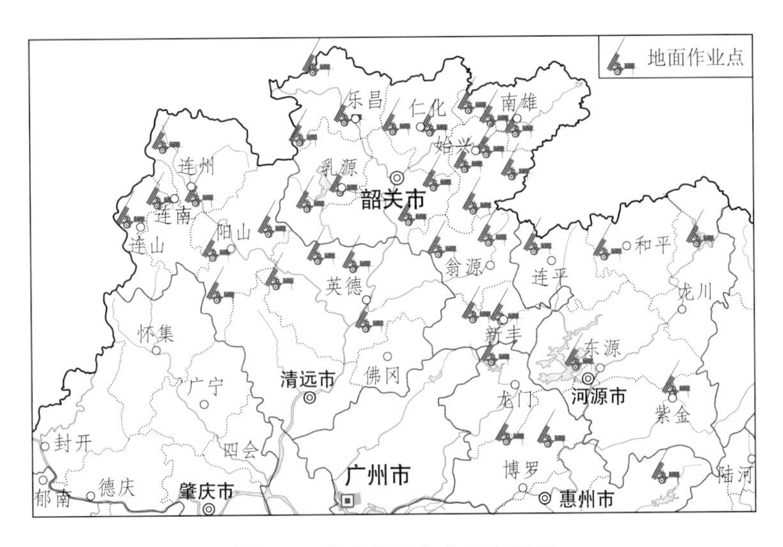

图6.5 粤北地面作业点布设图

6.2.1.2 火箭作业

火箭作业作为飞机增雨作业的重要补充，具有机动、灵活和容易操作等特征，增雨火箭实际操作发射过程见图6.6。

每套车载移动式火箭发射系统，都可以快速到达指定作业点，当作业人员接到人影指挥中心下达的作业指令后，准确到达粤北所布设的42个地面火箭作业点开展增雨作业，目前广东全省共有70余套陕西中天火箭有限公司生产的WR-98型车载移动式火箭发射系统，可分为自动和手动两种方式操作发射。

图 6.6 增雨火箭操作发射图

6.2.2 飞机作业系统

6.2.2.1 机载大气探测系统

机载大气探测子系统可在飞机作业时直接探测云中各种水成物粒子谱、数浓度等微观特征量，能够实时观测云降水系统的宏观特征量，实时掌握云中过冷水含量、云中温度、湿度、积分液态水量等，对于判别作业条件、确定作业时机和部位、修订作业方案、检验作业效果、提高人工增雨作业技术水平和监测区域空中云水资源动态等，非常重要和必要。尤其广东省春季由于南岭山脉的阻挡其降水具有明显的地域特征，此时开展飞机探测，分析其降水云系的微物理特征，了解云凝结核、过冷水以及冰晶浓度等，对于开展作业具有重要的参考价值。

结合飞机增雨作业服务，开展针对不同强度降水云系飞机云微物理探测试验，监测云系发生发展过程与催化条件密切关联的宏微观特征及其变化，包括云凝结核和冰核分布(背景大气气溶胶、云凝结核和冰核尺寸、数浓度、粒子谱和种类)、云和降水粒子分布(云粒子和冰雪晶等降水粒子尺寸、数浓度和粒子谱)、水分供应及饱和条件(比湿、云内液态及固态水含量、大气环境气象要素、上升运动)等关键因子，分析上述要素特征及其综合表现出的云系宏观特征(云底、云顶和云厚、冷暖比率以及云中温度层结)，总结不同环境条件下云系适宜播撒催化条件。

6.2.2.2 机载催化作业系统

作业飞机机载催化作业系统主要包含了烟条播撒、下投式碘化银焰弹播撒以及液氮致冷剂播撒，以满足不同云的播撒作业要求。其中烟条播撒适宜于冷暖云系的催化，下投式碘化银焰弹播撒适用于较厚云体的催化，液氮致冷剂播撒适用于对云中温度在 −6～0 ℃的云体进行催化作业。当作业飞机完成作业条件的探测，修订好作业方案后，将由操作人员通过机载设备系统集成平台操控机载催化作业子系统实施人影作业任务。在起飞前将烟条装入播撒器，换好制冷剂播撒容器，连接点火控制器和播撒器点火线路，用专业测试设备等自检及综合检测正常无误后，飞机起飞。作业时不需提前配制溶液等准备工作，只需按系统提示或通过人工观察各数据，采用自动或人工等手段，即可按顺序将烟条点燃(也可连续或同时多个点燃)，或将制冷剂出口打开或关闭。

6.3 城市群人工消霾科学试验

灰霾的发生与大气污染，特别是大气中的颗粒物密切相关。珠三角地区作为20世纪末最后20 a全球经济发展最快的地区之一，也是国内灰霾天气发生频率相当高的地区之一。利用地面观测站网和探测飞机开展珠三角及周边地区三维立体综合观测试验，分析珠三角地区灰霾污染粒子气溶胶的垂直分布特征。针对珠三角地区典型灰霾天气，尝试在不同高度进行催化作业试验，研究催化作业后的大气动力、热力响应机制，以及灰霾滴物理变化机制，探索针对灰霾天气的消减技术。灰霾的治理，除了目前广泛开展的研究灰霾粒子的化学成分，确定形成灰霾的污染源，通过控制污染源的排放来达到消减灰霾的目的。还可以通过研究灰霾生成的气象条件、灰霾粒子的发生、发展、消亡的机理，利用人工影响天气的方法干预灰霾的形成，加快灰霾的消散。通过开展灰霾人工干预的气象条件及技术试验研究，了解珠三角地区灰霾的宏微观结构特征，确定开展灰霾人工干预的气象条件，希望为干预灰霾，净化和改善局部地区空气质量找到可行手段，将对珠三角地区因灰霾造成的诸多问题产生积极作用和带来良好的经济、社会和环境效益。

依托广东气象基本业务与气象现代化成果，形成统一协调、上下联动、区域联防、现代化水平较高的灰霾立体监测业务技术体系，实施规模化、科学化、制度化、现代化、多样化、全天候、全覆盖的灰霾立体监测和人工影响天气科学试验；划定珠三角为大气环境保护重点作业试验区，服务当地净化空气需求，开展三维立体灰霾监测和飞机人工增雨、改善空气质量科学试验作业（高建秋 等，2014）。

6.3.1 地面灰霾监测

基于地面观测站网开展珠三角及周边地区观测试验。观测内容包括以下部分：①灰霾的微物理特征及气象要素，包括气溶胶数谱和成分、大气能见度、相对湿度、风温压湿等；②大气边界层结构特征，利用风廓线雷达、开路涡动湍流观测系统、微波辐射计开展观测；③大气污染物的垂直及区域空间分布特征。重点认识灰霾的宏微观结构特征、污染物的区域输送特征、大气颗粒物的形成及转化机制等科学问题。

对2005—2014年的霾日进行统计，绘制珠三角霾的年平均空间分布图（图6.7）。从图可见，博罗年平均霾日仅3.1 d，其年平均雾日仅0.7 d。对其余地区而言，霾日以珠江口地区为最多，深圳年平均霾日达179.8 d，其次是南海，为165.3 d，从珠江口至肇庆四会一线的大部分区域为霾日相对较多区域；雾日年平均最多是四会，达23.6 d，四会及其以南地区为雾日相对较多区域。珠三角地区又以珠江口地区为社会经济和工业生产活动的核心区域，因此，其霾日相对较多。

在大气污染天气条件下有效开展人工干预灰霾试验，利用实际外场消灰霾作业观测到灰霾的宏微观变化作对比验证，可帮助调整与改进加入模式相关参数和催化机制的新方案等。在此基础上，探讨通过改变催化剂的播撒剂量、播撒时机、播撒持续时间、播撒位置、吸湿剂的初始粒径、动力扰动等参数来研究催化作业后灰霾粒子的消散和演变规律，最终总结和提炼出针对不同灰霾天气的人工消减作业技术。

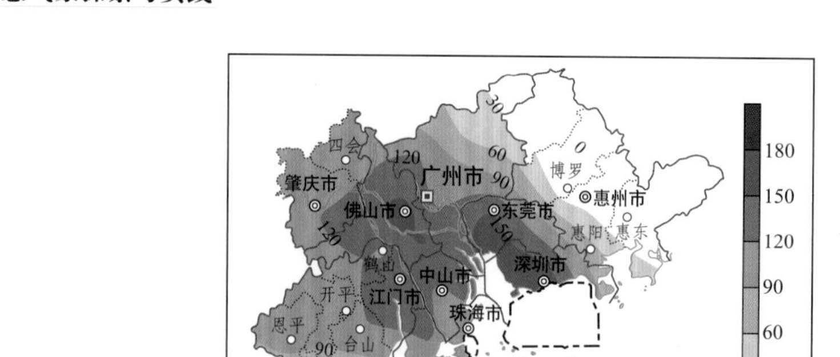

图 6.7　2005—2014 年珠三角地区平均霾日(d)

6.3.2 高空灰霾监测

利用飞机进行高空大气灰霾监测与作业是目前国际上普遍采用的最直接、有效的方法。通过在飞机上安装的气溶胶、云和降水等探测仪器，其中包括量程为 0.10～3.00 μm 的气溶胶粒子探头 PCASP+SPP200、量程为 0.6～50.0 μm 云及气溶胶粒子探头 CAS、量程为25～1550 μm 二维云粒子图像探头 CIP 以及量程为 100～6200 μm 的二维降水粒子图像探头 PIP 等探头，以及由加拿大 Aventech 公司生产的 AIMMES-20 探头，用于收集常规气象数据以及 GPS 信息进行观测，得出珠江三角洲地区大气气溶胶的垂直分布特征如下。

(1)气溶胶粒子在不同的高度有较大的差异，自下而上存在着累积层、递减层和增加层，在 1033 m 以下的大气边界层存在气溶胶粒子的累积，气溶胶粒子最小浓度为 1151.15/cm^3，高度 1033 m；最大浓度为 7307.38/cm^3，高度 627 m；平均浓度 5775.63/cm^3，平均直径 0.212 μm，最大直径 0.219 μm，最小直径 0.189 μm。在 1033 m 以上，气溶胶粒子浓度随高度增加而递减，但在逆温层附近气溶胶粒子的浓度出现了随高度增加而增加的现象。气溶胶数浓度的大小与风速有关，当风速很小时，其浓度值随高度增加而有所增加。在整个垂直观测高度层内，气溶胶粒子平均直径的均值在 0.194 μm，最大值达到 2.4 μm，峰值出现在 3178～3363 m 高度层内，这是由于有液态水的存在，LWC (Liquid Water Content)在 3323 m 处达到最大值 0.67 g/kg，说明此高度层存在着云层，造成气溶胶粒子的吸湿性增长(游积平 等，2015)。

(2)在 3800 m 探测飞机平飞的高度上的气溶胶浓度分布差异很小、变化比较均匀，气溶胶数浓度值处于 1.97～53.65/cm^3范围之间，最大粒径为 0.258 μm，最小粒径为 0.105 μm，平均粒径为 0.153 μm。

(3)在不同高度层上粒子谱谱型为多峰型，大气气溶胶以小粒子为主，平均直径大于 0.30 μm，气溶胶粒子基本集中在 1000 m 以下的高度层下。飞机可携带多种探测和作业仪器设备，为机上作业技术人员实时判别作业条件、寻找最佳时机、修订作业方案提供最直接依据，并可迅速飞抵到作业目标区进行最佳剂量大范围高强度的催化作业。与采用地面发射炮弹、火箭弹的作业方式相比，飞机作业平台具有无可替代的优势。

为满足珠三角范围内的灰霾立体探测以及消除灰霾的大范围、高强度、高水平的要求，目前广东省每年租用携带大气气溶胶探测测设备的飞机，包括运 12、空中国王 350 和新舟 60 等飞机，建立了空中移动监测平台，用于对珠三角地区大气灰霾的探测研究。

对于具有消除灰霾的系统性云系，需要进行科学设计、空地结合的人工影响天气作业，充分提高降雨云系的降雨效率，增强珠三角区域内的飞机人工影响天气作业能力。考虑到实际情况和技术要求，选择适应开展的科学作业要求的飞机，其载重 1～2 t 以上、并可以改装加载多种作业仪器设备，飞机以作业为主、灰霾监测为辅。

6.3.3 作业试验平台

以珠三角地区为研究对象，通过开展干粒子霾的人工干预技术试验：人工模拟降水地面试验、自然降水地面试验和高空飞机人工增雨试验，观测研究在不同的气象条件下，地面和高空不同的人工干预模式下，颗粒物 PM_{10}、$PM_{2.5}$、PM_1 浓度的变化规律。

6.3.3.1 人工模拟降水地面试验

整个试验采用六种方法对炮雾机和鼓风机进行单独和组合试验。①采用炮雾机喷雾持续 2 h；②先用鼓风机持续吹风 1 h，再用炮雾机喷雾持续 1 h；③先用炮雾机持续喷雾 1 h，再用鼓风机持续吹风 1 h；④同时用炮雾机喷雾和鼓风机吹风持续 2 h；⑤先使地面积水，再用炮雾机喷雾持续 2 h；⑥先使地面积水，再用炮雾机喷雾和水管喷水持续 2 h。

(1)不同地面作业模式能见度的变化

分别观察六种作业模式和自然降水模式（第七种）对试验基地的能见度的变化的影响，并且与最近的从化气象观测站测得的逐时能见度相比较，减去从化气象观测站的测得的自然能见度变化率，得到如图 6.8 所示的六种不同作业模式和自然降水模式下能见度变化率的对比图。从图 6.8 可知（实心柱形刚开始作业 30 min 后的能见度增长率，条形柱形为作业结束后 30 min 的能见度的增长率），在作业刚开始的 30 min 内，湿度增加显著，六种模式都是能见度迅速下降，说明雾滴凝结核的爆发性增长，当模拟的降雨量达到 1 mm 以上时，细颗粒物浓度都有不同程度的下降。实心柱形图表明，自然降水 30 min 后大气的能见度明显增加，增长率可达 111%；其次为第六种作业模式，增长率为 58.2%；第三为第一种作业模式，增长率为 16%。其余第二、三、四、五种作业模式都在作业后 30 min 能见度都有不同程度的下降。

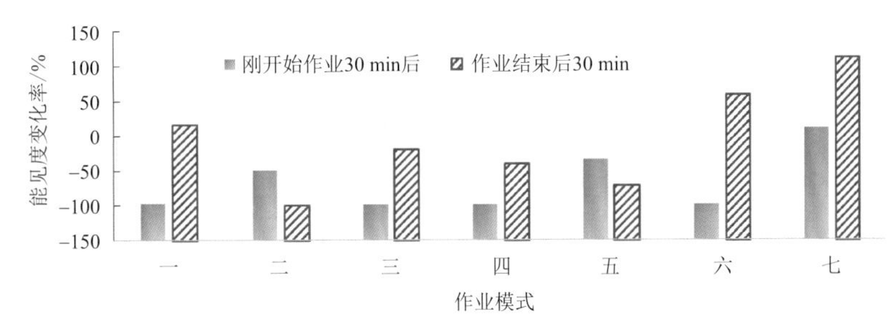

图 6.8 不同作业试验模式能见度变化率

(2)不同地面作业模式 PM_1、$PM_{2.5}$、PM_{10} 浓度的变化率

分别观察六种作业模式对试验基地的 PM_1、$PM_{2.5}$、PM_{10} 浓度的变化的影响，并且与最近的从化气象观测站测得的逐时颗粒物浓度相比较，减去从化气象观测站的测得的自然颗粒物浓度变化率，得到如图 6.9 所示的六种不同作业模式和自然降水下 PM_1、$PM_{2.5}$、PM_{10} 变化率的对比图。从图 6.9 可知，作业七（自然降水的影响）不管是降雨后 30 min 到降雨后 2 h，PM_1、$PM_{2.5}$、PM_{10} 浓度都在逐渐地减少，降雨后 2 h 减少得最多，分别为－87.5%、－85.6%、

−84.2%，作业一和作业五在作业中 30 min 后都有不同程度的略降低；除作业三外，其余作业在作业中 1 h 和完成作业(一般 2 h)都有 7%～54%的降低率，说明鼓风机对污染物浓度的影响不大。第六种作业模式在作业 2 h 内颗粒物浓度平均下降约 50%。作业完成后 2 h 除自然降水外，其他六种作业模式都一致地回升。说明局部的地面作业在短时间内有一定效果，但维持时间较短，最多持续 2 h，在 2 h 后 PM_1、$PM_{2.5}$、PM_{10} 的浓度又逐渐地回升。七种作业模式对 PM_1、$PM_{2.5}$、PM_{10} 颗粒物的浓度变化几乎是一致的，都是自然降水的效果最好，其他地面作业模式对颗粒物的浓度稀释仅在短时间内有一定效果。说明自然降水对污染物的清洗作用是明显的。

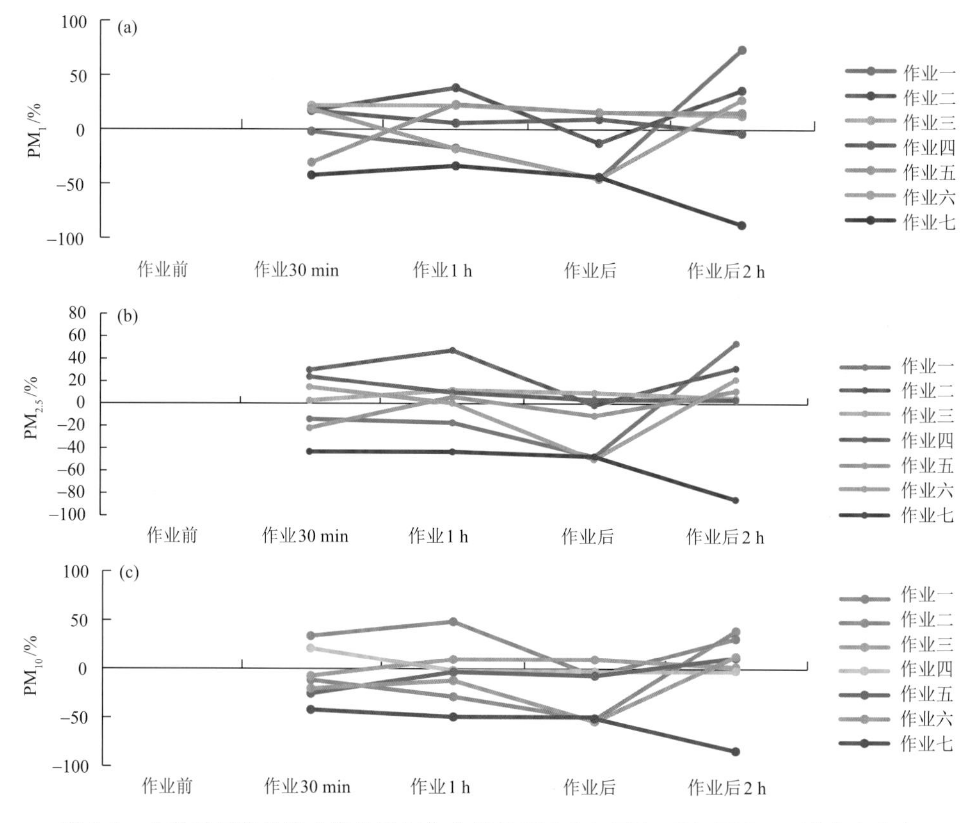

图 6.9 七种不同作业模式作业后与作业前的 PM_1(a)、$PM_{2.5}$(b)、PM_{10}(c)浓度变化率

(3)自然降水地面试验

对 2016—2018 年春季广州市(以从化区为例)不同级别的小时降水量内，对应的颗粒物 $PM_{2.5}$、PM_{10} 24 h 浓度变化进行统计分析，降水对 $PM_{2.5}$、PM_{10} 的稀释影响总的占 76.39%，说明降水对颗粒物有较大的稀释作用。其中，当小时降水大于 10 mm，细颗粒物 $PM_{2.5}$ 24 h 浓度减少可高达 87.5%，PM_{10} 浓度也出现显著减少的特征，减少率为 84.38%。当小时降水小于 1.0 mm，降水的稀释作用相对于 $PM_{2.5}$、PM_{10} 更明显一些，PM_{10} 的 24 h 浓度减少率为 73.83%，$PM_{2.5}$ 为 68.22%。对于 $1.0<R\leqslant 5.0$ 的小时降水，降水的稀释作用 $PM_{2.5}$ 比 PM_{10} 更明显；而对于 $5.0<R\leqslant 10.0$ 的小时降水，降水的稀释作用 PM_{10} 比 $PM_{2.5}$ 又更明显，PM_{10} 的 24 h 浓度减少率高达 85.71%，$PM_{2.5}$ 仅为 65.71%。不同等级降雨对 PM_{10} 的清除能力高低排序为：中雨、大雨、微雨和小雨；对 $PM_{2.5}$ 的清除能力高低排序则有所不同：大雨、小雨、中雨和

微雨。

(4)高空飞机人工增雨作业试验

高空飞机作业试验模式大致两种:冷云和暖云作业。飞机上播撒烟条的催化剂的化学成分,冷云主要是用碘化银,在飞得比较高的时候采用;暖云主要是用氯化钾,作为一种吸湿凝结核,在飞得比较低时采用。在实施催化时,必须根据催化对象是冷云还是暖云,考虑催化剂的选择、剂量、作业时机,以及撒播的部位。

2017—2019 年共进行飞机人工干预霾作业(人工增雨)共 16 次,大部分集中在霾多发的 11 月以及有利于进行增雨的气象条件成熟的 4 月,其中冷云作业 10 次,暖云作业 6 次,通过分析作业时的天气系统,冷云作业是锋面型(2 次)和高空槽切变线型(8 次);暖云作业是中低空东南气流加强型(2 次)和高压后部回流型(4 次)。分析这 16 次作业案例,从作业前后 24 h 降水变化量看,降水增加明显的次数为 6 次,降水不明显但细粒子浓度明显下降的次数 6 次。从作业前后 24 h 细粒子浓度变化来看,作业后第 1 d 细粒子浓度明显下降的次数为 12 次,因此,人工增雨作业后第 1 d 的细粒子浓度得到稀释的成功率为 75%。从作业前后 6 h 地面能见度变化量看,作业后能见度增加超过 1 km 的次数为 10 次,其中能见度增加超过 5 km 的次数为 9 次,能见度降低的次数为 2 次,能见度没有变化的 2 次,缺测数据 2 次,因此,作业后能见度增加率为 71.4%。

(5)人工消减灰霾的手段和方法

在严重霾污染的情况下,大气环流系统稳定,气象条件处于静风或微风状态,并且在没有降水的情况下,地面人工干预霾作业(喷雾机和吹风机)使局地的细颗粒物浓度下降,是短时间内局部地区降低霾的影响的有效手段之一,其中,第六种作业模式的效果最好;且试验证明,人工模拟降水地面试验没有自然降水地面试验效果好。

如遇上大气环流系统不稳定和合适的气象条件,进行飞机人工干预作业,通过增加降雨量、加强垂直方向的对流和扩散、加剧边界层湍流活动等因素破坏形成霾的气象条件,将大范围有效地降低霾污染细颗粒物的浓度和增加能见度,从而达到消霾和改善空气质量的目的,并且试验的数据表明,飞机人工干预霾作业对细颗粒物稀释的后续影响是明显的。

通过区域联防控制跨区域的污染物的扩散、控制本地污染源和机动车辆的排放等是人工干预雾/霾形成内因的必要的手段。

6.3.3.2 地面作业平台

珠江三角洲由于处于广东的核心位置,人口密集且飞机航线繁忙,考虑地面火箭作业安全,在广州、佛山、深圳、东莞、珠海、中山六个城市没有地面火箭增雨作业点,只有在珠三角周边的肇庆、惠州、江门等地有地面作业点,一共有 14 个作业点,地面作业点的分布见图 6.10。

6.3.3.3 移动作业平台

在珠三角核心区没有地面火箭增雨系统,只能依靠飞机开展人工增雨作业,其作业区域见图 6.11。为了有效地提高珠江三角洲人工消除灰霾的作业科技水平,依据当地地形特征、典型天气气候条件以及广东省空域特点,主要针对广东省第 3 区和第 2 区开展增雨作业。通过飞机增雨作业,针对珠江三角洲天气特点开展消减灰霾作业为服务的科学试验,通过科学调度和指挥全省飞机增雨作业,为广东省的消减灰霾、恢复生态环境提供服务。

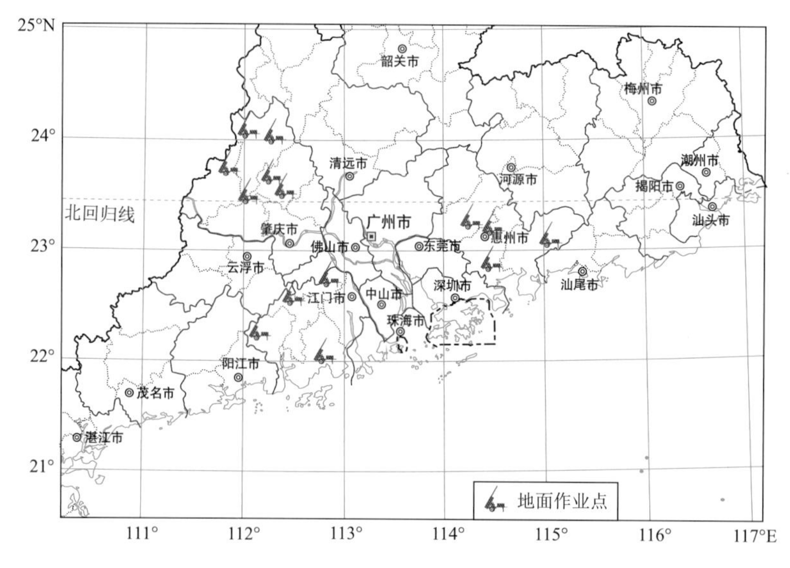

图 6.10　地面作业点分布图

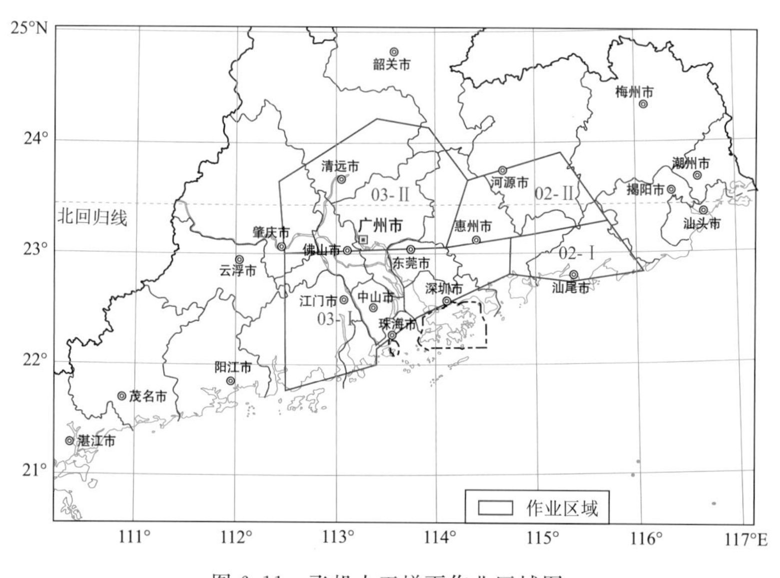

图 6.11　飞机人工增雨作业区域图

6.4　雷州半岛农业干旱人工增雨

雷州半岛地理位置特殊，三面环海地形狭长，多以海拔不高的盆地为主，地形抬升造成降水的机制较弱，不利降水。同时多为玄武岩地质，地表水渗透力强，渗透度深，造成雷州半岛年年都有不同程度的干旱。在雷州半岛开展人工增雨，既可为全省提供暖云增雨研究成果，在春夏季又可在该区域缺水干旱时，进行人工增雨优化水资源配置，同时还可为储水严重不足的水库增加蓄水量；在高温酷暑季节进行人工增雨，降低区域温度，改善人们的生活环境和质量；秋冬季在林区出现森林火险等级高或出现了火险时，进行人工增雨降低森林火险等级或扑灭火灾,保护生态环境等。

6.4.1 作业条件

6.4.1.1 水汽条件

湛江市空中云水资源主要靠过境气流输入。湛江市多年降水、水汽资料统计结果表明,其空中云水资源年均约1834亿 m^3,实际自然形成的降水量208亿 m^3(年均降水量1669 mm),仅占空中水汽资源的11%左右,尚有近90%(1626亿 m^3)的空中水汽资源成为过境水汽量,未能得到合理的开发利用。湛江市三面环海,空中云水资源十分丰富,一年中有7个月每月超过15 d是满天乌云,在冬春季节大多数时间其云量均到10,全年各月云量达到10的天数情况见图6.12。

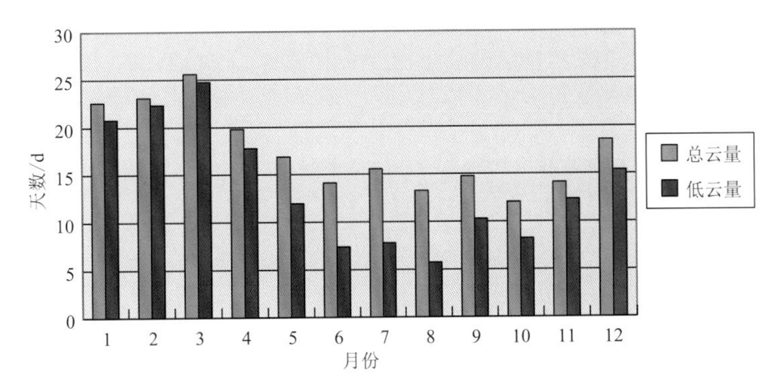

图6.12 湛江地区各月云量达到10的天数

全年相对湿度变化不大,最小的相对湿度在11月是74.5%,最大的相对湿度在3月和4月达84.7%,全年相对湿度平均为81.2%。这说明,湛江市空气比较湿润,全年各月相对湿度情况见图6.13。

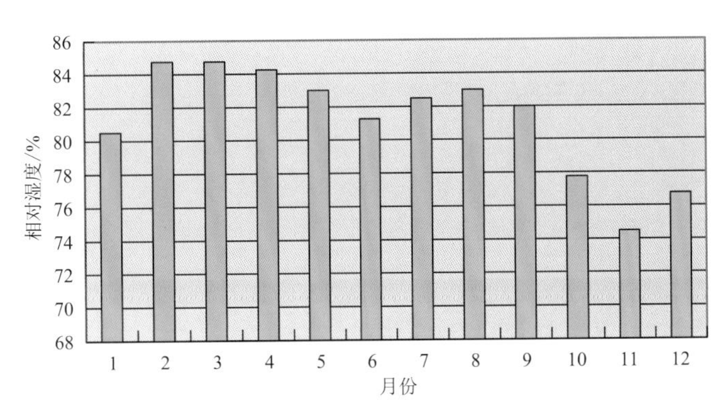

图6.13 湛江地区各月相对湿度

降水量较为集中是湛江市的气候特点,每年5—9月的降水量占了全年总降水量的79%,其余7个月的总降水仅占全年总降水量的21%,月降水量少于100 mm的有6个月之多,主要集中在冬春季节,因此,经常造成冬春连旱,全年各月降水量情况见图6.14。

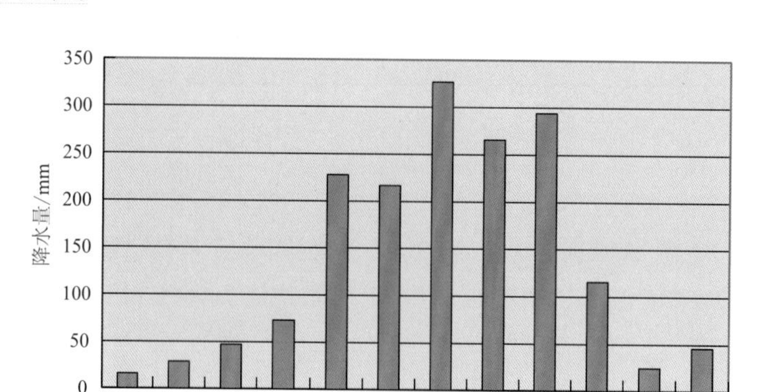

图 6.14　湛江地区各月降水量

由于湛江市地处热带北缘，是东亚季风气候显著区，具有明显的雨季和干季。全年气温高、日照时间长、太阳辐射大，造成陆面蒸发量大，尤其是冬春两季，蒸发量大于降水量，全年各月蒸发量情况见图 6.15。

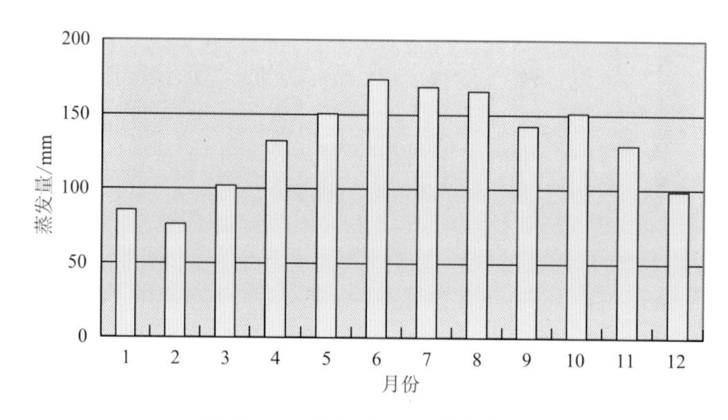

图 6.15　湛江地区各月蒸发量

除蒸发量大外，降雨和径流量少以及季节分配不均是湛江市尤其是雷州半岛干旱的重要原因之一。多年平均径流深 500～800 mm，地表径流总量约为 37.92 亿 m^3。地表水大部分直接入海，可利用程度低，人均和亩均地表径流拥有量仅占全省的 34.5%和 25.7%。

从云状来分，5—9 月主要以对流云为主，其余时间以层状云为主，见图 6.16。同时，1—3 月 30%～60%为暖性蔽光层积云，云顶高度达 4000 m 左右，4—5 月 40%左右为积状云或混积云，云顶高度达 4500～8000 m，水汽含量较大，有利于人工增雨作业。2—5 月，多云到阴天的频率高达 70%以上，日雨量大于 0.1 mm 的雨日(具备临界降雨能力)各月都在 9～14 d 之间。人工增雨机会较多，作业潜力较大。

6.4.1.2　天气条件

雷州半岛没有明显山脉阻挡，由于地势平坦成为气流的通道，从南海吹来的暖湿气流，难以停滞、抬升，不易形成地形雨和锋面雨。降雨量较少，在时间分布上极不均匀，约有 85%～90%集中在雨季。前汛期(5—6 月)的降雨不甚明显，特别是西南部，降雨高峰多出现在 8—9 月，主要受热带气旋影响或登陆本区带来的降水，且大多以台风暴雨出现，雨量集中，强度大，加之区域内的河流短浅以及工程调蓄能力低，河川径流有 70%流入大海，成为不可支配的水

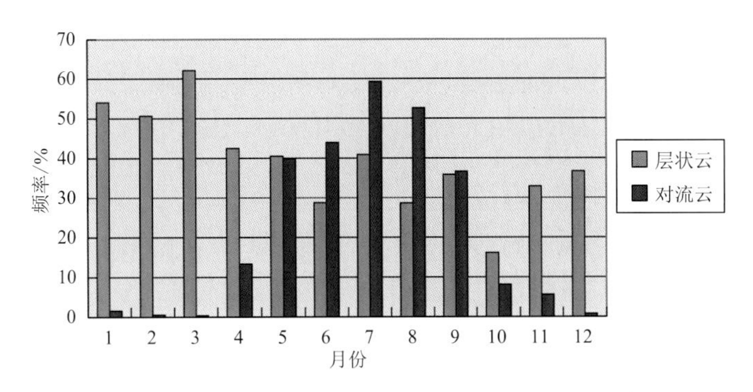

图 6.16 湛江地区各月层状云与对流云出现频率

资源。冬季(11 月—次年 1 月)受北方干冷气团南侵的影响,降雨量少,只占年雨量的 5%～6%。春季降雨主要是北方冷空气南侵的锋面活动所致,雷州半岛由于受副热带高压影响,春季光照较强,气温高、蒸发大,冷锋不易到达该区,故降雨明显比全省各地少,2—4 月的雨量约占全年的 8%～10%。雷州半岛降雨年内分配不均,年际间的变化亦很大。以徐闻为例,多雨年降雨可达 2069.9 mm(1985 年),少雨年仅有 788.1 mm(1987 年)。同时,降雨在空间分布也不很均匀,北多南少,其中北部廉江为 1769 mm,南部徐闻 1413 mm。汛期(4—9 月)为 1358 mm,占全年平均降水量的 81%。11 月—次年 2 月最少。2—10 月的月平均降雨日数均为 8 d 以上,其中 5—10 月的月平均在 10～19 d 之间,日降雨量出现 10 mm 以上的时间主要在 5—10 月,月均 4～8 d。影响本区域的主要天气系统是:低槽类、低压类、台风类及锋面切变线类。3—6 月以锋面低槽切变线影响为主,7—10 月以台风低压类为主,11—2 月主要受地面高压控制。因此,不论多雨年或少雨年都会出现季节性干旱现象。而且,雷州半岛全年均可以进行人工增雨作业,在干季主要以飞机增雨为主,其余时间可以由地面火箭增雨作业。

6.4.1.3 微物理条件

据研究,稳定的过冷云不降水或降水量偏少的原因是,云中自然冰晶数浓度达不到自然降水形成所需的最佳标准与要求,即 10～100 个/L,云中自然核化的冰晶数浓度一般低于上述要求。在通常情况下,通过播撒人工冰核的方法弥补云中冰晶数浓度的不足,加速冰水转化,达到自然降水形成所需的冰晶数浓度标准,从而提前产生降水,进而提高降水效率增加自然降水量。

6.4.2 地面火箭作业点分布

6.4.2.1 标准化作业点

按照中国气象局人工影响天气中心建设作业点的标准,我们在湛江地区建设了 2 个标准化人工影响天气作业点(两库两室一平台),分别布在湛江北边的廉江市和南边的雷州市,标准化作业点分布见图 6.17。

人工影响天气标准化作业点包括作业装备库、临时弹药库、作业人员休息室、业务值班室以及火箭发射平台等标准,利于作业人员长时间守候、等待有利作业时机。

6.4.2.2 流动作业点

湛江地区除了廉江和雷州有两个标准作业点之外,还在遂溪、吴川、雷州、徐闻等地有 8 个流动作业点,以补充湛江地区人工增雨作业点数量的不足,流动作业点分布见图 6.18。

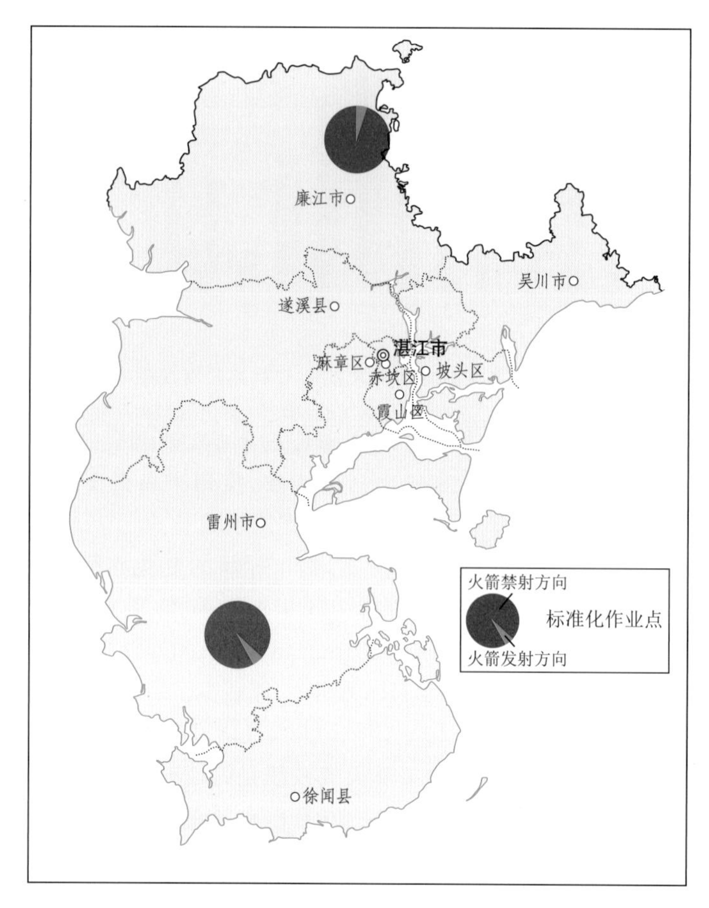

图 6.17　湛江地区标准化人工影响天气作业点分布图

地面作业人员接到作业命令后，需要提前到达流动作业点准备并等候指令开展地面火箭增雨作业。

6.4.3　飞机探测及增雨作业

6.4.3.1　飞机云微物理探测

租用已安装机载粒子测量技术系统（DMT）的飞机，其中包括云凝结核计数器（CCN Counter）、CDP（云降水粒子组合探头，2～50 μm 云滴谱分布，云滴数浓度；25～1550 μm 谱分布，云及降水粒子数浓度，以及粒子灰度图像，液水含量）探头、CIP（获取云粒子图像，测量范围：25～1550 μm）探头、PIP（测量降水粒子，测量范围：100～6200 μm）探头以及 AIMMS-20 气象要素综合探头（包括温压湿风基本气象要素探测和 GPS 定位信息，分辨率为 1 s）。通过飞机对雷州半岛的层状云和弱对流云开展有针对性的探测，研究雷州半岛在不同季节不同气候环境下的云凝结核与冰核的分布特性及其参与成云致雨的过程。通过观测不同天气系统下气象环境参量、不同过饱和度下云凝结核（CCN）数浓度、不同温度条件下冰核（IN）数浓度，研究气溶胶粒子活化为 CCN 和 IN 的能力，CCN 和 IN 与云滴、冰晶形成及增长微物理过程，云内外 CCN 与 IN 对冷云和暖云降水发生发展的影响。从而掌握作业区内云降水系统的宏微

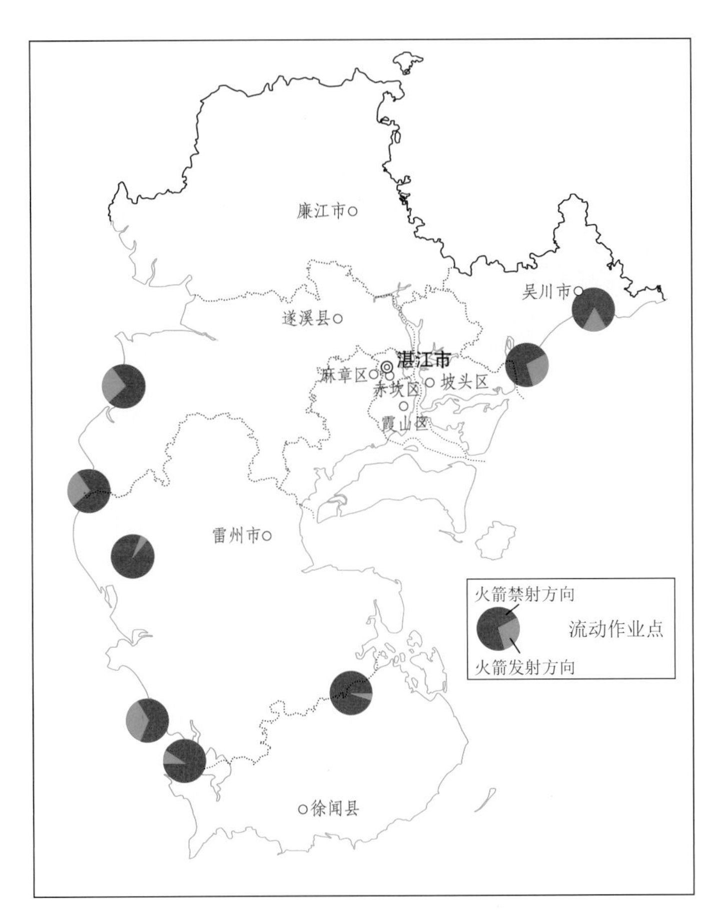

图 6.18　湛江地区流动作业点分布图

观特征和降水的形成机制，以及降水云系的动力和微物理时空变化特征，为雷州半岛空中的水汽和云水资源的研究分析、开发利用以及开展科学评估提供基础数据。

6.4.3.2　飞机增雨作业

飞机增雨作业指大型有人驾驶飞机作业系统。有人驾驶飞机作业系统设计为增雨催化作业和云物理观测综合一体。其中催化主要是针对雷州半岛地区春季常出现的大尺度的层云降水系统。通过对有人驾驶飞机的改装，使其挂载焰弹发生器和烟剂燃烧播撒装置两种催化工具。飞机作业系统在作业指挥系统的统一指令下，进行合理的催化作业，作业信息通过空地传输设备进行信息交换。其中，机载 GPS 卫星定位子系统数据可以通过 RS-232 接口直接传输到机载计算机上，通过“空地数据传输系统”传输到指挥中心显示。有人驾驶飞机可携带机载焰弹发生器、碘化银焰剂催化作业播撒装置等对催化云系进行催化。飞机增雨作业流程见图 6.19。

6.4.3.3　火箭增雨作业

雷州半岛夏季降水以积云为主，虽然降水范围不大，但云中含水量丰富，人工增雨潜力较大。因其对流强度大，出于安全考虑不适合飞机增雨，而采用地面火箭增雨作业，效果比较好，达到增雨抗旱，防灾减灾的目的。湛江地区每个县均有地面火箭作业系统，地面火箭作业系统包括增雨作业火箭弹、车载火箭发射系统、作业车。火箭增雨作业流程见下图 6.20。

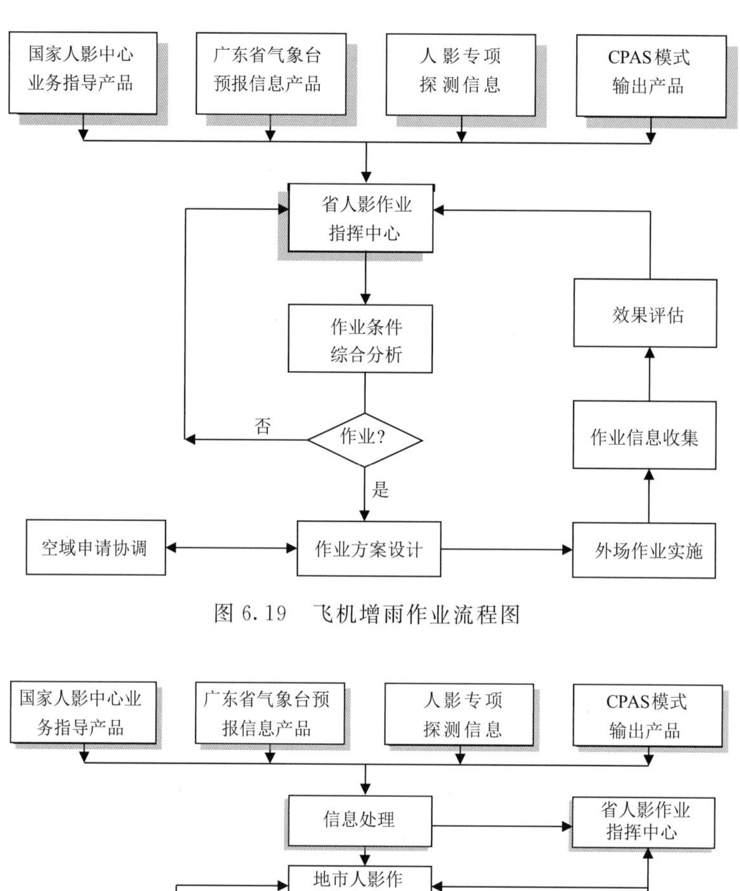

图 6.19　飞机增雨作业流程图

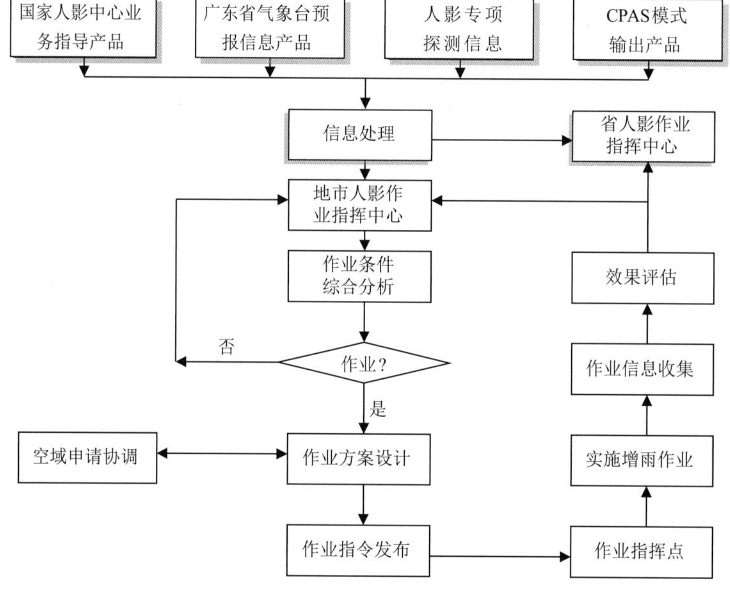

图 6.20　火箭增雨作业流程图

6.5　本章小结

本章主要根据《广东人工影响天气发展规划(2013—2020 年)》、广东省自然科学基金——重大基础研究培育项目“珠三角雾霾人工干预的气象及技术试验研究”(2015A030308014)以及在近年来广东省人工影响天气科研业务成果的基础上，介绍了广东省人工影响天气业务布局、业务流程和业务系统平台以及粤北、粤西和珠江三角洲城市群等地开展人工增雨和消霾试验等情况。

广东省人工影响天气业务实行省、市、县三级业务布局，按各地的气候特征和人影服务需要，在全省范围内规划了12个重点作业区，其中包括3个生态增雨保障区，5个经济作物生产防雹、增雨保障区，1个环境保护重点作业区以及3个粮食生产防雹增雨保障区。并设立1个飞机人工增雨作业基地、1个消暖雾试验示范基地和1个关键技术研究实验室。依托全省气象局的业务网络以及人工影响天气业务流程，建立广东省人工影响天气业务平台，纵向由省、市、县、作业点四级组成，横向包括作业指挥系统、信息网络系统、视频会商系统和地面移动通信系统四个组成部分，每级系统通过上下一体化的应用软件系统综合成为统一的业务平台。

粤北森林植被恢复的人工增雨业务主要包括地面火箭作业和飞机作业。按需求并经空域管理部门批准布设的火箭作业点共有42个，其中韶关市县有24个、清远市县有11个和河源市县9个。飞机作业系统包括了机载探测系统和催化作业系统，一方面，机载探测系统主要负责探测作业云系中的各种水成物粒子谱、数浓度等微观特征量，实时掌握作业云系的微物理量；另一方面，根据作业云系的温压湿、含水量、过冷水以及粒子谱等参数适时启动飞机人工增雨作业系统，包括烟条播撒、下投式碘化银焰弹以及液氮致冷剂等，其中烟条播撒适宜于冷、暖云系的催化，下投式碘化银焰弹播撒适用于较厚云体的催化，液氮致冷剂播撒适用于对云中温度在 −6～0 ℃的云体进行催化作业。

城市群的人工消霾科学试验针对珠江三角洲城市群的霾在不同的作业模式下进行试验研究。利用地面观测站网和探测飞机对珠三角及周边地区开展三维立体综合观测。根据对2004—2015年的霾日的统计，博罗年平均霾日仅3.1 d，其年平均雾日仅0.7 d。对其余地区而言，霾日以珠江口地区为最多，深圳年平均霾日达179.8 d，其次是南海，为165.3 d，从珠江口至肇庆四会一线的大部分区域为霾日相对较多区域；雾日年平均最多是四会，达23.6 d，四会及其以南地区为雾日相对较多区域。

利用飞机对珠三角地区灰霾污染粒子气溶胶进行探测发现，气溶胶粒子在不同的高度有较大的差异，自下而上存在着累积层、递减层和增加层，在1033 m以下的大气边界层存在气溶胶粒子的累积，气溶胶粒子最小浓度为1151.15/cm^3，高度1033 m；最大浓度为7307.38/cm^3，高度627 m；平均浓度5775.63/cm^3，平均直径0.212 μm，最大直径0.219 μm，最小直径0.189 μm。在1033 m以上，气溶胶粒子浓度随高度增加而递减，但在逆温层附近气溶胶粒子的浓度出现了随高度增加而增加的现象。气溶胶数浓度的大小与风速有关，当风速很小时，其浓度值随高度增加而有所增加。在整个垂直观测高度层内，气溶胶粒子平均直径的均值在0.194 μm，最大值达到2.4 μm，峰值出现在3178～3363 m高度层内，这是由于有液态水的存在，LWC在3323 m处达到最大值0.67 g/kg，说明此高度层存在着云层，造成气溶胶粒子的吸湿性增长。但在3800 m探测飞机平飞的高度上的气溶胶浓度分布差异很小、变化比较均匀，气溶胶数浓度值处于1.97～53.65/cm^3范围之间，最大粒径为0.258 μm，最小粒径为0.105 μm，平均粒径为0.153 μm。

通过开展干粒子霾的人工干预技术试验，提出人工消减霾的手段和方法。采用了六种人工方法开展模拟试验和第七种的自然降水试验方法，观测研究在不同的气象条件下，地面和高空不同的人工干预模式下，颗粒物PM_{10}、$PM_{2.5}$、PM_1浓度的变化规律以及能见度变化。通过对比分析，前6种人工模拟试验得出了作业30 min后气溶胶粒子均有不同程度减少，而自然降雨后30 min到2 h，PM_1、$PM_{2.5}$、PM_{10}浓度都在逐渐地减少，降雨后2 h减少的最多，分别为

−87.5%、−85.6%、−84.2%。高空飞机人工干预霾16次作业试验表明，作业后第1 d细粒子浓度明显下降的次数为12次，从作业前后6 h地面能见度变化量看，作业后能见度增加超过1 km的次数为10次，其中能见度增加超过5 km的次数为9次，能见度降低的次数为2次，能见度没有变化的2次，缺测数据2次，作业后能见度增加率为71.4%。

广东粤西的湛江市三面环海，多以海拔不高的盆地为主，地型抬升造成降水的机制较弱，不利降水。空中云水资源主要靠过境气流输入，云水资源十分丰富，年均约1837亿 m^3，实际自然形成的降水量208亿 m^3，仅占空中水汽资源的11%左右。一年中有7个月超过15 d是满天乌云，在冬春季节大多数时间其云量均到10。但降水不均匀，每年5—9月的降水量占了全年的总降水量的79%，其余7个月的总降水仅占全年的总降水量的21%，月降水量少于100 mm的有6个月之久，主要集中在冬春季节。5—9月主要以对流云为主，其余时间以层状云为主。1—3月30%～60%为暖性蔽光层积云，云顶高度达4000 m左右，4—5月40%左右为积状云或混积云，云顶高度达4500～8000 m，水汽含量较大，有利于人工增雨作业。2—5月，多云到阴天的频率高达70%以上，日雨量大于0.1 mm的雨日(具备临界降雨能力)各月都在9～14 d之间，人工增雨机会较多，作业潜力较大。

目前处于湛江地区的雷州半岛及周围布设地面火箭作业点共有10个，其中标准化作业点(固定作业点)有2个，分别布在湛江北边的廉江市和南边的雷州市，8个流动作业点，分别布设在遂溪、吴川、雷州、徐闻四个县市。根据雷州半岛空中云水资源特点以及各月降雨、水汽蒸发以及天气气候等特点，不论多雨年或少雨年都会出现季节性干旱现象。雷州半岛全年均可以进行人工增雨作业，在干季主要以飞机增雨作业为主，其余时间可以开展地面火箭增雨作业。

第7章
生态气候资源开发利用与实践

广东省属于东亚季风区，从北向南跨越中亚热带、南亚热带和热带3个温度带，是全国光、热、风资源最为丰富的地区之一，年太阳总辐射为3758.8～5273 MJ/m²，年平均气温19～23 ℃。广东省大部分区域属于太阳能资源丰富区，饶平、潮阳、澄海、南澳、台山、珠海、上川岛等部分沿海、海岛地区属于太阳能资源很丰富区。在沿海地区和部分山地具有丰富的风力资源，广东沿海离岸10 km以上近海海域，风资源呈自西向东递增的特征。

此外，广东复杂的地形地貌与丰富气候资源相结合，形成了优厚的生态旅游资源。为践行习近平总书记“绿水青山就是金山银山”生态发展理念，促进气候资源开发利用，广东省气象学会开展“岭南生态气候标志”子品牌评价工作，子品牌包括城市生态氧吧、岭南气候康养胜地、岭南避寒胜地、岭南生态气候优品等，旨在充分发挥地方优质气候资源优势，打造岭南气候康养品牌，促进全域旅游发展，不断满足人民日益增长的美好生活需求。

7.1 海上风能资源评估及开发利用

7.1.1 海上风速数据与计算方法

7.1.1.1 实测数据

广东海上风能观测数据相对较少，相关海域风能资源评估可根据沿海、海岛国家气象站以及海上测风塔数据，通过数学方法推算(周荣卫 等，2010)。综合分析广东省沿海、海岛国家气象站的建站时间、测风环境，历史数据的一致性、代表性等因素，依据区域气候分布特性，选取具有较好区域代表性的5个参证气象站：南澳气象站、汕尾气象站、横栏气象站(香港)、上川岛气象站、徐闻气象站，其各自代表的海域连接即为整个广东沿海海域范围。广东省在开发海上风能资源的过程中，在近海海域内的海岛或礁盘上陆续建设过一批海上临时测风塔，取得了一些海上测风数据，经过参证气象站长年代订正及高度订正后，可以代表其相关海域的风速风向状况(详见表7.1)。

表7.1 广东沿海海域及参证气象站和海上测风塔

代表的海域名称	参证气象站	海上测风塔
汕头、潮州	南澳气象站	凤屿塔、乌屿塔
汕尾、揭阳	汕尾气象站	甲子屿塔

续表

代表的海域名称	参证气象站	海上测风塔
珠海、惠州	横栏气象站(香港)	三角岛塔、赤滩岛塔、九州岛塔
江门、阳江	上川岛气象站	峙仔岛塔
湛江	徐闻气象站	栏船沙塔、罗斗沙塔

7.1.1.2 经验公式

近海风速分布一般具有离岸向海洋递增的规律和特征。根据广东省近海和海岸上的测风资料,筛选5组由海岸向近海延伸的风速剖面观测资料(表7.2),采取空间多元回归方法,可得到计算广东近海海域格点风速的经验公式(中国气象局风能太阳能资源评估中心,2011)。

表7.2 广东海岸—近海海域延伸风速剖面

序号	海岸至近海测风站
1	南澳气象站—南澳风屿岛
2	陆丰气象站—陆丰长湖村测风站—陆丰甲子屿岛
3	珠海气象站—珠海九州岛测风站—珠海三角岛
4	电白气象站—吴川沙角旋测风站—电白博贺峙仔岛
5	徐闻气象站—徐闻砲台角测风站—徐闻罗斗沙岛

将上述5组剖面观测资料,统一订正到距海面90 m高度(风机轮毂平均高度),经过长年代订正后,以海上测风站(塔)的年平均风速为应变量,考虑测风站的经度、纬度、距海岸线距离为影响沿海海上风速的因子,进行多元回归分析,得到推算近海海域风速的经验公式:

$$U_y = -21.882 + 0.223\text{Lon} + 0.110\text{Lat} + 0.214D_s \quad (7.1)$$

式(7.1)中,U_y为距海面90 m高度的多年平均风速(m/s),Lon为测站经度(°),Lat为测站纬度(°),D_s为距海岸线距离(km)。

7.1.2 海上风能资源空间分布特征

通过经验公式的计算及实测风速的订正,得到广东沿海离岸40 km范围的近海海域距海面90 m高度的年平均风速分布(图7.1),可见广东近海海域风速呈自近岸向海上递增和自西向东递增的特征。汕头、潮州在离岸10 km以上近海海域,年平均风速可达到8.5~9.0 m/s;香港东部至揭阳在离岸10 km以上近海海域,年平均风速可达到8.0~8.5 m/s;江门至香港东部在离岸10 km以上(含珠江口外海)近海海域,年平均风速可达到7.5~8.0 m/s;徐闻南部至阳江在离岸10 km以上近海海域,年平均风速可达到7.0~7.5 m/s。

根据风速分布,结合空气密度,可推算广东近海海域距海面90 m高度的年平均风功率密度分布(图7.2)。广东沿海离岸10 km以上近海海域,风资源呈自西向东递增的特征:揭阳中部至潮州年平均风功率密度达到6级,香港中部至揭阳中部年平均风功率密度达到5级,阳江西部至香港中部年平均风功率密度达到4级,徐闻南部至阳江西部年平均风功率密度达到3级。

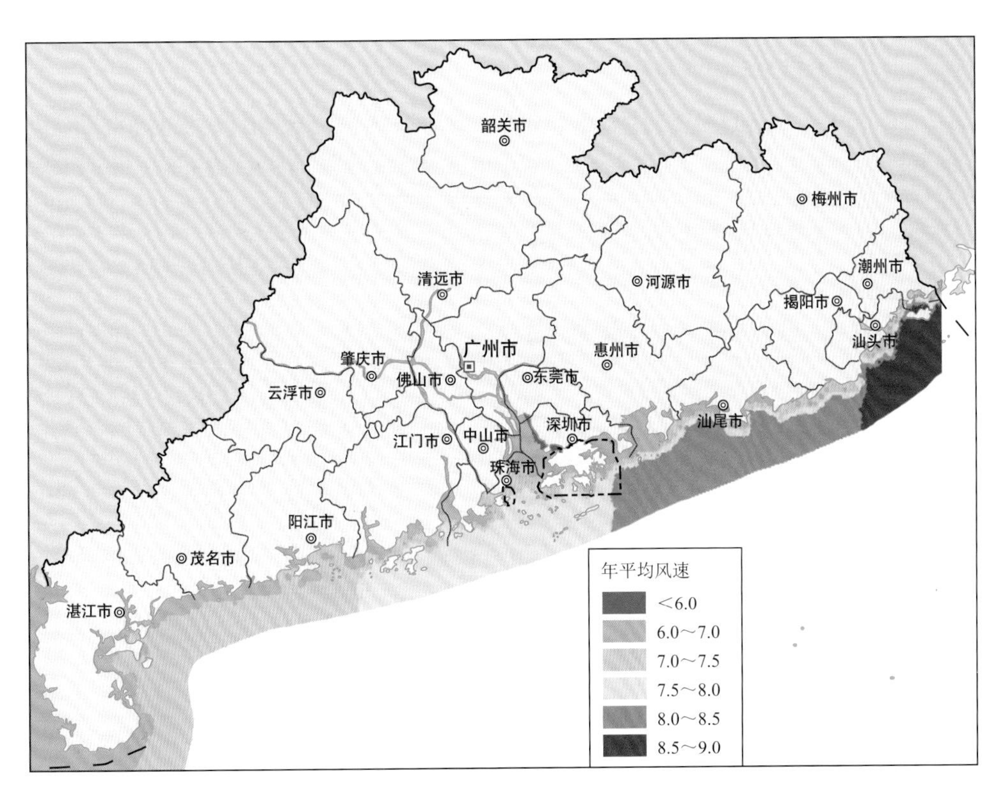

图7.1 广东近海40 km范围海域距海面90 m高度的年平均风速(m/s)

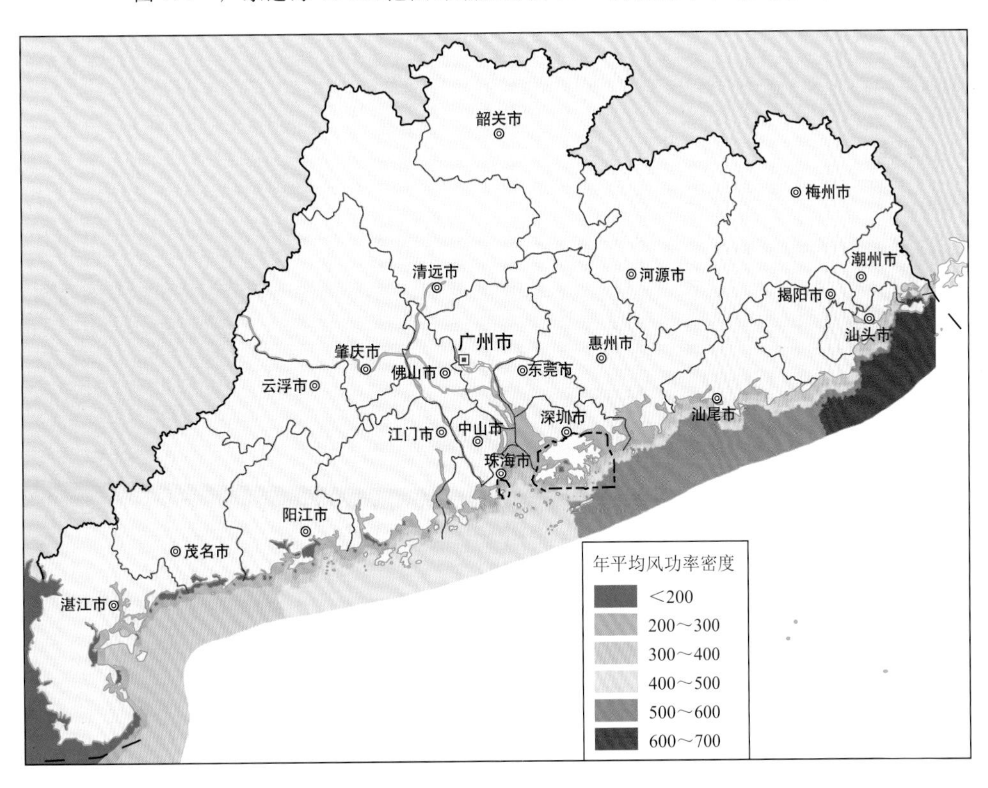

图7.2 广东近海40 km范围海域距海面90 m高度的年平均风功率密度(W/m^2)

7.1.3 海上风能资源储量估算

根据广东沿海及近海的风能资源、地理条件、电力系统情况，及沿海各市海洋功能区划等基础资料，可初步确定广东近海浅水区（10～30 m 水深）可开发面积约为 2300 km^2（约占全省 10～30 m 水深海域的 8%），可开发风电场的装机容量约 1150 万 kW；近海深水区（30～50 m 水深）可开发面积约 3 万 km^2，可开发风电场的装机容量约 1.5 亿 kW。

7.2 太阳能资源评估与开发利用

7.2.1 数据来源与研究方法

7.2.1.1 数据来源

可用于广东省太阳能资源评估的太阳辐射数据共 12 个气象站，其中长期站包括省内的广州、汕头和邻近的海口、香港、澳门 5 个站；短期站包括：韶关、清远、郁南、德庆、大埔、陆丰、阳西 7 个站。

日照时数数据来自广东省内 86 个国家气象站和香港天文台、澳门气象站。

7.2.1.2 研究方法

（1）太阳辐射计算方法（QX/T 89—2018 太阳能资源评估方法）

在太阳辐射观测数据较少时，可采用气候学方法计算水平面总辐射和直接辐射，即利用与太阳辐射有关的其他气候要素间接计算到达地面的太阳辐射：

$$S_g = S_0(a_1 s + b_1) \tag{7.2}$$

$$S_d = S_0(a_2 s^2 + b_2 s) \tag{7.3}$$

式（7.2）和（7.3）中，S_g 和 S_d 分别为水平面总辐射和水平面直接辐射；S_0 表示天文辐射；s 为日照百分率；a_1、b_1 和 a_2、b_2 是经验系数。

（2）太阳能资源评估指标

太阳能资源评估指标包括太阳能资源丰富程度、太阳能资源稳定程度和太阳能资源利用价值，通过三个指标的综合评估，可以给出一个区域的太阳能资源可开发状况。

7.2.2 广东省太阳能资源等级评估

广东省大部分区域属于太阳能资源丰富区，饶平、潮阳、澄海、南澳、台山、珠海、上川岛等部分沿海、海岛地区属于太阳能资源很丰富区（杜尧东 等，2003）（图 7.3）。

广东太阳能资源的稳定等级特征是自西向东逐渐趋于稳定，其中红色区域为不稳定等级，其他区域均为较稳定等级（图 7.4）。

7.2.3 广东省太阳能资源利用价值评估

利用日照时数大于 6 h 的天数为指标，一天中日照时数如大于 6 h，其太阳能利用价值较高，反之则利用价值不高。

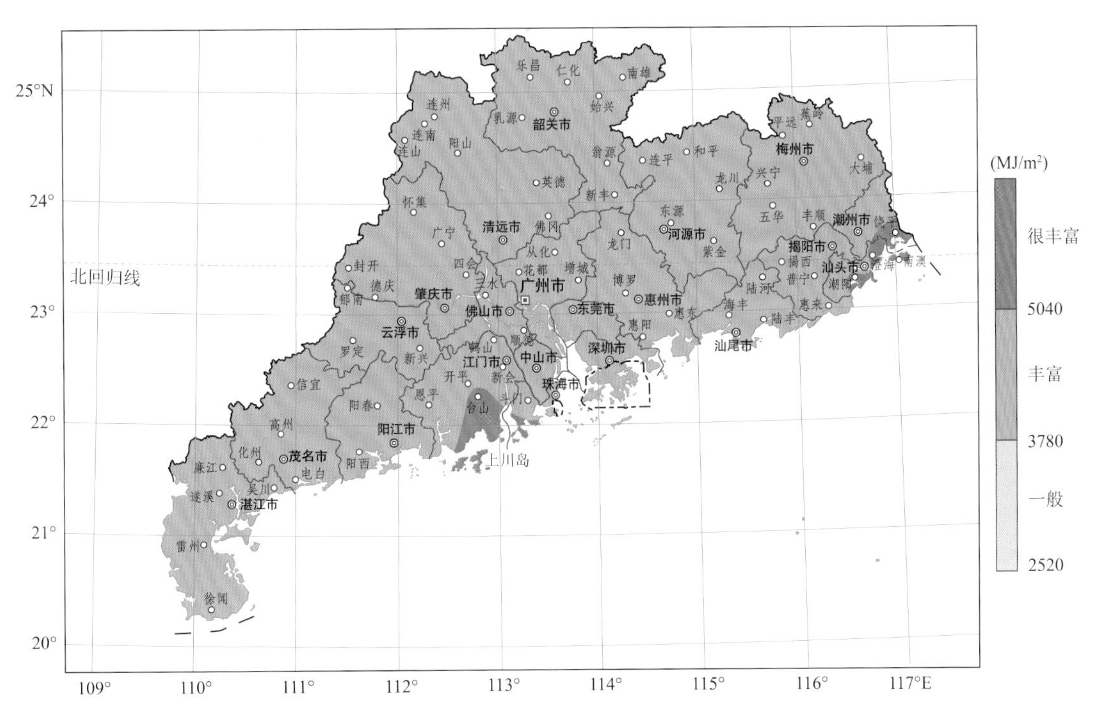

图7.3　广东省太阳能资源丰富程度等级分布图

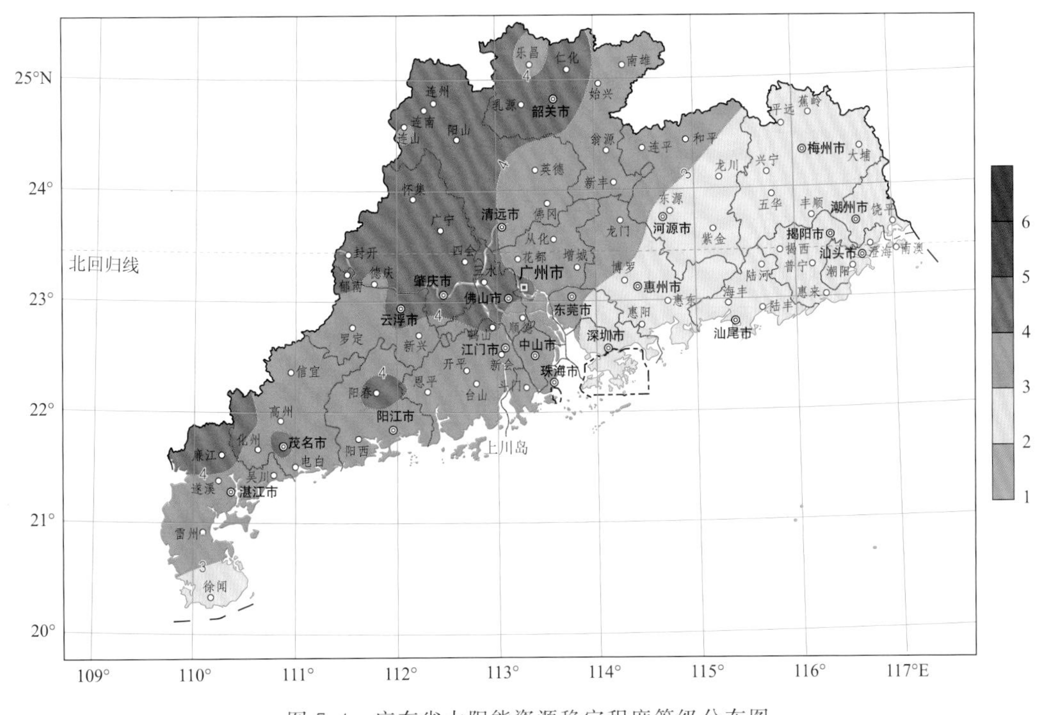

图7.4　广东省太阳能资源稳定程度等级分布图

粤东地区的南澳、饶平、澄海、潮阳、惠东、汕头、潮州、揭阳、陆丰、普宁、惠来、汕尾及粤西地区的徐闻、电白、雷州、吴川年平均日照时数大于6 h的天数相对较多(183 d以上),太阳能资源可利用价值较高。粤北地区的乳源、连南、连州、连山、乐昌及云浮、新丰等地年平均日照时数大于 6 h 的天数小于 140 d,可利用价值不高(图 7.5)。

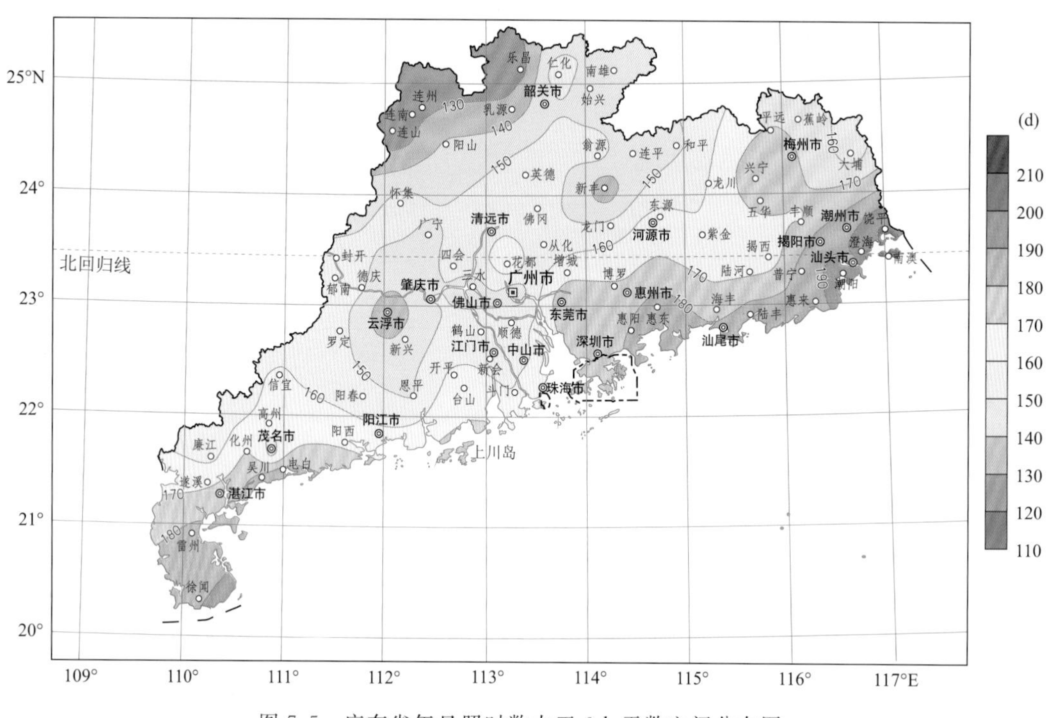

图 7.5　广东省年日照时数大于 6 h 天数空间分布图

7.3　空气负氧离子监测和评估应用

7.3.1　负氧离子的概念、产生机理及作用

众所周知,空气是由多种气体组成的一种混合物,其中主要成分是氮、氧、水蒸气和二氧化碳等。氮气的电子亲和力大大低于氧气和二氧化碳,而氧气是在低层大气中含量最丰富的元素,约占 20%,二氧化碳仅占 0.03%,在正常状态下,气体分子及原子内的正负电荷相等,呈中性,但在宇宙射线、太阳光线、电磁波、岩石和土壤产生的射线、海浪、瀑布以及各种气象活动等所产生的能量的作用下,气体分子中某些原子的外层电子会离开轨道,成为自由电子,呈负电极性,而失去一些电子的原子呈正电极性,这个过程称为"空气的电离"。由于空气中的负离子多为氧离子和水合羟基离子,电离产生的自由电子大部分被氧气获得,因此,常常把空气负离子统称为负氧离子。

空气中负离子的浓度与空气分子处于电离和激发的状态有很大的关系。所谓电离,就是大气中形成带正电荷或负电荷粒子的过程;所谓激发,就是原子从外界吸取一定的能量,使原子的价电子跃迁到较高能级去的过程,电子获得外界一定动能与空气原子碰撞,是造成空气原子激发和电离的重要条件。空气中负氧离子有自然和人为产生两种。

自然产生可以通过以下途径。

(1)放射性物质的作用。地球的岩石圈表面存在各种放射性物质,这些放射性物质会通过能量大的或穿透力强的射线使空气离子化。

(2)宇宙射线的照射作用。宇宙射线的照射可使空气离子化,但它的作用在距地球表面几千米处比较明显。

(3)紫外线辐射及光电效应。短波紫外线能直接使空气离子化,臭氧的形成就是在小于200 nm的紫外线辐射下氧分离的结果,但如遇光电敏感物质(包括金属、水、冰、植物等),即使不是短波紫外线,也可以通过光电效应如雷电等使这些物质放出电子,与空气中的气体分子结合形成负离子。

(4)水、空气能量电离作用。由于空气气压或水压形成的势能和动能,作用于空气或水中的水分子,使其发生破裂并裂解成正负离子,通常形成在瀑布、喷泉、海滨或者风沙等环境。

(5)材料自身静电场作用。由于物质结构的特殊性导致其天生带有静电,产生静电场,当其与空气中水分子接触时,电离其中的水分子而形成负离子。

人为方法产生空气负氧离子可以通过以下的途径。

(1)紫外线照射法。从石英汞灯产生的紫外线可以电离空气,其电子通过光电效应在附近的金属或灰尘粒子上产生,由附着形成产生了负离子。这种紫外线同时还产生臭氧。

(2)热离子发射法。当金属等某些材料被加热至一定温度时会发射出电子,发射的电子数由热离子发射特性和温度决定。这些被发射出的电子通过对氧和小灰尘粒子的附着产生离子。用这种方法产生的负离子大多数是大的带电离子,只有小部分是对人的生理能起活化作用的小离子。

(3)放射性物质辐射法。放射性物质可用来产生空气负离子。其中放射α粒子的放射性同位素是最有效的离子发生器,如钋210的一个α粒子,可以产生约150000个离子对,它可以把氮和氧的电子排除出来。在所得的离子中,负氧离子占绝对优势。

(4)电荷分离法。当细微的灰尘粒子被吹进空气管道时,便会发生电荷分离现象。进入空气管道的灰尘粒子与管壁接触,失掉一个电子,电子附着到其他粒子上便形成了空气负离子。

(5)电晕放电法。此法是指在两个电极间加有较高的电位差,其中一个电极是直径很小的尖针,环绕该针状电极的高电场会产生大量的正、负离子,如果尖针状电极是负极,正离子则很快被吸收,负离子被排斥到相反的电极,产生了电晕放电的空气负离子。目前市场上流行的负离子发生器大多数是采用电晕法产生负离子的。电极为双极性的,一般负极采用针尖状的,正极采用圆环形的。此类技术还停留在早期的研究基础上,创新不大,负离子浓度一般不高,扩展性能差,而臭氧浓度较高。

(6)利用高压水的喷射作用,从喷嘴向空气中喷出一股微细水流,它在散裂开时,形成空气负离子。我国已研制成功强力负离子喷泉,采用高压水射流喷射装置,从一个直径2 mm的喷口中就能发射出100万亿个以上的负离子,形成在数万平方米地面上空的负电性气候环境。这种设备通常安装在城市广场、公园、宾馆酒店、疗养院和楼堂亭阁的喷水池上,以及现代化的音乐喷泉水池上,微型的可装在庭院别墅,形成负离子疗养区。

(7)电子释放法。此类技术一般采用直流负高压作为电子释放源,电子释放极采用具有超导特性的材料,而周围物体、大地等对于负极来说具有很高的正电位,就相当于发生器的正极,基于电位差值,电子通过释放极高速向空间喷射,以30 cm距离测定,一般可达10^6个/cm^3,浓

度高的可达 10^7 个/cm^3,负离子浓度一般较高,扩散性能较好,臭氧浓度一般较低。发生器的电极有单个、双十、数个等不同数目。

一般认为,空气负离子有高效优化空气的作用,同时因其具有广谱高效的医疗保健功效,而被医学界誉为"空气维生素""长寿素""维他氧"。被誉为"空气维生素"的负氧离子有利于人体的身心健康。它主要是通过人的神经系统及血液循环能对人的机体生理活动产生影响。负氧离子能使人的大脑皮层抑制过程加强和调整大脑皮层的功能,因此,能起到镇静、催眠及降血压作用;负氧离子进入人体呼吸道后,使支气管平滑肌松弛,解除其痉挛;负氧离子进入人体血液,可使红细胞沉降率变慢,凝血时间延长,还能使红细胞和血钙含量增加,白细胞、血钙和血糖下降,疲劳肌肉中乳酸的含量也随之减少。负氧离子能使人体的肾、肝、脑等组织的氧化过程加强,其中脑组织对负氧离子最为敏感。如表 7.3 所示为各浓度范围负氧离子对人类健康的影响。

表 7.3　负氧离子浓度对应效果表

单位:个/cm^3

环境场所负氧离子浓度	与人类健康关系度
森林瀑布:1 万～2 万	人体具有自然痊愈力
高山海边:5000～1 万	杀菌、减少疾病传染
乡村田野:1000～5000	增强人体免疫力、抗菌力
旷野郊区:100～1000	增强人体免疫力、抗菌力
公园:400～1000	增强人体免疫力、抗菌力
城市公园:400～600	改善身体健康状况
街道绿化地带:200～400	微弱改善身体健康状况
城市房间:100	诱发生理障碍头疼失眠等
楼宇办公室:40～50	诱发生理障碍头疼失眠等
工业开发区:0	易发各种疾病

空气中负氧离子浓度是空气质量好坏的标志之一,世界卫生组织对清新空气定义为:只有当空气中的负氧离子浓度达到 1000～1500 个/cm^3 时,才能够称之为清新空气(图 7.6)。

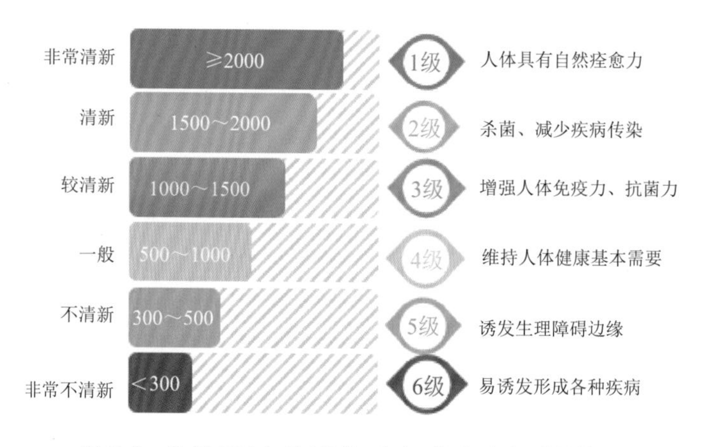

图 7.6　负氧离子含量(单位:个/cm^3)与空气质量关系

7.3.2 广东省负氧离子监测体系

为了大力推进生态文明建设，深入践行“绿水青山就是金山银山”理论，围绕天更蓝、空气更清新的目标，引导绿色发展和绿色消费，进一步改善环境空气质量，为群众生活和生产发展营造更好的生态环境，广东气象部门通过多渠道开展清新空气（负氧离子）监测网络体系建设，并与高校、社会企业共同开展负氧离子观测实验室建设，通过先进的具有高精度的负氧离子发生器，开展负氧离子监测仪器比对实验，对负氧离子监测设备进行改进、标定，为实现负氧离子观测的质量与效益共同提升奠定了坚实基础。

7.3.2.1 负氧离子实测站网建设

近年来，广东气象部门注重大力发展生态气象观测业务，结合广东“一核一带一区”发展规划，在“平安海洋”“互联网＋气象服务”工程等中对负氧离子监测站点等进行统筹布局，绘制了生态气象监测站点建设的蓝图。

2017 年以来，广东省气象部门坚持以需求为导向，以技术为支撑，以共赢为目标，通过科学组织、紧密合作、科技引领，通过深挖和整合地方气象、旅游资源，坚持优质供给与潜在需求相融合，面向生态文明建设和乡村振兴背景下地方政府的生态品牌需求、管理部门旅游安全管理需求、景区精细化气象服务和游客宣传引导的运营需求、基层气象部门基础设施建设的四大需求，通过“中国天然氧吧”创建等地方生态旅游气象服务项目，实现了负氧离子监测站点的不断充实，初步建立起覆盖全省的负氧离子监测网络（图 7.7）。

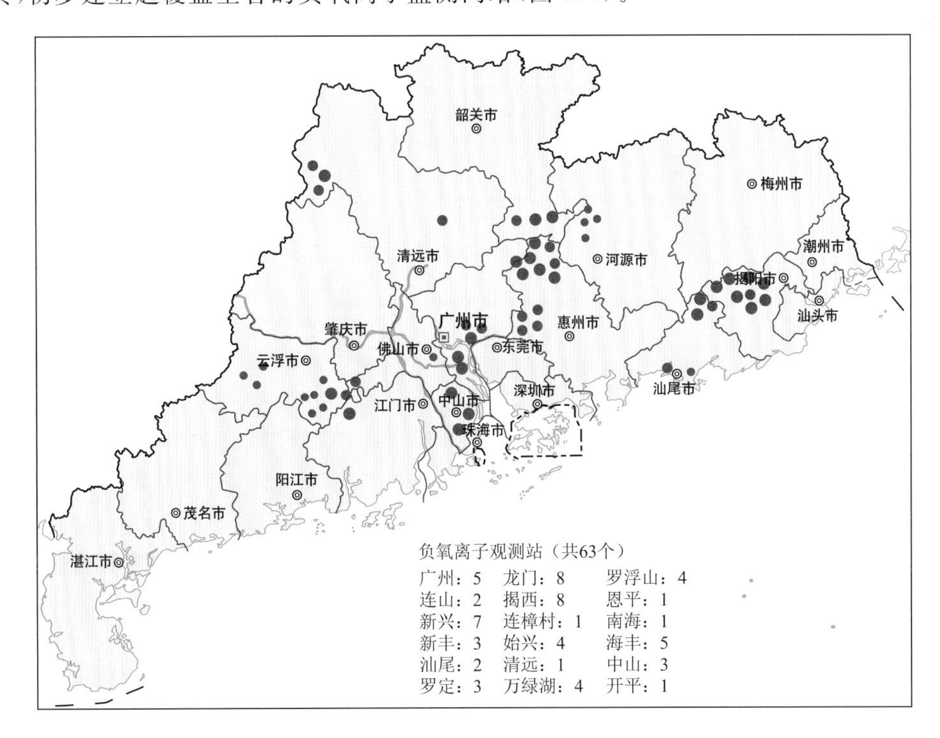

图 7.7 广东省负氧离子监测网

7.3.2.2 打造负氧离子质控实验室

目前，市面上监测负氧离子的仪器有多种多样，不同品牌设备之间仅通过平行比对开展相对定标，没有进行较为权威的绝对定量标准，其数据的代表性、准确性以及稳定性不高。为进一步保证负氧离子观测的准确性以及稳定性，为实测设备提供统一标准的标校检定，加强对空气负氧离子浓度观测业务的指导，广东省气象局联合高校及设备生产企业，积极设立大气负氧离子观测仪质控实验室。

实验室研究重点为：在建立具有较高精度的负氧离子发生器的基础上，通过实验室风洞以及恒温恒湿箱测试仪器在不同风速风向以及温湿度等可控样本下的表现和外场真实样本比对观测和分析，进行负氧离子观测仪器改进、负氧离子仪器标定。

通过改进现有负氧离子监测设备，在实验室中采用离子源结合高分辨率差分电迁移率分析仪 HRDMA(High Resolution Differential Mobility Analyzer)与静电计进行标定，将标定后的设备定为标准仪器，与风洞、恒温恒湿箱中多台待标定仪器进行平行比对并进行标准传递，同时测试改进仪器性能，确保其稳定性与准确性，最终得到多台仪器的性能曲线进行标定，实验技术路线如图 7.8 所示。

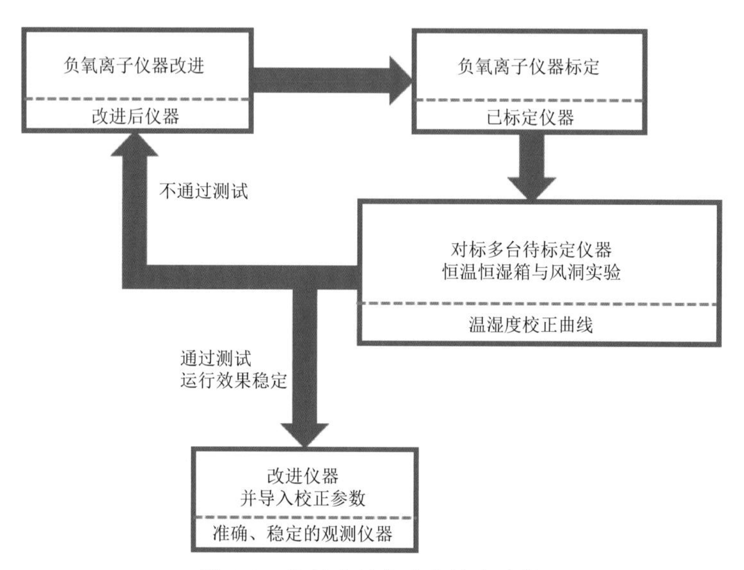

图 7.8　负氧离子实验室技术路线

设计设备改进方案。设置鞘流，将鞘流与样流分别进入电场，鞘流从圆筒侧面环状进入，样流从圆筒顶端进入，并且在圆筒顶端开口控制样流进入电场位置。采用抽气泵、流量计以及 PID 算法(由 P(比例调节)、I(积分调节)、D(微分调节)组成)控制鞘流与样流流速。于鞘流需要采用过滤器清除鞘流中离子，避免对测量造成影响。而位于圆筒尾端的样流也需要用泵带动，使其稳定在特定流速。同时增加板极电压、流量泵调节功能，增加流量测量功能。根据筛选电迁移率需求重新计算鞘流流速、样流流速、电场大小以及圆筒参数。目标在筛选电迁移率 $>0.4\ cm^2/(V \cdot s)$的离子。

将待标定仪器 A 与 HRDMA 等标定设备放入恒温恒湿箱内部，分别采用电喷雾或者热解产生离子进行标定，离子源可以放置在恒温恒湿箱外部，由导管引入恒温恒湿箱内部，测试不同温度湿度(特别是高湿情况下)对于仪器标定的影响。

将仪器 A 定为已标定仪器，对其他待标定组仪器进行标定：测试不同浓度的离子、不同风向、不同风速、不同温度、不同湿度下各待定组仪器的性能，通过整理实验数据，获得不同风速、风向、温度以及湿度的仪器性能，计算出校正曲线。

实验室结构分为实验校准区、平行比对区、数据平台展示区三部分，其中，实验校准区用于单机环境适应性测试、单机日常校准、周期校准、数据有效性、一致性和稳定性测试，包括：温度实验仓、湿度实验仓、综合实验仓、单机校准器（高精度负氧离子发生器），实验仓分布采用独立吸风、回风与排风通风系统。温度实验仓：控制环境指标为温度（20±2）℃，室内每小时波动不超过 0.5 ℃，相对湿度≤60%±5%；室内设计给排水，地面做无缝化处理和增设地漏，水冷式低温检定槽考虑冷却循环水系统。湿度实验仓：控制环境指标为温度（23±1）℃，室内每小时波动不超过 0.5 ℃，相对湿度≤50%±5%，室内每小时相对湿度波动不超过 3%。综合实验仓：控制环境指标为温度（20±2）℃，室内每小时波动不超过 0.5 ℃，相对湿度≤60%±5%；室内压力为微负压，独立排风，设置洗手台和污水处理设施。平行比对区包括：智能周期校准器（智能负氧离子发生器）、一致性校准器（大功率负氧离子发生器和三合一平行器）、系统平行性测试仓（集群负氧离子发生器）。控制环境指标为温度（20±2）℃，室内每小时波动不超过 0.5 ℃，相对湿度≤60%±5%；室内设计给排水系统。数据平台展示区利用软件系统平台展示和跟踪广东省地区所有安装的大气负氧离子观测仪的数据变化，包括：液晶屏幕（投影）、服务器、数据存储器、系统展示服务器、高精度 GIS 地图和大气负氧离子观测仪联网观测软件。

7.3.2.3 开展负氧离子监测设备比对实验

负氧离子浓度受环境温度、相对湿度、$PM_{2.5}$、雷暴天气、仪器本身结构与设计等众多因素影响，目前尚缺乏各影响因素与负氧离子浓度间相关性分析的定论。广东省气象局联合设备生产企业，已设计研制负氧离子测量样机，进行多设备对比初步实验，为探讨负氧离子测量影响因素积累结果依据。

一是对实测站点数据进行分析比对。基于目前初步建成的负氧离子监测网络，对实测数据进行分析，主要分析时空变化和变化趋势。二是在进行实验外场分析比对。在省气象局观测场布设多台设备进行同一观测样本下不同设备个体的差异性分析和变化趋势分析。对比的设备有广东华风锐进科技有限公司 2 套大气负氧离子观测仪（序列号为 2019004、2019007）安装在广东省突发事件预警信息发布中心气象观测场内（图 7.9）。

图 7.9 负氧离子监测设备实验外场分析比对

负氧离子数据质量分析基于小时数据开展，小时数据来源分别为：1—8 月数据为旧平台下载的 5 min 数据，小时数据为 5 min 数据的平均值。10—11 月数据为新平台下载的小时数据，其余数据缺失。

从图 7.10—7.12 负氧离子均值变化曲线图可以看出，在广东省突发事件预警信息发布中心气象观测场的 2 套广东华风的大气负氧离子观测仪数据变化的一致性非常好。由图 7.13 可知，2 套设备负氧离子数据相关性非常好，相关系数 R^2 在 0.8 以上。

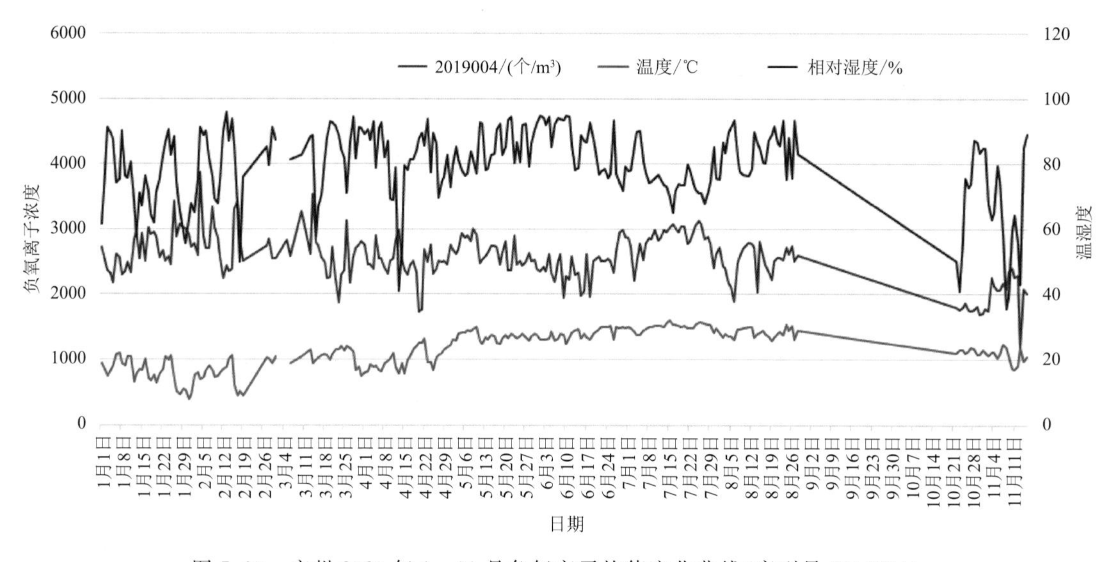

图 7.10　广州 2020 年 1—11 月负氧离子均值变化曲线(序列号 2019004)

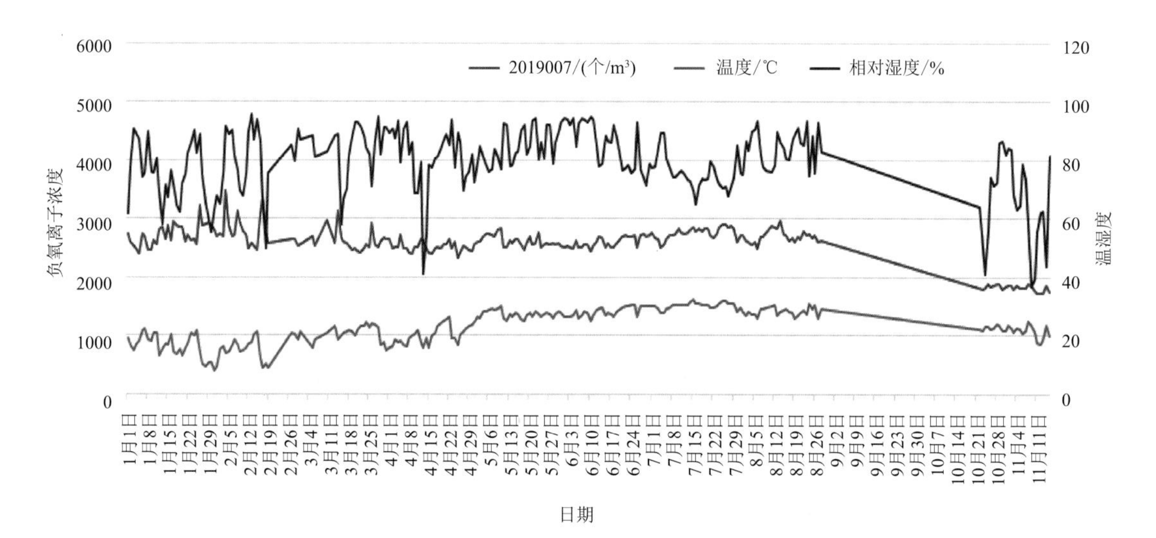

图 7.11　广州 2020 年 1—11 月负氧离子均值变化曲线(序列号 2019007)

通过数据对比，可以得出结论：北京华风锐进科技有限公司的负氧离子监测设备同型号之间有非常好的一致性和相关性。

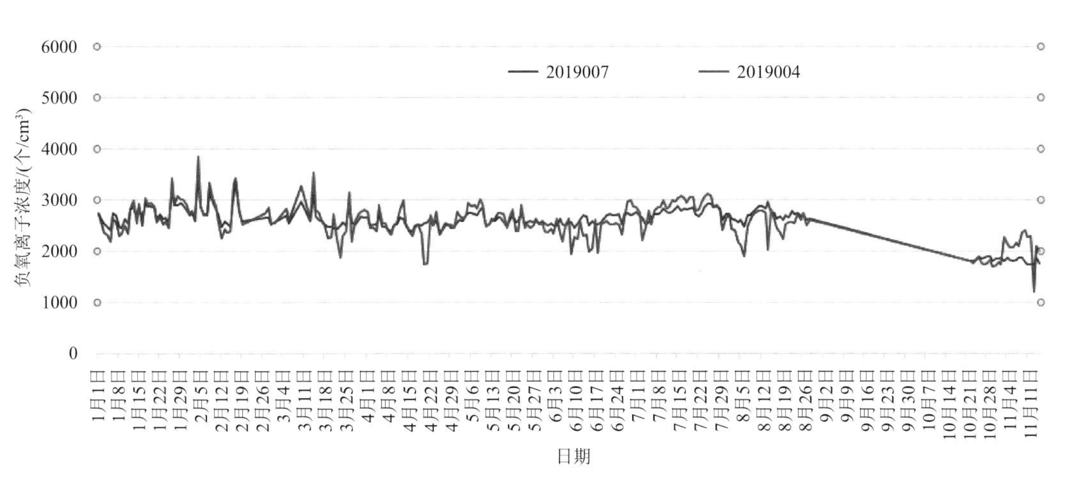

图7.12　广州2020年1—11月2套负氧离子均值变化曲线

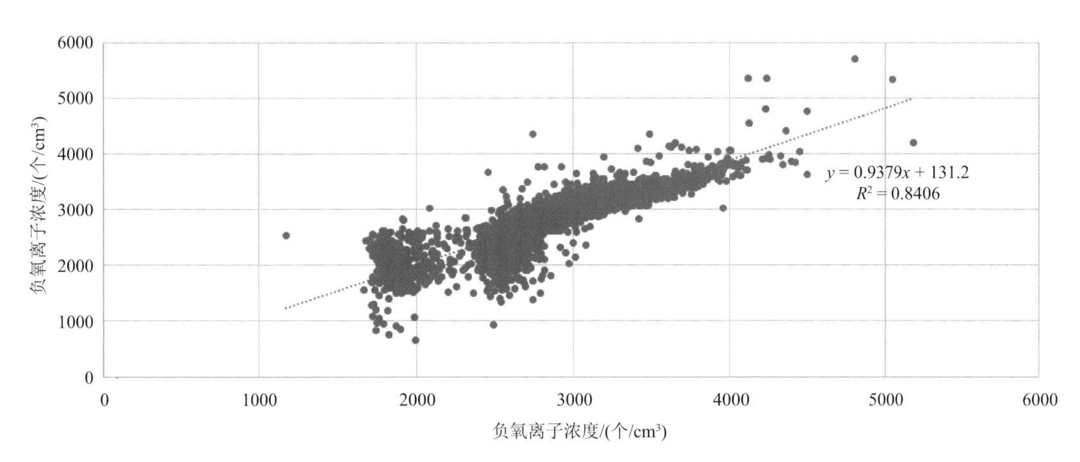

图7.13　2套设备负氧离子数据线性相关(虚线为线性趋势)

7.3.3　负氧离子评估应用

“中国天然氧吧”创建活动是由中国气象服务协会发起，旨在通过该活动，发掘高质量的旅游憩息资源，倡导绿色、生态的生活理念，唤起全社会对生态环境保护的意识，促进绿色经济的发展。创建活动由地区自愿申报，经中国气象服务协会初审、实地复核、专家评审以及协会会长办公会终审等环节，对地区的气候、空气质量、大气负氧离子水平等生态环境质量、生态及旅游发展规划、旅游配套情况等进行综合评价，对符合条件地区予以认定、授牌。

“中国天然氧吧”创建活动开展至今已有5 a，广东省、市、县气象部门面向旅游景区、地方政府需求，充分发挥气象优势，大力推进生态文明建设气象保障服务，已成功助力罗浮山风景名胜区、龙门县、揭西县、连山壮族瑶族自治县、河源万绿湖、云浮新兴县、深圳盐田区、大鹏新区获得“中国天然氧吧”称号。

以创建“中国天然氧吧”为抓手，针对各地旅游特色，合力为旅游景区、地方政府提供全链条生态旅游气象服务，主要包括：①建立生态观测网络，采集获取第一手数据资料，发现好生态；②挖掘生态气象资源，一地一策针对性体现气候资源优势，来展现好生态；③融合新旧媒体进行定向化、定制化、差异化宣传，来传播好生态；④搭建专属服务平台，助力景区趋利避害，来保障好生态。全链条服务不仅解决了服务单一化、被动化的短板，同时带动了广东省生态旅游服务的基础建设，为生态旅游发展提供强有力的支撑。

以罗浮山风景名胜区为例，以负氧离子定点观测和移动观测数据为基础，对景区负氧离子的空间分布以及时间变化做了科学详实的分析。构建罗浮山生态观测站网，重点打造1个生态主站3个子站的建设。主站建设在罗浮山转龙坪，布设综合气象与大气成分观测系统，有降水现象仪、能见度仪、大气负氧离子监测仪、大气电场与闪电定位监测系统、地温监测系统、太阳能资源环境监测仪、环境气象监测系统、生物舒适度测量仪以及压、温、湿、风等常规气象要素观测等多种气象监测设施。观测主站能有效反映区域天气要素特征、空气受污染程度和植被覆盖状况。子站作为辅助，与主站共同构成完备的景区负氧离子与气象要素观测网，为全面了解景区状况提供参考。

根据"双燕亭"景点负氧离子的连续监测结果，按照此次评选的相关数据处理方法对该站点1 a的监测结果进行了统计分析。从图7.14中可以看出，该点1—12月的月平均负氧离子浓度为2807个/cm^3，适游期平均负氧离子浓度为2841个/cm^3，夏季的5、6、7三个月的均值明显高于其他月份，其中6月负氧离子浓度最高，月均值接近4000个/cm^3，春冬季节负氧离子相对较低，其中3月最低，为2148个/cm^3。

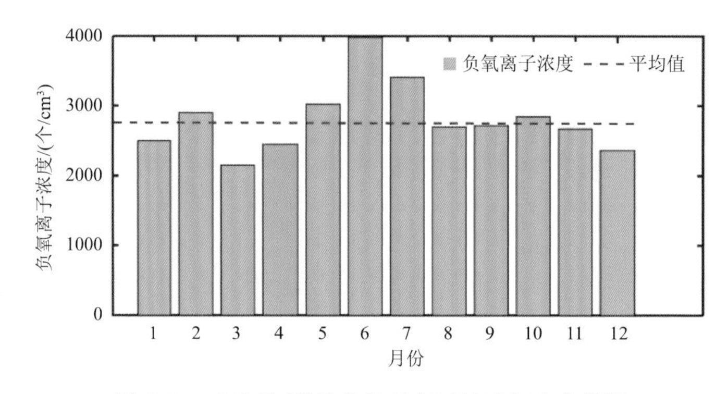

图7.14 "双燕亭"景点负氧离子浓度年变化情况

根据移动观测结果，罗浮山森林生态旅游区中空气负离子水平分布以瀑布周围空气中负离子含量最高。在13个瀑布、跌水测点中有8个测点的空气负氧离子浓度超过36000个/cm^3，其余的测点也均超过4500个/cm^3。负氧离子含量最高的茶山观瀑布高达143000个/cm^3（瞬时最大值为145000个/cm^3），有3个测点的负氧离子浓度超过100000个/cm^3。林中空气负离子水平普遍较高，林中多数测点的负氧离子水平超过2000个/cm^3，最高的测点达4510个/cm^3，远大于一般森林中空气负氧离子的平均水平。

移动观测期为2006年4月19—21日白天，与"双燕亭"最近的观测点负氧离子浓度为2600个/cm^3，与图7.14中4月均值接近，表明多年来罗浮山生态保护措施到位，负氧离子浓度整体水平较高。

罗浮山森林生态旅游区内森林植被良好，溪流众多，瀑布密布，峡谷溪流形成许多跌水，水冲击产生雷纳德效应形成了产生空气负离子的绝好条件，生态旅游区内空气负离子旅游资源丰富。

自罗浮山气象观测站建立以来，气象观测站及时为罗浮山景区提供生态监测数据实况和天气预报，并以数据支撑着力开发生态旅游气象服务产品。在增加景区的可视化数据和提高景区吸引力方面发挥了极大的作用。2017年9月罗浮山景区通过评审成功被授予“中国天然氧吧”的荣誉称号以来，景区的活力和知名度大大提高，越来越多的人前往罗浮山开展气象旅游、养生活动，气象助力旅游发展成果显著。据罗浮山管委会官方数据显示，2017年国庆黄金周期间罗浮山景区接待的旅游总人数38.68万，同比增长6.59%，旅游综合总收入3695.09万元，同比增长7.35%。

7.4 岭南生态气候标志评定

为践行习近平总书记“绿水青山就是金山银山”生态发展理念，促进气候资源开发利用，更好地服务城市生态文明建设和经济社会发展，根据《广东省气象局关于印发〈广东省气象局气候标志评价工作管理办法（试行）〉的通知》（粤气〔2020〕51号）要求，广东省气象学会开展“岭南生态气候标志”子品牌评价工作，子品牌包括城市生态氧吧、岭南气候康养胜地、岭南避寒胜地、岭南生态气候优品等。

7.4.1 岭南生态气候标志

7.4.1.1 城市生态氧吧评定

“岭南生态气候标志 · 城市生态氧吧”主要适用于粤港澳大湾区城市群及周边区域内符合天然氧吧条件的山麓、湿地、湖泊、水乡等生态功能点、旅游景区、生活小区等。创建“城市生态氧吧”，是新时代切实践行习近平总书记“绿水青山就是金山银山”的发展理念、满足人民美好生活需要、培育生态旅游品牌的重要活动，可以有效促进当地生态、气候、旅游、人文等资源的挖掘和融合宣传，助力地方生态文明建设、全域旅游发展和乡村振兴工作，同时有效提升地方旅游气象服务和旅游气象安全风险管理能力。

申报“城市生态氧吧”区域应具备以下基本条件。

（1）气候条件优越，一年中人居环境气候舒适度达“舒适”的月份不少于3个月。

（2）负氧离子含量较高，年平均浓度不低于1000个/cm^3。监测数据及相关事宜详见《“岭南生态气候标志 · 城市生态氧吧”数据监测与处理指南（试行）》。

（3）空气质量好，一年中空气质量优良率不低于70%。

（4）生态环境优越，生态保护措施得当，居民健康水平高，旅游配套齐全，服务管理规范。

（5）两年内没有生态文明建设重大负面事件发生。

评价指标：参考团体标准《城市生态氧吧评价》进行评分，标准由发展规划、生态环境、旅游配套，以及信用情况4个方面的指标组成。其中，核心的生态环境方面包括月均负（氧）离子浓度、负（氧）离子监测、气候舒适度、空气质量、生态用地比例、区域内水质、植被释氧量、通风扩散能力、热岛强度等指标。根据评价得分将城市生态氧吧评价划分为特优、优、良、一般和差5个等级，具体划分见表7.4。

表 7.4　城市生态氧吧评价等级划分

评价得分	评价等级	等级说明
得分≥90	特优	生态气候环境优越，很适宜旅游、休闲、养生、居住
80≤得分＜90	优	生态气候环境优良，适宜旅游、休闲、养生、居住
70≤得分＜80	良	生态气候环境良好，较适宜旅游、休闲、养生、居住
60≤得分＜70	一般	生态气候环境一般，不适宜旅游、休闲、养生、居住
得分＜60	差	生态气候环境较差，极不适宜旅游、休闲、养生、居住

7.4.1.2　岭南气候康养胜地评定

“岭南气候康养胜地”是岭南生态气候标志的子品牌。开展“岭南气候康养胜地”评价，旨在充分发挥地方优质气候资源优势，打造岭南气候康养品牌，助力广东生态文明建设，促进全域旅游发展，不断满足人民日益增长的美好生活需求。

“岭南气候康养胜地”由所在地政府或其相关职能管理部门、规模以上旅游区运营部门、经营或管理主体依据本细则自愿申报，并设专人负责相关工作。申报“岭南气候康养胜地”应具备以下基本条件。

（1）气候条件适宜，评价指标总得分不低于 70 分；

（2）生态环境优越，生态保护措施得当；

（3）康养配套设施完善；

（4）近两年内没有生态环境重大负面事件发生。

《“岭南气候康养胜地”评价技术指南（试行）》规定了“岭南气候康养胜地”的评价指标和方法：

（1）评价指标。评价指标由气候属性指标和环境属性指标两类构成。其中，气候属性指标包括气候舒适度指标、降水指标、气温指标；环境属性指标包括空气质量指标、水质指标、氧平衡指标、大气相对含氧量指标。

（2）气候康养胜地评价方法。对申请地的气候属性评价指标和环境属性评价指标分别进行评价赋分，评分规则见表 7.5。申请地评价指标总得分 70（含）以上的，授予“岭南气候康养胜地”称号。

表 7.5　岭南气候康养胜地评价指标评分规则

指标分类	指标名称	赋分标准	得分
气候属性指标（满分 60 分）	气候舒适指标（40 分）	$CC_{Days}\geq 180$ d	40 分（180 d 及以上均为 40 分）
		150 d$\leq CC_{Days}<180$ d	30～40 分（150 d 为 30 分，每多 3 d 加 1 分）
		120 d$\leq CC_{Days}<150$ d	20～30 分（120 d 为 20 分，每多 3 d 加 1 分）
		$CC_{Days}<120$ d	20 分以下（基于 120 d，每少 3 d 减 1 分，直至不得分）
	降水指标（12 分）	800 mm$\leq PRE_{total}<1200$ mm	12 分
		400 mm$\leq PRE_{total}<800$ mm 或 1200 mm$\leq PRE_{total}<1600$ mm	10 分
		$PRE_{total}<400$ mm 或 $PRE_{total}\geq 1600$ mm	8 分

续表

指标分类	指标名称	赋分标准	得分
气候属性指标（满分60分）	气温指标（8分）	$TS_{Days} \geqslant 150$ d	8分
		120 d $\leqslant TS_{Days} < 150$ d	6分
		$TS_{Days} < 120$ d	4分
环境属性指标（满分40分）	空气质量指标（10分）	$AQ_{GM\ rate} \geqslant 95\%$	10分(95%及以上均为10分)
		$85\% \leqslant AQ_{GM\ rate} < 95\%$	8～10分(85%为8分，每增加1%加0.2分)
		$75\% \leqslant AQ_{GM\ rate} < 85\%$	6～8分(75%为6分，每增加1%加0.2分)
		$AQ_{GM\ rate} < 75\%$	6分以下(基于75%，每减少1%减0.2分，直至不得分)
	水质指标（10分）	$WQ_{Srate} \geqslant 90\%$	10分(90%及以上均为10分)
		$85\% \leqslant WQ_{Srate} < 90\%$	8～10分(85%为8分，每增加1%加0.4分)
		$80\% \leqslant WQ_{Srate} < 85\%$	6～8分(80%为6分，每增加1%加0.4分)
		$WQ_{Srate} < 80\%$	6分以下(基于80%，每减少1%减0.4分，直至不得分)
	氧平衡指标（10分）	$R_O/C_O \geqslant 1.05$	10分(1.05及以上均为10分)
		$1 \leqslant R_O/C_O < 1.05$	8～10分(1为8分，每增加0.01加0.4分)
		$0.95 \leqslant R_O/C_O < 1$	6～8分(0.95为6分，每增加0.01加0.4分)
		$R_O/C_O < 0.95$	6分以下(基于0.95，每减少0.01减0.1分，直至不得分)
	大气相对含氧量指标（10分）	$\Delta\rho \geqslant 95\%$	10分(95%及以上均为10分)
		$85\% \leqslant \Delta\rho < 95\%$	8～10分(85%为8分，每增加1%加0.2分)
		$75\% \leqslant \Delta\rho < 85\%$	6～8分(75%为6分，每增加1%加0.2分)
		$\Delta\rho < 75\%$	6分以下(基于75%，每减少1%减0.2分，直至不得分)

注：CC_{Days}为区域内常年气候舒适度较舒适等级以上的年累积天数；PRE_{total}为区域内常年年降水总量；$AQ_{GM\ rate}$为区域内至少最近1 a空气质量优良天数的占比；TS_{Days}为区域内常年年适宜气温（日平均气温不小于15 ℃且不大于25 ℃）的累积天数；WQ_{Srate}为区域内最近1 a不同水功能区水质达标率；(R_O/C_O)为氧平衡指标，是区域内最近1 a释氧量和耗氧量的比值，其中R_O为生态环境年总释氧量、C_O为生态环境总耗氧量；$\Delta\rho$为大气相对含氧量指标，是区域内年平均大气压与标准大气压的比值。

根据“岭南气候康养胜地”评价工作实施细则”，主要流程如下。

(1)申报。根据“岭南气候康养胜地”评价年度计划，申报单位直接或委托所在地气象部门按照实施细则填写申报书并提供相关证明材料。

(2)初审。对申报基本条件、申报材料进行初审，初审合格者受理申报。

(3)技术评估。对申报地区的气候康养资源禀赋、气候生态环境优势、康养设施配套条件等进行科学评估形成评估报告。

(4)评审。组织召开专家评审会，依据申报材料、技术评估报告等进行评审，审查内容包括评价指标审查、技术评估报告审查、实地考察等，形成评审结论，并对评审结论负责。

(5)公示和发布。评审通过后，在指定网站予以公示，公示周期为5个工作日。公示无异议的，授予申报单位“岭南气候康养胜地”称号。

7.4.1.3 岭南避寒胜地评定

“岭南避寒胜地”是岭南生态气候标志子品牌。开展“岭南避寒胜地”评价，旨在充分发挥地方优质气候资源优势，打造岭南冬休品牌，助力广东生态文明建设，促进全域旅游发展，不断满足人民日益增长的美好生活需求。

“岭南避寒胜地”由所在地政府或其相关职能管理部门、规模以上旅游区运营部门、经营或管理主体依据本细则自愿申报，并设专人负责相关工作。申报“岭南避寒胜地”应具备以下基本条件。

(1)避寒气候条件优越，冬季(每年的12月—次年2月)避寒气候适宜度不低于80分，避寒气候适宜度指数评价等级见表7.6；

(2)生态环境优越，生态保护措施得当；

(3)避寒配套设施完善；

(4)近两年内没有生态文明建设重大负面事件发生。

《“岭南避寒胜地”评价技术指南(试行)》规定了“岭南避寒胜地”的评价指标和方法：

(1)评价指标。以无冬日指数、避寒适宜日指数、冬季空气优良日指数作为避寒气候适宜度的评价指标。

(2)评价方法。申请地避寒气候适宜度得分80(含)以上的，授予“岭南避寒胜地”称号。

表7.6　避寒气候适宜度指数评价等级

避寒气候适宜度指数(I_{ACCID})	等级	释义
$90 \leqslant I_{ACCID} < 100$	1级	适宜度非常高
$80 \leqslant I_{ACCID} < 90$	2级	适宜度高
$70 \leqslant I_{ACCID} < 80$	3级	适宜度较高
$60 \leqslant I_{ACCID} < 70$	4级	适宜度一般
$I_{ACCID} < 60$	5级	不适宜避寒

根据“岭南避寒胜地评价工作实施细则”，主要流程如下。

(1)申报。根据“岭南避寒胜地”评价年度计划，申报单位直接或委托所在地气象部门按照实施细则填写申报书并提供相关证明材料。

(2)初审。由受理单位对申报基本条件、申报材料进行初审，初审合格者受理申报。

(3)技术评估。对申报地区的避寒气候条件、避寒宜居配套条件、生态旅游发展潜力等进行科学评估形成评估报告。

(4)评审。组织召开专家评审会，依据申报材料、技术评估报告等进行评审，审查内容包括评价指标审查、技术评估报告审查、实地考察等，形成评审结论，并对评审结论负责。

(5)公示和发布。评审通过后，在指定网站予以公示，公示周期为5个工作日。公示无异议的，授予申报单位“岭南避寒胜地”称号。

7.4.1.4　岭南生态气候优品评定

“岭南生态气候优品”是岭南生态气候标志的子品牌。开展“岭南生态气候优品”评价工作立足于挖掘当地农业气候资源优势，实施名牌农产品发展战略，推动农业强、农民富、农村美。

评价对象为广东省行政区域内具有独特生态气候禀赋、“天生丽质”的农产品。

申报“岭南生态气候优品”应具备以下基本条件。

(1)产品来源于评价区域内的初级农产品；

(2)产品具有独特的品质特性或者特定的生产方式;

(3)产品品质特色主要取决于独特的天然气候条件;

(4)产品需在限定的生产区域范围;

(5)产地环境、产品质量符合国家强制性技术规范或标准要求;

(6)两年内,产地无重大生态、环境事故等负面影响。

2021年广东省气象防灾减灾协会发布了团体标准T/GAMDPM 009—2021《岭南农产品气候标志评定规范》。该规范对岭南农产品的气候标志评定的方法、等级和报告编制进行了规定。岭南生态气候优品评定指标从生态环境、气候适宜性、气候优度、气象灾害风险和气候品质五个方面进行综合评价。

7.4.2 案例介绍

7.4.2.1 城市生态氧吧

2021年,深圳盐田区荣获年度广东省"城市生态氧吧"称号,这是2021年广东省首个"城市生态氧吧"。依据团体标准《城市生态氧吧评价》评价标准中4个一级指标和16个二级指标开展深圳盐田区城市生态优势指标综合评价。

经评估,盐田区具有以下优势:①生态文明全国领先,环境优越负氧怡人:盐田区地处亚热带季风气候区,气候温和,雨量充沛,光照充足,年适宜风日数达353 d。辖区内有2个以上负氧离子固定连续监测站点,负氧离子含量丰富,月均负氧离子浓度最大值达2694个/cm^3,区域浓度优势比值为1.6。人居环境气候舒适度理想,气候舒适天数149.8 d。空气清新怡人,2020年空气质量指数优良率为98.1%,全市排名第二,年均AQI为48。全区森林覆盖率63.92%,生态用地比例达78.9%,生物多样性丰富。地表水质总体优良,达到Ⅱ类水质标准。生态效益良好,单位面积释氧量为1355.42 t/(a·km^2)。热环境宜人,区内生态用地区域城市热岛强度等级为二级。获评华南地区首个"国家生态区"、首批"国家生态文明建设示范区",是广东省"一核一带一区"新发展格局中名副其实的"生态基石"。②生态资源得天独厚,生态旅游争当典范:盐田区依山面海、风光秀丽,生态资源极为丰富,北部梧桐山国家森林公园雄伟险峻、三洲田山青水碧,南部大小梅沙海滩沙柔风顺、"黄金海岸"闻名遐迩,构成"山、海、城、港"系列优美风光+"气"(优质空气)。区内遍布的城市绿道及慢行系统、氧吧步道适合城市居民放慢脚步,尽情享受自然风光,随心所欲吸氧醉氧。盐田区成功创建"国家全域旅游示范区",打造粤港澳大湾区的国际化滨海生态旅游地标、世界级的休闲度假核心区、全域全季全时旅游示范区,朝着宜居宜业宜游的现代化国际化创新型滨海城区的新定位新目标阔步向前,努力成为展示粤港澳大湾区建设成就的最佳典范。③历史与现代交融,环保与节能先行:盐田区历史名街中英街,曾是国内闻名的"购物天堂",现为中华民族百年沧桑历史的印记,中英街界碑被列为第八批全国重点文物保护单位,充分展示中英街在中国历史中的标志性地位和全国性意义。盐田区在城市低碳节能发展方面走在全国前列:盐田港着力打造绿色低碳港口,全国率先大规模推广龙门吊油改电项目,荣获亚洲"最佳绿色集装箱码头"大奖;率先建成全国首个自来水直饮示范区;已连续8 a实现国内生产总值(GDP)和城市生态系统生产总值(GEP)双核算、双运行、整体双提升;率先构建全国首个"碳币"系统全民行动计划,公众对生态环境提升满意率达93.3%;成立由本地青年组建的海洋环保公益组织致力打造"珊瑚虫海洋公益"新品牌。④发展全域全季旅游,生态文明同步推进:盐田区作为第二批国家全域旅游示范区单位,进一步借助“两山”契机，推动“全域＋全季”旅游产业发展，促进“旅游＋”产业跨界融合发展，充分发挥山海自然资源及产业资源优势，深度挖掘盐田独有的海洋文化、体育文化、健康文化，发展生态旅游、康养旅游，打造具有盐田特色的“旅游＋”生态产业化发展新模式，打造旅游区与产业区、城区“三区融合”的国际一流的滨海休闲生态旅游胜地，继续强化盐田区作为深圳建设中国特色社会主义先行示范区生态文明建设的尖兵作用。

根据《城市生态氧吧》(T/GAMDPM 0007—2020)建立的评价指标，对照盐田区各项二级指标进行评分(表 7.7)，最终得分为 81 分，对应评价等级为“优”，说明盐田区生态气候环境优良，适宜旅游、休闲、养生、居住。

表 7.7　盐田区申报城市生态氧吧评分结果

评价指标		得分
一级指标	二级指标	
发展规划	生态旅游、生态保护、生态发展等相关发展规划	4
生态环境	月均负(氧)离子浓度	6
	月均负(氧)离子浓度优势	4
	负(氧)离子监测	8
	气候舒适天数	4
	空气质量指数优良率	8
	生态用地比例	4
	区域内水质	4
	单位面积释氧量	6
	风适宜度	6
	城市热岛强度	5
服务能力	气象灾害防御能力	6
	接待能力	3
	科普宣教能力	3
信誉情况	相关荣誉	6
	未出现负面影响	4
总分		81

7.4.2.2　岭南生态气候优品

为践行习近平生态文明思想，贯彻落实广东省委、省政府有关决策部署，进一步发挥气候趋利避害功能，深度挖掘气候价值，释放气候红利，推进广东农业可持续发展，实现丰收丰产双丰收，让绿色发展理念更好落地，科学规范打造农产品岭南生态气候标志金名片，目前已经评定的岭南生态气候优品有丰顺高山茶、大埔蜜柚、罗定稻米、饶平单丛茶、曲江马坝油黏米、连州菜心等农产品。

2020 年 1 月，《“潮州岭头单丛茶 · 岭南生态气候优品”评定技术报告》在广州完成评审。潮州岭头单丛茶获得“岭南生态气候优品”称号。

潮州岭头单丛茶主要产自饶平县的中北部地区，饶平县东、北、西三面环山，南濒南海，属亚热带海洋性季风气候，茶园普遍处于海拔250～800 m的中、高山地段，这里降水充沛、温暖湿润、日照适宜，昼夜温差大，立体气候优势显著，气候风险不高，山区内空气清新、水源水质优、土壤矿物质丰富，独特的气候生态环境造就了茶叶生长的最适宜气候条件。从热量条件看，茶叶主产区四面环山，山区凉冷，日夜温差大，故所产茶叶所含儿茶素等苦涩成分降低，“茶氨酸”及“可溶氮”等对甘味有贡献的成分显著提高，使鲜茶叶甘甜；从降水条件看，饶平茶叶主产区各季节降雨充沛，且分配合理，保证了茶树生长所需，利于嫩芽长出，叶质肥厚柔软，果胶质含量高，色泽绿黄鲜活，香味甘醇。岭头单丛茶优质的品质与饶平优质的气候生态环境密不可分，3月中下旬、4月上中旬采摘的茶叶气候品质优及以上茶叶气候品质均为100%，其中特优率分别达89.5%、57.9%；秋茶良及以上品质高达95%。岭头单丛茶的优良品质是在特定的气候生态环境下形成的，具有“天生丽质”的特点。

7.4.2.3 岭南避暑胜地

新丰气候独特，舒适宜人，生态优质，环境优良，山水、生态、温泉等旅游资源丰富，交通便利，避暑旅游休闲条件综合优势凸显，居于华南地区最佳行列，2020年中国气象学会农业气象与生态气象学委员会授予韶关新丰县“新丰·中国岭南避暑胜地”称号。

新丰北连粤北山区，南接珠江三角洲平原，是平原向山区过渡的中间带，气候也处于中亚热带和南亚热带的过渡带，正是由于特殊的过渡边缘地带，境内气候资源丰富，特色气候造就了新丰自然景观、生物品种、物产的多样性，拥有“青山、绿地、碧水、蓝天”的优美环境，为休闲养生和旅游观光提供了得天独厚的气候条件。

(1)气候独特，舒适宜人。新丰位于五市交汇处及粤港澳大湾区城市群与粤北生态功能区的接壤地，季风气候明显，春暖宜人，夏无酷暑，秋凉气爽，雨量充沛，微风和煦，日照温和，气象景观多，气候风险较低。全县山地面积占84.3%，立体气候优势显著。

(2)生态优质，环境优良。新丰是国家重点生态功能区、全国生态示范区建设试点县、省林业生态县，森林覆盖率81.15%，国家重点保护珍稀动植物品种繁多，生态资源丰富，生物多样性良好。全县生态环境状况指数一直处于优等，生态系统稳定，生态环境质量不断趋好；空气质量优良，达到国家二级标准；饮用水源地水质达国家Ⅱ类水标准，区域环境噪声总体水平达到国家声环境质量Ⅰ类限值。

(3)旅游资源丰富，四季皆宜。新丰旅游资源丰富多样、种类齐全，覆盖观光旅游、度假旅游、专项旅游、生态旅游，山水、生态、温泉、农林等类型资源应有尽有，春夏秋冬各有特色，自然与人文资源交相辉映。

(4)避暑旅游休闲条件优越。新丰林茂水优，空气清新，物产丰富，交通便利，生态关联指标领先、气候关联指标占优，综合避暑旅游休闲条件优势凸显，居于华南地区最佳行列，是岭南避暑旅游休闲的好地方。新丰70%以上适宜盛夏避暑，其中最适宜避暑区域面积占全县面积的21.4%，主要集中在黄磜镇和梅坑镇，云髻山省级自然保护区、西莲山佛寺、佛手瓜村、樱花峪、岭南红叶世界、云天海温泉、鲁古河国家湿地公园、新丰江等是绝佳的避暑旅游目的地。

7.5 本章小结

本章介绍了海上风能与太阳能资源评估及开发利用、空气负氧离子监测和评估应用和促进气候资源开发利用的岭南生态气候标志评定等内容。

海上风能资源评估数据来源是依据广东省沿海区域气候分布特性，选取具有较好区域代表性的5个参证气象站。根据广东省近海和海岸上的测风资料，统一订正到距海面90 m高度（风机轮毂平均高度），经过长年代订正后，以海上测风站（塔）的年平均风速为应变量，考虑测风站的经度、纬度、距海岸线距离为影响沿海海上风速的因子，进行多元回归分析，得到推算近海海域风速的经验公式。并通过经验公式的计算及实测风速的订正，得到广东沿海离岸40 km范围的近海海域距海面90 m高度的年平均风速分布：广东近海海域风速呈自近岸向海上递增和自西向东递增的特征；广东近海海域距海面90 m高度的年平均风功率密度分布：广东沿海离岸10 km以上近海海域，风资源呈自西向东递增的特征。根据广东沿海及近海的风能资源、地理条件、电力系统情况，及沿海各市海洋功能区划等基础资料，可初步确定广东近海浅水区（10～30 m水深）可开发面积约为2300 km^2（约占全省10～30 m水深海域的8%），可开发风电场的装机容量约1150万kW；近海深水区（30～50 m水深）可开发面积约3万km^2，可开发风电场的装机容量约1.5亿kW。

太阳能资源评估数据来自12个太阳辐射站和省内86个国家气象站和香港天文台、澳门气象站日照时数数据，采用气候学方法计算水平面总辐射和直接辐射，即利用与太阳辐射有关的其他气候要素间接计算到达地面的太阳辐射。太阳能资源评估指标包括太阳能资源丰富程度、太阳能资源稳定程度和太阳能资源利用价值，通过三个指标的综合评估，得到广东省太阳能资源可开发状况：广东省大部分区域属于太阳能资源丰富区，饶平、潮阳、澄海、南澳、台山、珠海、上川岛等部分沿海、海岛地区属于太阳能资源很丰富区，太阳能资源的稳定等级特征是自西向东逐渐趋于稳定。粤东地区的南澳、饶平、澄海、潮阳、惠东、汕头、潮州、揭阳、陆丰、普宁、惠来、汕尾及粤西地区的徐闻、电白、雷州、吴川年平均日照时数大于6 h的天数相对较多（183 d以上），太阳能资源可利用价值较高。粤北地区可利用价值不高。

空气负氧离子有高效优化空气的作用，空气中负氧离子浓度是空气质量好坏的标志之一，世界卫生组织对清新空气定义为：只有当空气中的负氧离子浓度达到1000～1500个/cm^3时，才能够称之为清新空气。广东气象部门面向生态文明建设和乡村振兴背景下地方政府的生态品牌需求、管理部门旅游安全管理需求、景区精细化气象服务和游客宣传引导的运营需求、基层气象部门基础设施建设的四大需求，通过“中国天然氧吧”创建等地方生态旅游气象服务项目，初步建立起覆盖全省的负氧离子监测网络，并与高校、社会企业共同开展负氧离子观测实验室建设，联合设备生产企业开展负氧离子监测仪器比对实验，通过数据对比，负氧离子监测设备同型号之间有非常好的一致性和相关性，为实现负氧离子观测的质量与效益共同提升奠定了坚实基础。

以创建“中国天然氧吧”为抓手，广东省、市、县气象部门面向旅游景区、地方政府需求，针对各地旅游特色，合力为旅游景区、地方政府提供全链条生态旅游气象服务。以罗浮山风景名胜区为例，以负氧离子定点观测和移动观测数据为基础，对景区负氧离子的空间分布以及时间变化做了科学详实的分析。构建罗浮山生态观测站网，重点打造1个生态主站3个子站的建设。根据“双燕亭”景点负氧离子监测点1—12月的月平均负氧离子浓度为2807个/cm^3，适游期平均负氧离子浓度为2841个/cm^3，夏季的5、6、7三个月的均值明显高于其他月份，其中6月负氧离子浓度最高，月均值接近4000个/cm^3，春冬季节负氧离子相对较低，其中3月最低，为2148个/cm^3，表明多年来罗浮山生态保护措施到位，负氧离子浓度整体水平较高。

最后介绍了广东省促进气候资源开发利用开展的“岭南生态气候标志”子品牌评价工作，

子品牌包括城市生态氧吧、岭南气候康养胜地、岭南避寒胜地、岭南生态气候优品等。针对每个“岭南生态气候标志”子品牌，详细介绍了申报范围、对象、基本条件、评价指标、方法及评定流程，并介绍了部分品牌的评价案例，如深圳盐田区荣获年度广东省“城市生态氧吧”称号、潮州岭头单丛茶获得“岭南生态气候优品”称号、韶关新丰县“新丰 · 中国岭南避暑胜地”称号。

参考文献

白文广，张兴赢，张鹏，2010. 卫星遥感监测中国地区对流层二氧化碳时空变化特征分析[J]. 科学通报，55(30)：2953-2960.

毕雪岩，2015. 高风速条件下海气湍流通量特征及参数化方案研究[D]. 青岛：中国海洋大学.

蔡景就，伍志方，陈晓庆，等，2019. "18・8"广东季风低压持续性特大暴雨成因分析[J]. 暴雨灾害，38(6)：576-586.

陈楚群，施平，毛庆文，2001. 南海海域叶绿素浓度分布特征的卫星遥感分析[J]. 热带海洋学报，20：65-70.

陈欢欢，吴兑，谭浩波，等，2010. 珠江三角洲 2001—2008 年灰霾天气过程特征分析[J]. 热带气象学报，26(2)：147-155.

陈蓉，黄健，万齐林，等，2011. 茂名博贺海洋气象科学试验基地建设与观测进展[J]. 热带气象学报，27(3)：417-426.

陈晓玲，袁中智，李毓湘，等，2005. 基于遥感反演结果的悬浮泥沙时空动态规律研究——以珠江河口及邻近海域为例[J]. 武汉大学学报(信息科学版)，30：677-681.

陈燕丽，黄敏堂，莫伟华，等，2015. 基于 MODIS NDVI 的广西西南典型生态区植被变化对比监测[J]. 气象科学，35(1)：93-99.

陈志伟，康建成，顾成林，等，2019. 近 33 a 西北太平洋极端海表温度事件的变化特征及与 ENSO 的关系[J]. 海洋环境科学，38：221-232.

崔林丽，史军，2011. 中国华东及其周边地区 NDVI 对气温和降水的月际响应特征[J]. 自然资源学报，26(12)：2121-2130.

邓雪娇，毕雪岩，吴兑，等，2006. 广州番禺地区草地陆气相互作用观测研究[J]. 应用气象学报，17(1)：59-66.

丁丽佳，王春林，郑有飞，等，2011. 基于 GIS 的广东荔枝种植气候区划[J]. 中国农业气象，32(3)：382-387.

杜尧东，毛慧琴，刘爱君，等，2003. 广东省太阳总辐射的气候学计算及其分布特征[J]. 资源科学，25(6)：66-70.

杜尧东，李春梅，毛慧琴，2006. 广东省香蕉与荔枝寒害致灾因子和综合气候指标研究[J]. 生态学杂志，25(2)：225-230.

杜尧东，沈平，王华，等，2018. 气候变化对广东省双季稻种植气候区划的影响[J]. 应用生态学报，29(12)：4013-4021.

冯颖竹，梁红，黄璜，2005. 广东冬季寒害指标研究[J]. 自然灾害学报，14(1)：59-65.

付建新，曹广超，郭文炯，2020. 1998—2017 年祁连山南坡不同海拔、坡度和坡向生长季 NDVI 变化及其与气象因子的关系[J]. 应用生态学报，31(4)：1203-1212.

高建秋，林镇国，林俊君，等，2014. 珠三角地区人工增雨消霾的可行性分析[J]. 广东气象，36(1)：59-62.

巩在武，胡丽，2015. 台风灾害评估中的影响因子分析[J]. 自然灾害学报，24(1)：203-213.

广东省农业厅，广东省气象局，2000. 广东省农业气象灾害及其防灾减灾对策[M]. 北京：气象出版社：172-174.

广东省人民政府，2012. 广东省主体功能区规划[EB/OL]. (2012-09-14)[2023-07-16]. http://www.gd.gov.cn/gkmlpt/content/0/146/post_146572.html#7.

国家气象局，1993. 农业气象观测规范[M]. 北京：气象出版社.

何全军，曹静，陈翔，等，2013. 基于非线性算法的 FY-3A/VIRR SST 反演[J]. 气象，39：74-79.

何全军，王捷纯，2020. FY-3C/VIRR 数据中国周边海域区域 SST 反演算法开发[J]. 海洋环境科学，39：798-803.

何燕，王斌，江立庚，等，2013. 基于 GIS 的广西水稻种植布局精细化气候区划[J]. 中国水稻科学，26(6)：658-664.

侯英雨，柳钦火，延昊，等，2007. 我国陆地植被净初级生产力变化规律及其对气候的响应[J]. 应用生态学报，18(7)：1546-1553.

华南区域气候变化评估报告编写委员会，2013. 华南区域气候变化评估报告决策者摘要及执行摘要(2012)[M]. 北京：气象出版社.

黄菲，马应生，黄健，2011. 春季华南沿海海-气边界层动力参数的观测研究[J]. 中国海洋大学学报(自然科学版)，41(7/8)：1-8.

黄辉军，黄健，刘春霞，等，2010. 用 GRAPES 模式输出变量因子作广东沿海海雾预报[J]. 热带气象学报，26(1)：31-39.

黄辉军，黄健，刘春霞，等，2013. 用近地层温差因子改进广东沿海海雾区域预报[J]. 热带气象学报，29(6)：907-914.

黄健，王斌，周发琇，等，2010. 华南沿海暖海雾过程中的湍流热量交换特征[J]. 大气科学，34(4)：715-725.

黄健，黄辉军，黄敏辉，等，2011. 广东沿岸海雾决策树预报模型[J]. 应用气象学报，22(1)：107-114.

黄珍珠，刘锦銮，刘尉，等，2014. 登陆广东的热带气旋对水稻产量的影响评估[J]. 自然灾害学报，23(4)：170-176.

蒋迪，黄菲，黄健，2013. 华南海岸带近地层湍流参数观测研究[J]. 中国海洋大学学报(自然科学版)，43(12)：7-15.

景垠娜，2010. 自然灾害风险评估——以上海浦东新区暴雨洪涝灾害为例[D]. 上海：上海师范大学.

李丹，黎夏，刘小平，等，2012. GPU-CA 模型及大尺度土地利用变化模拟[J]. 科学通报，57(11)：959-969.

李芳，赵文智，2016. 黑河中游荒漠生态系统归一化植被指数对降水的响应[J]. 植物生态学报，40(12)：1245-1256.

李水清，赵栋梁，马昕，等，2014. 基于南海观测平台的海-气界面 CO_2 通量研究[J]. 海洋通报，33(6)：637-646.

梁莉，杨晓丹，王成鑫，等，2019. 修正的布龙-戴维斯森林火险气象指数模型在中国的适用性[J]. 科技导报，37(20)：65-75.

刘春霞，赵中阔，袁金南，等，2016. 南海海洋气象数值预报系统(Grapes-MAMS)及其业务应用[J]. 热带气象学报，32(6)：890-899.

刘汾汾，陈楚群，唐世林，等，2009. 基于现场光谱数据的珠江口 MERIS 悬浮泥沙分段算法[J]. 热带海洋学报，28：9-14.

刘纪远，宁佳，匡文慧，等，2018. 2010—2015 年中国土地利用变化的时空格局与新特征[J]. 地理学报，73(5)：789-802.

刘士哲，林东教，罗健，2002. 广东省几种主要蔬菜设施栽培形式的作用及其存在问题和对策[J]. 中国青年农业科学学术年报：248-254.

刘洋洋，章钊颖，同琳静，等，2020. 中国草地净初级生产力时空格局及其影响因素[J]. 生态学杂志，39(2)：349-363.

刘毅，吕达仁，陈洪滨，等，2011. 卫星遥感大气 CO_2 的技术与方法进展综述[J]. 遥感技术与应用，26(2)：

247-254.
刘勇洪，房小怡，张硕，等，2017. 京津冀城市群热岛定量评估[J]. 生态学报，37(17)：5818-5835.
刘铮，杨金贵，马理辉，等，2021. 黄土高原草地净初级生产力时空趋势及其驱动因素[J]. 应用生态学报，32(1)：113-122.
吕晓男，陆允甫，王人潮，1999. 土壤肥力综合评价初步研究[J]. 浙江大学学报：农业与生命科学版，55(4)：378-382.
马应生，黄菲，黄健，2012. 2006 年春季珠江口海岸带近地面层热通量收支的观测研究[J]. 热带海洋学报，31(4)：49-57.
潘嘉念，崔健，涂悦贤，等，1996. 广东气候与农业[M]. 广州：广东高等教育出版社.
潘竟虎，徐柏翠，2020. 中国潜在植被 NPP 的空间分布模拟[J]. 生态学杂志，39(3)：1001-1012.
孙春健，王春林，申双和，等，2012. 珠三角城市绿地 CO_2 通量的季节特征[J]. 生态学报，32(4)：1273-1282.
孙应龙，钱拴，延昊，等，2019. 2000—2018 年云南省典型矿区植被生态时空变化特征——以临沧市为例[J]. 生态环境学报，28(12)：2381-2389.
涂悦贤，1990. 广州市蔬菜淡季形成与气象条件关系的研究[J]. 中国农业气象，11(3)：42-46.
王春林，陈慧华，黄珍珠，2008. 广东暴雨预警指标及时空分布[J]. 广东气象，30(4)：封 2，封 3.
王春林，陈慧华，唐力生，等，2012. 基于前期降水指数的气象干旱指标及其应用[J]. 气候变化研究进展，8(3)：157-163.
王春林，邹菊香，麦北坚，等，2015. 近 50 年华南气象干旱时空特征及其变化趋势[J]. 生态学报，35(3)：595-602.
王华，陈新光，胡飞，等，2011. 气候变化背景下广东晚稻播期的适应性调整[J]. 生态学报，31(15)：4261-4269.
王坚红，徐碧裕，刘刚，等，2014. 华南前汛期广东暴雨分区动力特征及特大暴雨分析[J]. 气象与环境学报，30(6)：43-51.
王素娟，崔鹏，张鹏，等，2014. FY-3B/VIRR 海表温度算法改进及精度评估[J]. 应用气象学报，25(6)：701-710.
王秀荣，王维国，马清云，2010. 台风灾害综合等级评估模型及应用[J]. 气象，36(1)：66-71.
吴吉东，李宁，温玉婷，等，2009. 自然灾害的影响及间接经济损失评估方法[J]. 地理科学进展，28(6)：877-885.
伍红雨，邹燕，刘尉，2019. 广东区域性暴雨过程的定量化评估及气候特征[J]. 应用气象学报，30(2)：233-244.
许玉凤，潘网生，张永雷，2020. 贵州高原 NDVI 变化及其对气候变化的响应[J]. 生态环境学报，29(8)：1507-1518.
薛丽芳，申双和，王春林，等，2011. 广东省龙眼种植农业气候区划研究[J]. 热带气象学报，27(3)：403-409.
杨军，2012. 气象卫星及其应用[M]. 北京：气象出版社.
叶彩华，刘勇洪，刘伟东，等，2011. 城市地表热环境遥感监测指标研究及应用[J]. 气象科技，39(1)：95-101.
游积平，冯永基，2006. 广东省人工增雨作业指挥系统的设计[J]. 广东气象(1)：57-65.
游积平，冯永基，何婉文，等，2010. 基于 WebGIS 技术的人工增雨指挥系统[J]. 气象科技，38(4)：504-509.
游积平，林镇国，高建秋，等，2013. 基于 XML 技术构建广东省人工增雨指挥系统[J]. 广东气象，35(5)：1-5.
游积平，高建秋，黄梦宇，等，2015. 珠江三角洲地区在大气气溶胶特征的飞机观测分析[J]. 热带气象学报，31(1)：71-77.
游积平，崔哲虎，高建秋，等，2016. 基于 Socket 技术的飞机增雨远程通信平台的实现[J]. 广东气象，38(2)：1-5.
游积平，郑凯，谢维斯，等，2019. 飞机增雨作业的空地网络一体化平台[J]. 广东气象，41(2)：49-52.
于庆东，沈荣芳，1997. 自然灾害综合灾情分级模型及应用[J]. 灾害学，12(3)：12-17.
余俞寒，张文婷，王加波，等，2018. 武汉城市群热岛效应对土地利用响应及其预测[J]. 环境科学与技术，41

(12)：158-168.

袁文平，周广胜，2004. 干旱指标的理论分析与研究展望[J]. 地球科学进展，19(16)：982-991.

曾超，曾珍，曹振宇，等，2021. 多源时序国产卫星影像的森林火灾动态监测[J]. 遥感技术与应用，36(3)：521-532.

曾昭璇，黄伟峰，2001. 广东自然地理[M]. 广州：广东人民出版社.

翟世奎，张怀静，范德江，等，2005. 长江口及其邻近海域悬浮物浓度和浊度的对应关系[J]. 环境科学学报，25：693-699.

张海燕，2019. 南海区台风风暴潮时空分布特征[J]. 海洋预报，36(6)：1-8.

张柳红，郑璟，伍红雨，等，2021. 广东暴雨洪涝灾害损失定量评估[J]. 暴雨灾害，40(1)：87-93.

张鹏，张云霞，孙舟，等，2015. 综合灾情指数——一种自然灾害损失的定量化评价方法[J]. 灾害学，30(4)：74-78.

张强，张良，崔县成，2011. 干旱监测与评价技术的发展及其科学挑战[J]. 地球科学进展，26(7)：763-778.

张远航，郑君瑜，陈长虹，等，2020. 中国大气臭氧污染防治蓝皮书(2020年)[Z]. 北京：中国环境科学学会臭氧污染控制专业委员会.

张争胜，2016. 广东地理[M]. 北京：北京师范大学出版社.

赵中阔，廖菲，刘春霞，等，2011a. 近岸海洋气象平台涡动相关数据处理与质量控制[J]. 地球科学进展，26(9)：954-964.

赵中阔，梁建茵，万齐林，等，2011b. 强风天气条件下海气动量交换参数的观测分析[J]. 热带气象学报，27(6)：899-904.

赵中阔，刘春霞，2013. 华南近海两浮标点的波浪特征分析[J]. 广东气象，35(6)：17-22.

郑国光，2019. 中国气候[M]. 北京：气象出版社.

郑璟，杜尧东，王华，2015. 基于GIS的广东省香蕉寒害风险区划[J]. 广东气象，37(3)：48-50.

中国气象局风能太阳能资源评估中心，2011. 中国风能资源的详查和评估[J]. 风能(8)：26-30.

中国自然资源丛书编撰委员会，1996. 中国自然资源丛书(广东卷)[M]. 北京：中国环境科学出版社.

周凌晞，汤洁，温玉璞，等，2002. 地面风对瓦里关山大气 CO_2 本底浓度的影响分析[J]. 环境科学学报，22(2)：135-139.

周荣卫，何晓凤，朱蓉，等，2010. 中国近海风能资源开发潜力数值模拟[J]. 资源科学，32(8)：1434-1443.

邹燕，叶殿秀，林毅，等，2014. 福建区域性暴雨过程综合强度定量化评估方法[J]. 应用气象学报，25(3)：360-364.

BARKLEY M P, FRIEß U, MONKS P S, 2006a. Measuring atmospheric CO_2 from space using Full Spectral Initiation (FSI) WFM-DOAS[J]. Atmospheric Chemistry and Physics, 6: 3517-3534.

BARKLEY M P, MONKS P S, FRIEß U, et al, 2006b. Comparisons between SCIAMACHY atmospheric CO_2 retrieved using (FSI) WFM-DOAS to ground based FTIR data and the TM3 chemistry transport model [J]. Atmospheric Chemistry and Physics Discussions, 6: 5387-5425.

BI X, GAO Z, DENG X, et al, 2007. Seasonal and diurnal variations in moisture, heat, and CO_2 fluxes over grassland in the tropical monsoon region of southern China[J]. Journal of Geophysical Research, 112 (D10106): 1-14.

BI X, GAO Z, LIU Y, et al, 2015. Observed drag coefficients in high winds in the near offshore of the South China Sea[J]. Journal of Geophysical Research: Atmospheres, 120(13): 2015JD023172.

BLACK P G, D'ASARO E A, DRENNAN W M, et al, 2007. Air-sea exchange in hurricanes: Synthesis of observations from the coupled boundary layer air-sea transfer experiment[J]. Bulletin of the American Meteorologic Society, 88(3): 357-374.

BLANKEN P D, ROUSE W R, SCHERTZER W M, 2003. Enhancement of evaporation from a large northern lake by the entrainment of warm, dry air[J]. Journal Hydrometeorology, 4: 680-693.

BUCHWITZ M, ROZANOV V V, BURROWS J P, 2000. A near-infrared optimized DOAS method for the fast global retrieval of atmospheric CH_4, CO, CO_2, H_2O, and N_2O total column amounts from SCIAMACHY/ENVISAT-1 nadir radiances[J]. Journal of Geophysical Research, 105(D12): 15231-15246.

BUCHWITZ M, DE BEEK R, BURROWS J P, et al, 2005a. Atmospheric methane and carbon dioxide from SCIAMACHY satellite data: Initial comparison with chemistry and transport models [J]. Atmospheric Chemistry and Physics, 5: 941-962.

BUCHWITZ M, DE BEEK R, NOEL S, et al, 2005b. Carbon monoxide, methane, and carbon dioxide retrieved from SCIAMACHY by WFM-DOAS: Year 2003 initial data set[J]. Atmospheric Chemistry and Physics, 5: 3313-3329.

CHEN C, PARK T, WANG X H, et al, 2019. China and India lead in greening of the world through land-use management [J]. Nature Sustainability, 2(2): 122-129.

CHENG Y L, AN X Q, YUN F H, et al, 2013. Simulation of CO_2 variations at Chinese background atmospheric monitoring stations between 2000 and 2009: Applying a CarbonTracker model[J]. Chinese Science Bulletin, 58(32): 3986-3993.

DONELAN M A, 1990. Air-Sea Interaction[M]. New York: John Wiley and Sons: 250.

DONELAN M A, HAUS B K, REUL N, et al, 2004. On the limiting aerodynamic roughness of the ocean in very strong winds[J]. Geophysical Research Letters, 31(18): L18306.

EDSON J, CRAWFORD T, CRESCENTI J, et al, 2007. The coupled boundary layers and air-sea transfer experiment in low winds[J]. Bulletin of the American Meteorologic Society, 88(3): 341-356.

FAIRALL C W, BRADLEY E F, HARE J E, et al, 2003. Bulk parameterization of air-sea fluxes: Updates and verification for the COARE algorithm[J]. Journal of Climate, 16: 571-591.

FAN Q, LIU Y M, WANG X M, et al, 2013. Effect of different meteorological fields on the regional air quality modelling over Pearl River Delta, China[J]. International Journal of Environment and Pollution, 53(1-2): 3-23.

FOKEN T, GOOCKEDE M, MAUDER M, et al, 2005. Handbook of Micrometeorology: Post-Field Data Quality Control[M]. Netherlands: Springer: 181-208.

FRENCH J R, DRENNAN W M, ZHANG J A, et al, 2007. Turbulent fluxes in the hurricane boundary layer. Part I: Momentum flux[J]. Journal of the Atmospheric Sciences, 64: 1089-1102.

HE Q, CHEN C, 2014. A new approach for atmospheric correction of MODIS imagery in turbid coastal waters: A case study for the Pearl River Estuary[J]. Remote Sensing Letters, 5: 249-257.

HE Q, ZHANG Y, WANG J, 2020. Development and evaluation of regional SST regression algorithms for FY-3C/VIRR data in the western north pacific[J]. Remote Sensing Letters, 11: 1090-1099.

HOLTHUIJSEN L H, POWELL M D, PIETRZAK J D, 2012. Wind and waves in extreme hurricanes[J]. Journal of Geophysical Research: Oceans, 117(C9): C09003.

HOUWELING S, BRËON F-M, ABEN I, et al, 2003. Inverse modeling of CO_2 sources and sinks using satellite data: A synthetic inter-comparison of measurement techniques and their performance as a function of space and time[J]. Atmospheric Chemistry and Physic Discussions, 3: 5237-5274.

HOUWELING S, HARTMANN W, ABEN I, et al, 2005. Evidence of systematic errors in SCIAMACHY-observed CO_2 due to aerosols[J]. Atmospheric Chemistry and Physics, 5: 3003-3013.

HUANG H J, LIU H N, JIANG W M, et al, 2011. Characteristics of the boundary layer structure of sea fog on the coast of southern China[J]. Advances in Atmospheric Sciences, 28(6): 1377-1389.

HUANG H J, LIU H N, HUANG J, et al, 2015. Atmospheric boundary layer structure and turbulence during sea fog on the southern China coast[J]. Monthly Weather Review, 143(5): 1907-1923.

HYNDMAN R J, FAN Y N,1996. Sample quantiles in statistical packages[J]. American Statistician, 50(4): 361-365.

JAROSZ E, MITCHELL D A, WANG D W, 2007. Bottom-up determination of air-sea momentum exchange under a major tropical cyclone[J]. Science, 315(5819): 1707-1709.

JOLLIFF J K,LEWIS M D,LADNER S, et al,2019. Observing the ocean submesoscale with enhanced-color GOES-ABI visible band data [J]. Sensors (Basel), 19: 3900.

KILPATRICK K A, PODESTA G P, EVANS R,2001. Overview of the NOAA/NASA advanced very high resolution radiometer pathfinder algorithm for sea surface temperature and associated matchup database[J]. Journal of Geophysical Research, 106: 9179-9197.

LARGE W G, POND S, 1981. Open ocean momentum flux measurements in moderate to strong winds[J]. Journal of Physical Oceanography, 11(3): 324-336.

LIU Q, PIAO S L, FU Y H, et al, 2019. Climatic warming increases spatial synchrony in spring vegetation phenology across the Northern Hemisphere [J]. Geophysical Research Letters, 46(3): 1641-1650.

LUO X, JIA B H, LAI X, 2020. Contributions of climate change, land use change and CO_2 to change in the gross primary productivity of the Tibetan Plateau [J]. Atmospheric and Oceanic Science Letters, 13(1): 1-41.

MCCLAIN E P, PICHEL W G, WALTON C C,1985. Comparative performance of AVHRR-based multi-channel sea surface temperatures[J]. Journal of Geophysical Research, 90: 11587-11601.

NAGAMANI P V, CHAUHAN P, DWIVEDI R M,2008. Development of chlorophyll-a algorithm for ocean colour monitor onboard OCEANSAT-2 satellite[J]. IEEE Geoscience and Remote Sensing Letters, 5: 527-531.

OH H-M,KIM K-E,HA K-J,et al,2010. Quality control and tilt correction effects on the turbulent fluxes observed at an ocean platform[J]. Journal of Applied Meteorology and Climatology,50: 700-712.

PETRENKO B, IGNATOV A, KIHAI Y, et al,2014. Evaluation and selection of SST regression algorithms for JPSS VIIRS[J]. Journal of Geophysical Research: Atmospheres, 119: 4580-4599.

PIAO S L, FANG J Y, ZHOU L M, et al, 2003. Interannual variations of monthly and seasonal normalized difference vegetation index (NDVI) in China from 1982 to 1999 [J]. Journal of Geophysical Research: Atmospheres, 108(D14):25/26-31/32.

POWELL M D, VICKERY P J, REINHOLD T A, 2003. Reduced drag coefficient for high wind speeds in tropical cyclones[J]. Nature, 422(6929): 279-283.

RAICH J W, POTTER C S,1995. Global patterns of carbon dioxide emissions from soil[J]. Global Biogeochemical Cycle, 9(1): 23-36.

SCHNEISING O, BUCHWITZ M, BURROWS J P, et al,2008. Three years of greenhouse gas column-averaged dry air mole fractions retrieved from satellite—Part 1: Carbon dioxide[J]. Atmospheric Chemistry and Physics: 3827-3853.

SISWANTO E, TANG J, YAMAGUCHI H, et al,2011. Empirical ocean-color algorithms to retrieve chlorophyll-a, total suspended matter, and colored dissolved organic matter absorption coefficient in the Yellow and East China Seas[J]. Journal of Oceanography, 67: 627-650.

SMITH S D, ANDERSON R J, OOST W A, et al, 1992. Sea surface wind stress and drag coefficients: The hexos results[J]. Boundary-Layer Meteorology, 60: 109-142.

SUN Y, ZHANG X B, REN G Y, et al, 2016. Contribution of urbanization to warming in China[J]. Nature Climate Change, 6: 706-709.

TAKAHASHI T, SUTHETLAND S C, SWEENEY C, et al, 2002. Global air-sea CO_2 flux based on climatological surface ocean pCO_2, and seasonal biological and temperature effects[J]. Deep Sea Research II, 49(9/10): 1601-1622.

TAKAHASHI T, SUTHERLAND S C, WANNINKHOF R, et al, 2009. Climatological mean and decadal change in surface ocean pCO_2, and net sea-air CO_2 flux over the global oceans [J]. Deep-Sea Research II, 56(8/10): 554-577.

TANG J, WANG X, SONG Q, et al, 2004. The statistic inversion algorithms of water constituents for the Huanghai Sea and the East China Sea[J]. Acta Oceanologica Sinica, 23: 617-626.

TIWARI Y K, GLOOR M, ENGELEN R J, et al, 2006. Comparing CO_2 retrieved from Atmospheric Infrared Sounder with model predictions: Implications for constraining surface fluxes and lower-to-upper troposphere transport[J]. Journal of Geophysical Research, 111: D17106.

VAN DIJK A, MOENE A F, BRUIN H D, 2004. The principles of surface flux physics: Theory, practice and description of the ECPACK library[R]. Wageningen: Meteorology and Air Quality (MAQ), Wageningen University, 99.

VICKERS D, MAHRT L, 1997. Quality control and flux sampling problems for tower and aircraft data [J]. Journal of Atmospheric and Oceanic Technology, 14: 512-526.

WALTON C C, 1988. Nonlinear multichannel algorithms for estimating sea surface temperature with AVHRR satellite data[J]. Journal of Applied Meteorology, 27(2): 115-124.

WANG M, 1999. A sensitivity study of the SeaWiFS atmospheric correction algorithm: Effects of spectral band variations[J]. Remote Sensing of Environment, 67(3): 348-359.

WU J, 1982. Wind-stress coefficients over sea surface from breeze to hurricane[J]. Journal of Geophysical Research: Oceans, 87(C12): 9704-9706.

ZHAO Z K, GAO Z Q, LI D, et al, 2013, Scalar flux-gradient relationships under unstable conditions over water in coastal regions[J]. Boundary-Layer Meteorology, 148(3): 495-516.

ZHAO Z K, LIU C X, LI Q, et al, 2015. Typhoon air-sea drag coefficient in coastal regions[J]. Journal of Geophysical Research: Oceans, 120(2): 716-727.

ZHU Z C, PIAO S L, MYNENI R B, et al, 2016. Greening of the earth and its drivers [J]. Nature Climate Change, 6(8): 791-795.